全国本科院校机械类创新型应用人才培养规划教材

先进制造技术

主　编　刘　璇　冯　凭
副主编　刘鹏鑫　曹守启　董启文
主　审　王　扬

北京大学出版社
PEKING UNIVERSITY PRESS

内容简介

本书系统地介绍了各种先进制造技术的基本知识、关键技术及其在实际中的应用等，内容包括绪论、先进切削加工技术、先进磨削加工技术、特种加工技术、微机械及微细加工技术、制造自动化技术、先进制造系统和先进制造技术应用实例。

本书可作为高等院校机械工程、自动化、管理工程以及与制造相关的理工科专业的本科生教材，也可供制造业的相关工程技术人员、管理人员参考。

图书在版编目(CIP)数据

先进制造技术/刘璇，冯凭主编. —北京：北京大学出版社，2012.8
(全国本科院校机械类创新型应用人才培养规划教材)
ISBN 978-7-301-20914-1

Ⅰ.①先… Ⅱ.①刘…②冯… Ⅲ.①机械制造工艺—高等学校—教材 Ⅳ.①TH16

中国版本图书馆 CIP 数据核字(2012)第 142210 号

书　　名：先进制造技术
著作责任者：刘　璇　冯　凭　主编
策 划 编 辑：林章波
责 任 编 辑：童君鑫　罗文龙
标 准 书 号：ISBN 978-7-301-20914-1/TH·0301
出　版　者：北京大学出版社
地　　址：北京市海淀区成府路 205 号　100871
网　　址：http://www.pup.cn　http://www.pup6.cn
电　　话：邮购部 62752015　发行部 62750672　编辑部 62750667　出版部 62754962
电 子 邮 箱：pup_6@163.com
印　刷　者：北京鑫海金澳胶印有限公司
发　行　者：北京大学出版社
经　销　者：新华书店
787 毫米×1092 毫米　16 开本　12.75 印张　281 千字
2012 年 8 月第 1 版　2015 年 5 月第 2 次印刷
定　　价：28.00 元

前　言

先进制造技术是在传统制造技术的基础上，吸收机械、电子、材料、能源、信息和现代管理技术等方面的最新技术成果，以实现优质、高效、低耗、清洁、灵活的快速生产，提高产品对动态多变市场的适应能力和竞争力，从而取得理想经济效果的制造技术。

自20世纪80年代末美国提出先进制造技术的概念以来，一些工业发达国家和新兴工业化国家把先进制造技术作为本国的科技优先发展领域和高技术实施重点。近年来，随着以信息技术为主导的现代科学技术的迅猛发展，传统制造业发生了深刻变革，先进制造技术显著提高了企业的产品质量、经济效益和市场竞争力，大幅度改善了企业的产品结构、生产过程和经营管理模式，越来越多的企业把先进制造技术作为企业继续生存、发展的有效途径。先进制造技术已经成为一个国家综合实力和科技发展的重要标志，是使一个国家制造业强盛的关键所在，也是企业赢得市场的有力武器，在国防建设和国民经济发展中占有影响全局、决定全局的战略地位。因此，必须高度重视先进制造技术，大力推进先进制造技术的发展和应用，注重先进制造技术理念的传播及普及，使我国的制造业尽快赶上发达国家的水平。

本书由刘璇、冯凭任主编，刘鹏鑫、曹守启、董启文任副主编。全书共分8章，第1～3章由冯凭、董启文编写，第4～6章由刘璇编写，第7、8章由曹守启、刘鹏鑫编写，刘璇对全书内容进行统稿，本书由哈尔滨工业大学王扬教授进行主审。在编写过程中，周华老师、许哲老师等参与了修改工作，并提出了许多宝贵的意见，在读研究生吴莹、孙璞等参与了部分校对工作，在此向他们表示感谢。同时，在本书的编写过程中，还得到上海海洋大学工程学院领导和教师们的关心和鼓励，在此一并表示深深的谢意。

先进制造技术所涉及的内容非常广泛，学科跨度大，由于编者水平及视野有限，书中难免会有欠妥之处，恳请读者及同行批评指正。

编　者

2012年6月

目　录

第1章 绪论

本章学习目标

★ 了解先进制造技术产生的背景及学科内容；明确先进制造技术的特点
★ 理解先进制造技术的基本概念；明确发展先进制造技术的重要意义
★ 了解先进制造技术的发展趋势

本章教学要点

知识要点	能力要求	相关知识
先进制造技术产生的背景及基本概念	了解先进制造技术产生的背景、特点及学科内容；理解先进制造技术的概念	先进制造技术的概念、特点、学科内容
先进制造技术的发展趋势	了解先进制造技术的发展趋势	国内外先进制造技术的研究现状及发展趋势

导入案例

制造业是国民经济的支柱产业，它一方面创造价值、生产物质财富和新的知识，另一方面为国民经济各个部门包括国防和科学技术的进步与发展提供先进的手段和装备。制造技术水平的高低已成为一个国家经济实力和科技发展水平的重要标志之一。

第二次世界大战后，美国出现了“制造业是夕阳产业”的观点，忽视了对制造业的重视和投入，结果导致美国在经济上的竞争力下降，日本产品大量涌入美国市场。在这样的背景下，20世纪80年代发生了轰动一时的“东芝事件”，即：1983年日本东芝公司卖给苏联几台五轴联动数控铣床，苏联将其用于制造核潜艇推进螺旋桨，由于加工精度提高，使得螺旋桨在水中转动时噪声大为下降，以至于美国的声呐无法侦测到苏联核潜艇的动向，苏军潜艇能很好地隐藏在海底下(图1)。该数控机床的销售，也使得苏联的装备制造业上了一个档次，除了使潜艇的推进性能改善之外，还能使当时正在建造中的新型航空母舰的推进器得到改进(图2)。这次事件的后果是严重的：美国海军第一次丧失对苏联海军舰艇的水声探测优势，直到今日，美国海军仍没有绝对把握去发现新型的俄罗斯潜艇。

图1 苏联941型鲨鱼级弹道导弹核潜艇

图2 苏联“库兹涅佐夫”号航空母舰

“东芝事件”的发生使得美国政府和企业认识到了问题的严重性。20世纪80年代末美国根据本国制造工业面临的挑战，为增强制造业的竞争力和促进国家经济增长而率先提出了发展先进制造技术。此后，一些工业发达国家和新兴工业化国家把先进制造技术作为本国的科技优先发展领域和高技术实施重点，并已达成共识：当前衡量一个国家科技发展程度，已不再以它拥有多少发明、发现为主要标准，而是以它的制造业和制造技术能为世界提供多少可造福于人类的产品为基本准绳。在未来的市场竞争中，谁先占领了先进制造技术的制高点，谁就把握了竞争取胜的主动权。

1.1 先进制造技术概述

1.1.1 先进制造技术产生的背景

先进制造技术(Advanced Manufacturing Technology，AMT)作为一个专用名词最早是在20世纪80年代末由美国提出的。

美国是制造业的头号强国，但由于自第二次世界大战后只重视基础技术和国防技术，忽略对制造业的重视和投入，把制造业当作“夕阳产业”，直接导致了20世纪70年代开始显现科技优势和经济竞争能力下降的局面。同时，美国一些学者如托夫勒等提出美国已进入“后工业化”社会，力图把经济发展的重心从制造业转向服务业等第三产业，更加剧了美国在某些工业领域的市场竞争力的明显下降，呈现相对落后于日本和德国等国家的危险趋势。20世纪80年代发生了轰动一时的“东芝事件”，使得美国政府认识到了问题的严重性，迫使政府和企业界不得不重新审视美国的科学技术政策和产业政策，重新认识和评价制造业在国民经济中的地位和作用。20世纪80年代末，美国的研究者提出了“先进制造技术”的概念，以加强美国制造业的竞争力。

20世纪80年代以来，各国制造业面临复杂多变的外部环境：科学技术突飞猛进，供求关系变化频繁，产品更新速度加快，各国经济与国际市场纵横交错，竞争对手林立，资源有限与日益增长的环保压力，制造全球化和贸易化等。这些都促使各国政府和企业界寻求对策，以获取全球范围内的竞争优势。由于传统的制造技术和制造模式，已无法适应现代市场复杂多变的外部环境的严峻挑战，从而引发了制造技术、制造模式和管理技术的剧烈变革。

20世纪90年代初开始，克林顿政府发起了振兴美国经济计划，突出了现代装备制造业的支撑作用，强调了技术创新及其成果转化，提出了增强产品市场竞争力的关键是发展先进制造技术的新观点。由此，先进制造技术作为一个新的概念在政府层面上被接受，同时作为一项高层次水平上的制造技术受到各国政府、研究机构和企业的高度重视。

1.1.2 先进制造技术的基本概念

先进制造技术是一个相对的、动态的概念，各国有多种解释，但目前尚没有一个明确的、一致公认的定义。经过近年来对发展先进制造技术方面开展的工作，通过对其特征的分析研究，可以认为：先进制造技术是在传统制造技术基础上不断吸收机械、电子、信息、材料、能源和现代管理技术方面的成果，并将其综合应用于产品设计、制造、检测、管理、销售、使用、服务乃至回收的制造全过程，以实现优质、高效、低耗、清洁、灵活生产，提高对动态多变的产品市场的适应能力和竞争能力的制造技术的总称，也是取得理想技术经济效果的制造技术的总称。它集成了现代科学技术和工业创新的成果，充分利用了信息技术，使制造技术提高到新的高度。先进制造技术是发展国民经济的重要基础技术之一，对我国的制造业发展有着举足轻重的作用。

1.1.3 先进制造技术的特点

与传统制造技术相比，先进制造技术的优势明显、特点突出，主要表现在以下几方面。

1. 先进性

优质、高效、低耗、清洁、灵活的工艺是先进制造技术的核心和基础，这些工艺是经过优化的先进工艺，它们从传统的工艺发展而来，并与代表着时代发展水平的新技术相结合，两者实现局部或系统的集成，即保留了过去制造技术中的有效要素，又吸收了各种高新技术的最新成果。

2. 实用性

先进制造技术是一项面向工业应用，具有很强实用性的新技术。从先进制造技术的发展过程，从其应用于制造全过程的范围，特别是达到的目标与效果，都反映这是一项应用于制造业，对制造业、对国民经济的发展可以起重大作用的实用技术。先进制造技术的发展有明确的需求导向特征；先进制造技术不是以追求技术的高新为目的，而是注重产生最好的实践效果，以提高效益为中心，以提高企业的竞争力和促进国家经济增长和综合实力为目标。

3. 综合性

先进制造技术由于专业和学科间的不断渗透、交叉、融合，界线逐渐淡化甚至消失，技术趋于系统化、集成化，已发展成为集机械、电子、信息、材料和管理技术为一体的新型交叉学科。

4. 系统性

一项先进制造技术的产生往往要系统地考虑到制造的全过程，从全局出发，系统地考虑问题。

5. 动态性

由于先进制造技术本身是针对一定的应用目标，不断地吸收各种高新技术而逐渐形成、不断发展的新技术，因而其内涵不是绝对的和一成不变的。在不同的时期，先进制造技术有其自身的特点和内容。

6. 面向全球竞争

随着世界自由贸易体制的进一步完善，以及全球交通运输体系和通信网络的建立，制造业将形成全球化与一体化的格局，新的先进制造技术也必将是全球化的模式。

1.1.4 先进制造技术的学科内容

先进制造技术横跨多个学科，包含从产品设计、加工制造到产品销售、用户服务等整个产品生命周期全过程的所有相关技术。根据先进制造技术的功能和研究对象，可将先进制造技术归纳为如下几个学科方面。

1. 先进设计技术

产品设计是制造业的灵魂。先进设计技术是指根据产品功能要求，运用现代科学知识和先进的设计理念及设计手段，制订方案并使方案付诸实施的技术。它是一门多学科、多专业相互交叉的综合性很强的基础技术。先进设计技术主要包括：现代设计方法(如模块化设计、系统化设计、价值工程、模糊设计、面向对象的设计、反求工程、并行设计、绿色设计、工业设计等)，产品可信性设计(如可靠性设计、安全性设计、动态分析与设计、防断裂设计、防疲劳设计、耐环境设计、健壮设计、维修设计和维修保障设计等)，设计自动化技术(如产品的造型设计、工艺设计、工程图生成、有限元分析、优化设计、模拟仿真虚拟设计、工程数据库等)。

2. 先进制造工艺技术

先进制造工艺技术是先进制造技术的核心和基础。先进制造工艺技术主要包括高效精密成形技术(精密洁净铸造成形工艺、精确高效塑性成形工艺、优质高效焊接及切割技术、优质低耗洁净热处理技术、快速成形和制造技术等)，高效高精度切削加工工艺(精密和超精密加工、高速切削和磨削、复杂型面的数控加工、游离磨粒的高效加工等)，现代特种加工工艺(高能束加工、电加工、超声波加工、水射流加工、纳米技术及微细加工等)，表面改性、制膜和涂层技术(化学镀层处理、非晶态合金技术、节能表面涂装技术、表面强化处理技术、热喷涂技术、激光表面熔复处理技术、等离子化学气相沉积技术等)。

3. 制造自动化技术

制造自动化技术是机械制造业最重要的基础技术之一，包括物料的存储、运输、加工、装配和检验等各个生产环节的自动化。制造自动化技术涉及数控技术、工业机器人技术、柔性制造技术、计算机集成制造技术、传感技术、自动检测技术、信号处理和识别技术、制造过程设备工况监测与控制技术等。

4. 先进制造模式及现代生产管理技术

先进制造模式及现代生产管理技术是面向企业，涉及市场开发、产品设计、生产制造、质量、产品营销和售后服务的全过程。先进制造模式的目标是实现数字化设计、自动化制造、信息化管理、网络化经营。现代生产管理技术是企业运行中采取的各种计划、组织、控制及协调的方法和技术的总称，包括生产信息管理、产品数据管理、物流管理、工作流程管理等。

1.2 国内外先进制造技术的发展战略及规划

20世纪90年代以来，各国重新认识到了制造业和先进制造技术的战略地位和作用，并已达成共识：当前衡量一个国家的科技发展程度，已不再以它拥有多少发明、发现为主要标准，而是以它的制造业和制造技术能为世界提供多少可造福于人类的产品为基本准绳。在未来的市场竞争中，谁先占领了先进制造技术的制高点，谁就把握了竞争取胜的主动权。因此，世界许多国家，尤其是发达国家都把先进制造技术与信息科学技术、材料科学技术和生物科学技术同列为21世纪的四大支柱科技加以重视，将先进制造技术列为国家关键技术和优先发展领域，制订和实施了一系列的发展战略与规划。

1.2.1 美国发展先进制造技术的竞争策略

在促进AMT的发展方面，美国走在世界的前面。20世纪90年代以来，制订和实施了一系列发展AMT的科技政策、战略和规划。美国20世纪90年代科技政策的特点是：重视产业技术的发展，以制造业为中心，注重技术推广，强调产业整体技术水平和市场竞争能力的提高。美国前总统克林顿关于发展先进制造技术提出六点行动：

(1) 对先进制造技术的研究开发提供更多的资助，开发新汽车和新建筑技术。

(2) 支持敏捷制造。

(3) 建立全国制造技术推广中心网。

(4) 促进本地区建立技术联盟。

(5) 促进制造工程教育的发展。

(6) 促进考虑环境的制造技术的发展。

1993年，美国政府批准了由联邦科学、工程与技术协调委员会(FCCSET)主持实施的先进制造技术计划。计划的目标是：研究开发世界领先的先进制造技术，以满足美国制造业对先进制造技术的需求，提高制造业的竞争力；通过教育与培训计划提高劳动力素质；促进具有环境意识的制造等。

1994年，美国国家科学技术委员会(NSTC)又组织制订了美国AMT发展战略：支持国家实验室、大学与工业界联合研究开发先进制造技术；通过国家级工业服务网络，帮助企业快速采用先进制造技术；开发推广有利于环境的制造技术；积极实施与工程设计和制造相关的教育与培训计划。

1995年11月美国正式发布了敏捷制造技术战略发展计划(Technologies Enabling Agile Manufacturing Strategic Plan，TEAM)。每年投资3000万美元，该计划到1999年结束。美国国防部、美国国家标准与技术研究所、美国国家科学基金会等部门都参与了TEAM计划的实施。有3000多家私营企业、60多家公司、16所大学和国际财团以及许多政府机构直接参与了此项计划。TEAM计划的主要内容有：

(1) 产品并行设计，面向制造能力和供应能力的设计工具。

(2) 制造计划和控制，集成产品制造过程，用于制造计划和车间控制过程的快速迭代的自动化工具；用于过程和资源的最优化的宏观和微观计划器。

(3) 虚拟制造，用于制造过程的集成模拟和建模工具；产品加工前的过程优化。

(4) 智能闭环过程，强化制造过程控制；用于关键过程的开放式结构的控制器和算法。

1996年，美国国家先进制造联合会(NACFAM)提出了今后美国先进制造技术的发展重点：

(1) 集成产品与过程开发(IPPD)；

(2) 并行工程；

(3) 拟实产品开发；

(4) 快速原型与过程仿真；

(5) 可扩展的企业体系结构；

(6) 综合资源规划；

(7) 产品数据交换标准；

(8) 高速网络；

(9) 人工智能；

(10) 传感器数据融合；

(11) 专家系统；

(12) 电子数据交换；

(13) 纳米/微米制造技术；

(14) 高级控制器；

(15) 适用于全能制造系统(HMS)相互连接的制造单元技术等。

1.2.2 德国发展先进制造技术的规划

1995 年，德国政府、企业界、科技界和工会组织共同提出了 2000 年生产(Production 2000)计划，该计划的执行时间为 1995～1999 年。其主要研究领域为：

(1) 产品开发方法和制造方法，研究如何缩短产品开发和制造周期的方法；

(2) 产品制造过程中的经济学，开发可重复利用的材料、可重复利用的产品以及“清洁制造”过程，制定新材料的标准；

(3) 面向制造的后勤学，研究能够缩短制造周期和降低运输费用的方法；

(4) 面向制造的信息技术，开发适用于制造的高效可控的通信系统；

(5) 多变环境下的制造方式，研究开放的、具有学习能力的生产组织结构以及可重构生产系统的设计和运行等。

除 2000 年生产计划外，近几年，德国教育、科学、研究与技术部(BMBF)和联邦经济部(BMWS)还相继发起了“质量保证计划”、“工作和技术计划”、“保护环境的生产计划”、“微系统技术计划”、“工业基础技术研究计划”等。这些计划主要研究开发可靠的质量管理体系；工业机器人的编程问题；流程工业中的柔性生产结构；计算机多媒体系统；工业生产的发展与环境保护间的协调；微系统制造技术；利用工业基础研究成果开发新产品、新工艺和新技术等。

1.2.3 日本制造业的发展对策

日本为继续保持经济强国地位和经济持续发展势头，决定通过发展本国尖端技术、开拓现有技术来开发新产品、新工艺，创造新市场和新产业，力争成为一个以创造性科学技术为基础的国家。对于先进的、将成为竞争热点的预竞争力(Precompetitive)以及能加强国家未来工业技术基础的计划，由政府统一规划、协调。从 20 世纪 80 年代末期开始，日本相继出台了 4 项重大计划，即：

1) 智能制造系统计划

智能制造系统(Intelligent Manufacturing System，IMS)计划是日本通产省(MITI) 1989 年发起的一项国际合作研究计划，美国、加拿大、澳大利亚、欧共体和欧洲自由贸易联盟等国家和地区组织纷纷加入进来，它是迄今为止制造领域内最大的一项国际合作研究计划，其目标是全面展望 21 世纪先进制造技术的发展趋势，先行开发下一代制造技术，以解决全球制造业面临的共同问题，如提高产品质量和性能，促进科技成果转化，改善地球环境，推动全球制造、信息制造技术的体系化和标准化，快速响应制造业的全球化等。该计划先后经历可行性研究阶段(1992—1994)和全面实施阶段(1995—2005)。

2) 未来计划

1996 年，日本文部省下属的日本科学振兴会(JSPS)发起未来计划(Future Program)。该计划为期 5 年，旨在发展本国技术，共包括 17 个研究领域，已资助了 117 个课题。1997 年，日本通产省新能源与工业技术开发组织(NEDO)公布了 67 个项目，其中与制造相关的项目包括环境友好的制造技术、微机械技术等 11 项。

3) 实验室计划

1995 年，日本文部省发起风险企业型实验室计划，该计划的主要目的是促进创新性研究开发活动，为新工业和风险企业培养年轻的科技人才。该计划共资助了 21 所日本著名国立大学的实验室，这些实验室的研究领域以微型机械制造、虚拟现实硬件与软件技术、毫微米技术等为主。

4）研究开发计划

1995年，日本通产省新能源与工业技术开发组织(NEDO)发起促进创新性工业技术研究开发计划(New Industry Creative Type Technology R&D Promotion Program)。该计划主要资助工业界的基础研究开发项目，共分3个技术领域：①工业科学技术，其中的项目旨在创造新工业、开发新技术；②能源与环境技术，其中的项目旨在改善环境、保证稳定的能源供应、加速新工业的创建；③支持中小企业的基础性和创造性技术，其中的项目旨在促进中小企业实现工业现代化。1997年，NEDO公布了67个项目，其中与制造相关的项目包括环境友好的制造技术、微机械技术等11项。

1.2.4 英国开展多项先进制造技术研究

英国政府支持工程和技术规划(Engineering and Technology Programme)及制造系统工程(Manufacturing System Engineering)研究，开展了如下先进制造技术研究：

(1) 计算机集成制造技术(CIMS)；

(2) 单元式制造技术；

(3) 快速原型制造技术；

(4) 人机工程学；

(5) 并行工程实施方法(PACE，由欧共体牵头组织)。

1.2.5 韩国的先进制造技术计划

1991年底，韩国政府提出了先进技术国家计划(Highly Advanced National Project，HANP)，由韩国科技部、工商部、能源部和交通部联合实施。该计划的目标是：到2000年把韩国的技术实力提高到世界一流工业发达国家水平。这一计划包括先进制造系统、新能源、电气车辆、人机接口技术等7个大项目。先进制造系统项目从1992年12月开始实施，为期10年，共分3个部分：基础技术，开发集成化的开放式系统、标准化技术以及系统性能评价方法；下一代加工系统，开发下一代加工设备、机械技术与生产工艺技术；电子产品的装配和检验技术，开发下一代印刷版装配和检验技术、高性能装配机构和制造系统、系统操作集成技术和智能技术等。

综观上述各国的AMT发展计划，其特点是，需求牵引、技术驱动，以支柱产业为依托，注重了技术上的超前性和工业发展的需求，主要是汽车工业、机械工业和电子工业等支柱产业的需求。汽车工业，尤其是轿车工业的发展，必须有强大的先进制造技术作为后盾；而汽车工业水平能力的提高，也将带动整个制造业水平的提高。因此，多数把汽车工业作为发展AMT的突破口。

1.2.6 我国先进制造技术的研究

近十多年来，我国有关部门有计划地部署了一系列国家级重点科技项目，有效地促进了我国先进制造与自动化技术的研究与应用推广，如：科技部组织实施的863计划的CIMS主题、智能机器人主题；“九五”国家科技攻关计划的CAD应用工程、精密制造技术开发与应用、数控技术与装备、现场总线控制技术开发与应用、工业机器人应用、激光技术应用等重点项目；总装备部(原国防科工委)在“九五”期间，组织实施了我国武器装备先进制造技术的发展项目；航空、航天、兵器和机械等许多行业和部门在“九五”期间组织实施了行业先进制造技术项目；国家计委、经贸委等部委在用高技术改造传统产业方面也推行了一系列计划。上述计划和项目极大地推动了我国先进制造与自动化技术的发展。

1.3 先进制造技术的发展趋势

随着电子、信息等高新技术的不断发展，随着市场需求个性化与多样化，未来先进制造技术发展的总趋势是向精密化、柔性化、网络化、虚拟化、智能化、绿色化、集成化、全球化的方向发展。

当前先进制造技术的发展趋势大致有以下几个方面。

1. 信息技术对先进制造技术的发展起着越来越重要的作用

信息化是当今社会发展的趋势，信息技术正在以人们想象不到的速度向前发展。信息技术也正在向制造技术注入和融合，促进着制造技术的不断发展。可以说先进制造技术的形成与发展，无不与信息技术的应用与注入有关。它使制造技术的技术含量提高，使传统制造技术发生质的变化。信息技术对制造技术发展的作用目前已占第一位。在21世纪对先进制造技术的各方面发展将起着更重要的作用。信息技术促进着设计技术的现代化，加工制造的精密化、快速化，自动化技术的柔性化、智能化，整个制造过程的网络化、全球化。各种先进生产模式的发展，如CIMS、并行工程、精益生产、敏捷制造、虚拟企业与虚拟制造，也无不以信息技术的发展为支撑。

2. 设计技术不断现代化

产品设计是制造业的灵魂，现代设计技术的主要发展趋势如下。

1）设计手段的计算机化

在实现了计算机计算、绘图的基础上，当前突出反映在数值仿真或虚拟现实技术在设计中的应用以及现代产品建模理论的发展上，并且向智能化设计方向发展。

2）新的设计思想和方法不断出现

如并行设计、面向“X”的设计(Design For X，DFX)、健壮设计(Robust Design)、优化设计 Optimal Design)、反求工程技术(Revese Engineering)等。

3）向全寿命周期设计发展

传统的设计只限于产品设计，全寿命周期设计则由简单的、具体的、细节的设计转向复杂的总体的设计和决策，要通盘考虑包括设计、制造、检测、销售、使用、维修、报废等阶段的产品的整个生命周期。

4）设计过程由单纯考虑技术因素转向综合考虑技术、经济和社会因素

设计不只是单纯追求某项性能指标的先进和高低，而是注意考虑市场、价格、安全、美学、资源、环境等方面的影响。

3. 成形及改进制造技术向精密、精确、少能耗、无污染方向发展

成形制造技术是铸造、塑性加工、连接、粉末冶金等单元技术的总称。展望21世纪，成形制造技术正在从制造工件的毛坯、从接近零件形状向直接制成工件精密成形或称净成

形的方向发展。

思 考 题

1. 试述先进制造技术产生的背景与需求。
2. 先进制造技术的含义是什么?
3. 先进制造技术具有哪些特点?
4. 简要论述先进制造技术的学科内容。
5. 试论述先进制造技术的发展趋势。

第2章 先进切削加工技术

本章学习目标

★ 了解高速切削加工技术的优越性、关键技术和应用；掌握电主轴和直线驱动进给单元的结构特性

★ 了解绿色切削的方法构成；明确干式切削和准干式切削技术的特点、发展及应用；掌握实施干式切削的必要条件和干式切削机床的结构特征

★ 掌握硬态切削的概念、明确实施硬态切削的必要条件和切削用量的选择原则；了解硬态切削的特点及应用

★ 了解金刚石刀具超精密切削加工的机理；明确超精密切削对刀具的要求及机床的结构特征

本章教学要点

知识要点	能力要求	相关知识
高速切削技术	掌握电主轴和直线驱动进给单元的结构特性；了解高速切削的优越性及应用	高速切削的优越性和关键技术；电主轴典型油-水热交换系统；陶瓷球轴承油-气润滑系统
干式切削和准干式切削技术	掌握干式切削机床的结构特征；了解准干式切削的特性	实施干式切削的必要条件；准干式切削的特点；微量润滑切削技术
硬态切削技术	掌握硬态切削的概念和实施的必要条件；明确硬态切削的特点；了解硬态切削的应用	硬态切削概念及特点；硬态切削刀具和机床结构特征；切削用量的选择
超精密切削技术	明确金刚石刀具的结构、超精密切削机床结构特征	超精密切削加工的刀具；超精密切削机床的主轴部件、进给驱动系统和微量进给装置

导入案例

切削加工是机械制造的基础方法，据估计，切削加工约占机械加工总量的95%左右。伴随着计算机技术、自动控制技术、刀具技术和机床技术的不断发展，最近十几年来迅速崛起一些新的切削加工方法和加工工艺，使切削加工的质量和效率都得到了较大的提高。

结构件是飞机零件中最大的一种零件，这类零件主要用铝合金制造，零件很复杂，通常包含极小的底面和薄壁(0.6～2mm)，呈蜂巢状。这类零件的几何形状由不同的表面及规定的曲面构成。基于制造工艺和零件重量考虑，以前主要采用铝板经铆接而成。如图1所示的Pilatus PC 12飞机的主梁，在以前的设计中是由156个不同零件构成的。这样，就需要各种折弯设备和装配夹具。零件成形过程极为复杂，工件材料要经过十多次机械加工和多次热处理，由于几何形状的不一致、拉伸/断裂等，致使废品率极高。这种构件的装配需要多道工序，而且必须考虑到材料的拉伸问题。现在是高速铣削加工而成，零件的数量减少到3个，而且是采用简单的螺栓连接。与以前的制造方法相比，不仅减轻了构件的重量，还提高了加工精度和装配精度，降低了废品率和生产成本。

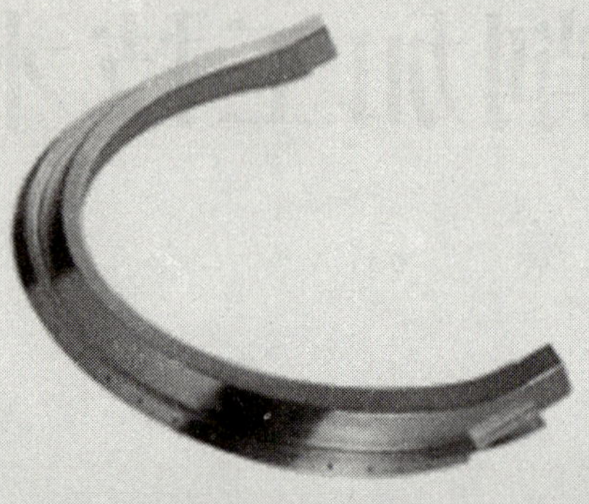

图1 整体结构的Pilatus PC12飞机主梁

高速加工还特别适用于模具型腔的加工(图2、图3)。

图2 高速铣削加工的曲轴锻模

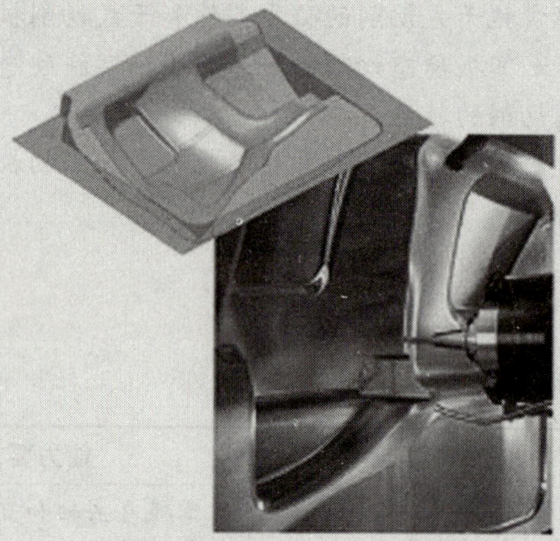

图3 高速加工汽车门内嵌板模具

2.1 高速切削技术

高速切削技术是最近十几年来迅速崛起的一项高新技术，被誉为现代制造技术的第二个里程碑，是21世纪切削加工领域重大的技术课题之一，具有广阔的应用前景。

2.1.1 概述

高速切削理论是德国切削物理学家萨洛蒙(Carl Salomon)1931 年 4 月提出的。他指出，在常规切削速度范围内(图 2.1 中 A 区)，切削温度随着切削速度的提高而升高。但是当切削速度提高到某一数值 v_ε 之后，切削速度再提高，切削温度反而降低，且该切削速度值 v_ε 与工件材料的种类有关。对每一种工件材料都存在一个速度范围，在这个速度范围内(图 2.1 中 B 区)，由于切削温度过高，刀具材料无法承受，即切削加工不可能进行，称该区为“死谷”。由于受当时实验条件的限制，这一理论未能严格区分切削温度和工件温度的界限，但他的这个思想给后来的研究者一个非常重要的启示，即如能越过这个“死谷”，在高速区(图 2.1 中 C 区)进行切削加工，则有可能用现有刀具材料进行高速切削，其切削温度与常规切削时基本相同，从而可大幅度提高生产效率。

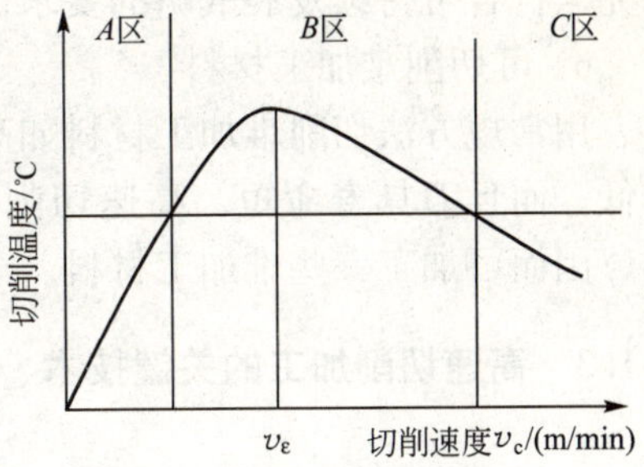

图 2.1 萨洛蒙曲线

高速切削是个相对概念，目前尚无统一定义，一般指采用超硬刀具材料，通过大幅度的提高切削速度和进给速度来提高材料切除率和加工质量的现代切削加工技术。

由于不同的工件材料、不同的加工方式有着不同的切削速度范围，因而很难就高速切削加工的速度范围给定一个确切的数值，一般认为应是常规切削速度的 5～10 倍。目前铝合金材料的高速切削速度范围为 2000～7500m/min，铸铁为 900～5000m/min，钢为 900～5000m/min，钛合金为 150～1000m/min，纤维增强塑料为 2000～9000m/min。

2.1.2 高速切削加工的优越性

与常规切削加工相比，高速切削加工技术的优越性主要体现在以下几个方面。

1) 切削加工效率高

高速切削加工的速度是常规切削加工的 5～10 倍，进给速度随着切削速度的提高也相应提高 5～10 倍，使单位时间内材料的切除率可提高 3～5 倍，因而缩短了切削时间，提高了切削加工效率，非常有利于飞机骨架、机翼以及型腔模具等大切除量的工件加工。

2) 切削力减小

由于高速切削时切削速度高，切屑流出速度加快，切削变形减小，从而使切削力比常规切削降低 30%以上，特别适合刚性差的工件(如细长轴、薄板件、薄壁槽形件)的高精度、高效率加工。

3) 加工精度高

高速切削时切削力减小，切削热还来不及传给工件，从而减少了切削过程中的变形，提高了加工精度。

4) 能获得较好的表面完整性

在保证生产效率的同时，可采用较小的进给量，从而减小了加工表面的粗糙度值；又由于切削力小且变化幅度小，机床的激振频率远大于工艺系统的固有频率，加工平稳，切削振动小，加工表面质量可提高 1～2 级；切削热传入工件的比率大幅度减少，加工表面的受热时间短，切削温度低，加工表面可保持良好的物理力学性能。

5）节省制造资源

高速切削时，单位功率的金属切除率显著增大、能耗低、工件的制造时间短，从而提高了能源和设备的利用率，降低了切削加工在制造系统资源总量中的比例，故高速切削技术完全符合可持续发展战略的要求。

6）可切削难加工材料

用常规方法切削难加工材料如高锰钢、淬硬钢、奥氏体不锈钢、复合材料等，不仅效率低，而且刀具寿命短。高速切削加工时，由于切削力小，切屑变形阻力小，刀具磨损小，因而可加工一些难加工材料。

2.1.3　高速切削加工的关键技术

1. 高速切削机床技术

机床是实现高速切削的首要条件和关键因素。高速切削对机床提出的新要求主要有以下几方面。

（1）主轴要有高转速、大功率和大扭矩。高速切削不但要求机床主轴转速高，而且要求传递的扭矩和功率也要大，并且在高速运转中还要保持良好的动态特性和热态特性。

（2）进给速度也要相应提高，以保证刀具每齿进给量基本不变。为配合主轴5～10倍于常规切削的切削速度，进给速度也必须相应提高5～10倍，以保持刀具的每齿进给量基本不变。

（3）进给系统要有很大的加速度。在切削过程中，机床进给系统的工作行程一般只有几十毫米至几百毫米。在这样短的行程中要实现稳定的高速切削，除了进给速度要高外，进给系统必须有很大的加速度，以尽量缩短启动—变速—停车的过渡过程，实现平稳切削。这是高速切削对机床结构设计的新要求，也是机床设计理论的新发展。

1）高速电主轴单元

高速电主轴单元是高速加工机床最关键的基础部件。高速机床的高速主轴在短时间内实现升速和降速并在指定位置准确停车，这就要求主轴具有很高的角加速度。传统的齿轮变速和皮带传动方式，不仅存在皮带“打滑”、振动和噪声大等缺点，而且转动惯量大，显然不能适应高速切削要求。如果将交流变频电动机直接装在机床主轴上，即采用内装式无壳电动机，其空心转子采用压配合方法直接装在机床主轴上，带有冷却套的定子则安装在主轴单元的壳体中，就形成了内装式电动机主轴，简称“电主轴”。这样，电动机的转子就是机床的主轴，主轴单元的壳体就是电动机机座，从而实现了变频电动机与机床主轴的一体化。由于它们取消了从主电机到机床主轴之间的一切中间传动环节，把主传动链的长度缩短为零，所以称为“零传动”。

电主轴单元振动小，由于采用直接传动，减少了高精密齿轮等关键零件，消除了齿轮传动误差，也简化了机床结构，容易实现高速加工中快速换刀时的主轴定位等。图2.2为滚珠轴承高速电主轴单元的结构。

目前电动机的转子与机床主轴间是靠过盈套筒的过盈配合来实现扭矩的传递，其过盈量是按所传递扭矩的大小计算出来的。

电主轴的基本参数：主轴的最高转速、主轴的额定功率、主轴前轴颈的直径。

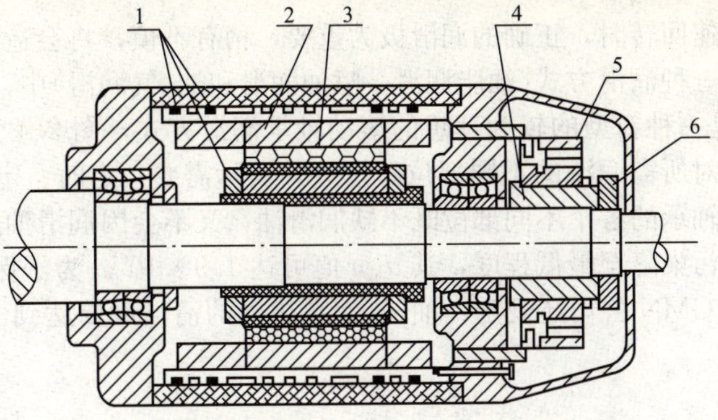

图 2.2　高速电主轴单元的结构

1—密封圈；2—定子；3—转子；4—旋转变压器转子；

5—旋转变压器定子；6—螺母

2）高速电主轴用轴承

高速主轴单元设计中轴承的选择与设计也是非常关键的。目前电主轴采用的轴承主要有滚珠轴承、空气静压轴承、液体动静压轴承和磁悬浮轴承。

(1) 由于滚珠轴承在高速旋转时滚珠会产生很大的离心力和陀螺力矩，所以高速机床广为采用陶瓷混合轴承，即滚珠用密度小的热压烧结 Si3N4 陶瓷材料制作，滚道仍然用轴承钢(滚道也可作表面改性处理，以提高其耐磨性能)。这种轴承具有转速高、精度高、刚度高、温升小(比轴承钢轴承减少 35%～60%)、寿命长等优点。价格虽比同规格同精度等级的钢质轴承高 2～2.5 倍，但使用寿命长 3～6 倍。

(2) 空气静压轴承用于高精度、高转速、轻载荷的场合。使用空气静压轴承的主轴单元，转速可达 150000r/min 以上，但输出的扭矩和功率很小，主要用于工件的光整加工。

(3) 液体动静压轴承是采用液体的动力和静力相结合的方法，使主轴在油膜中支撑旋转，径向和轴向跳动小，轴承刚度高、阻尼特性好、寿命长，目前主要用于重载大功率场合，粗精加工均适用。

(4) 磁悬浮轴承是利用磁力将主轴无接触地悬浮起来的新型智能化轴承。具有高精度、高转速、高刚度、无磨损、不需润滑和密封等优点，还能实现实时诊断和在线监控，是超高速主轴理想的主轴轴承。但由于价格太高，长期以来一直没能在民用工业得以推广应用。近年来，由于电子技术和控制技术的飞速发展，使磁悬浮轴承技术开始走向商品化的实用阶段。德国 GMN 公司和瑞士 IBAG 公司等均已有成熟的产品供应。我国洛阳轴承研究所已向用户提供轴向为磁力轴承的电主轴。

磁悬浮轴承电主轴的 $d_m n$ 值可以高出滚动轴承的 1～4 倍，最高线速度可高达 200m/s (陶瓷球轴承为 80m/s)，回转精度可达 0.1μm，是一种很有发展前途的电主轴。

3）电主轴的冷却和轴承的润滑

由于电动机直接安装在主轴上，电动机的发热会直接影响主轴的工作精度。解决的办法之一就是在电动机定子的外面加一带螺旋槽的铝质冷却套。机床工作时，冷却油-水不断在冷却套的螺旋槽中流动，从而把电动机发出的热量及时带走。冷却油-水的流量可根据电动机发出的热量来计算。图 2.3 是广东工业大学研制的 GD－3 型电主轴的油-水热交换系统图。

滚动轴承在高速回转时，正确的润滑极为重要，稍有不慎，将会造成轴承因过热而烧坏。在目前采用的三种润滑方式(油脂润滑、喷油润滑和油-气润滑)中，以油-气润滑效果最好。油-气润滑是一种新型的较为理想的滚动轴承润滑方式，图 2.4 为其润滑系统原理图。它利用分配阀对所需润滑的不同部位，按照其实际需要，定时、定量地供给油-气混合物，能保证滚动轴承的各个不同部位既不缺润滑油，又不会因润滑油过量而造成更大的温升，并可将油雾污染降至最低程度，其 $d_m n$ 值可达 1.9×10^6。为了保证油-气润滑装置的正常工作，德国 GMN 公司还规定：油-气润滑用油的清洁度要达到 ISO 4406 的 13/10 级标准。

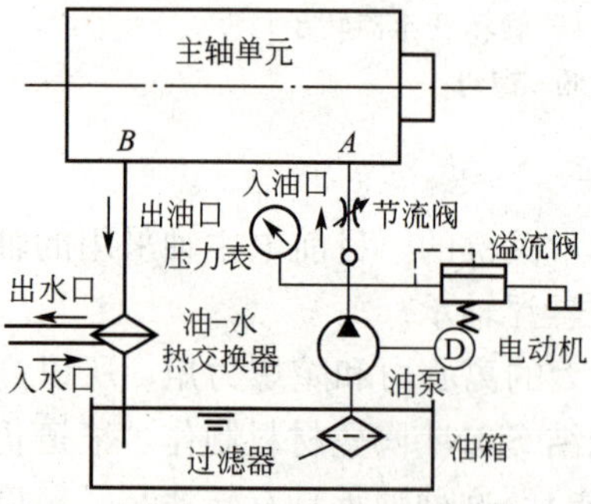

图 2.3　GD-3 型电主轴油-水热交换系统

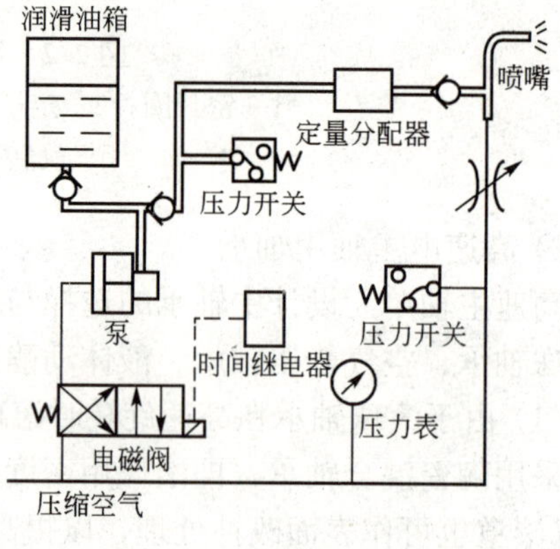

图 2.4　油-气润滑系统原理图

油-气润滑装置一般由专业的润滑功能部件公司设计制造。电主轴公司选购后，设定不同的定时、定量值和选定含某种特别添加剂的油，再成套供应给电主轴用户。

4) 高速直线电动机进给单元

高速切削加工不仅要有高的机床主轴转速，对机床进给系统也有很高的要求。

(1) 进给速度要相应地提高，以保证刀具的每齿进给量基本不变，否则会严重影响加工质量和刀具使用寿命。

(2) 加速度要大，最大应达 1g～10g。由于加工时，一般工作台的行程只有几十毫米或几百毫米，在很高的进给速度下，只有瞬间达到高速或高速行程中的瞬间准停，高速直线运动才有意义。另外为了保证加工轮廓的高精度，在运动的拐弯处要求有较大的加速度或减速度。

(3) 进给系统的动态性能要好，能实现快速的伺服控制和误差补偿，达到较高的定位精度和刚度，以进行高效的精密加工。

传统机床采用旋转电动机带动滚珠丝杠副传动的进给方案，由于受工作台的惯性以及丝杠副本身结构的限制，进给速度和加速度较小。目前采用丝杠副传动的加工中心最高的快速进给速度只有 60m/min，加速度为 0.5g；若采用高精度滚珠丝杠传动，其最大进给速度可达 120m/min，最大加速度也只能达到 1g～1.5g。再加上滚珠丝杠机构本身存在的传动误差和磨损，以及大的转动惯量、爬行和反向死区等问题，要获得高的进给速度和加速度，采用这种传统的传动方式很难实现，必须采用其他的传动方式。

1993 德国 Excello 公司在汉诺威国际机床博览会上展出了世界上第一台带有直线电动

机驱动工作台的 HSC - 240 型高速加工中心，采用德国 Indramat 公司开发的感应式直线电动机。该机床主轴最高转速为 24000r/min，工作台最大进给速度为 60m/min。几乎与此同时，美国 Ingersoll 公司在 HVM - 800 型高速加工中心上，采用了美国 Anorad 公司开发成功的永磁式直线电动机，主轴最高转速为 20000r/min，工作台最大进给速度为 76.2m/min。直线电动机在加工中心上的应用，轰动了国际机床界和学术界。此后，直线电动机像雨后春笋般在世界各工业发达国家蓬勃发展起来。

用直线电动机直接驱动机床的工作台，可取消从电动机到工作台之间的一切中间传动环节，与电主轴一样把传动链的长度缩短为零，实现了机床的“零传动”，是一种较理想的传动方式。

直线电动机用于机床进给系统的优点如下。

(1) 速度高。无旋转运动，不受离心力作用，可容易实现高速直线运动，目前最大进给速度可达 90～180m/min。

(2) 加速度大。启动推力大，可实现灵敏的加速和减速，其最大加速度高达 2g～10g。

(3) 定位精度高。一般以光栅尺为定位测量元件，并采用闭环控制，工作台的定位精度高达 0.1～0.01μm。

(4) 行程不受限制。由于直线电动机的次级是一段一段地连续铺在机床床身上，次级铺到哪里，初级(工作台)就可运动到哪里。

直线电动机用于机床进给系统的缺点如下。

(1) 由于电磁铁热效应对机床结构有较大的热影响，需附设冷却系统。

(2) 存在电磁场干扰，需设置防护装置以阻挡切屑。

(3) 有较大功率损失。

(4) 缺少力转换环节，需增加工作台制动锁紧机构。

(5) 由于电磁吸力作用，造成装配困难。

直线电动机直接驱动方式与滚珠丝杠副传动方式的性能比较见表 2 - 1。

表 2 - 1　直线电动机与滚珠丝杠传动方式的性能比较

传动性能	直线电动机	普通滚珠丝杠副	精密高速滚珠丝杠副
$v_{max}/(m\cdot min^{-1})$	60～200	20～30(40)	60～100(120)
a_{max}	2g～10g	0.1g～0.3(0.5)g	0.5g～1.5g
刚度 $K_J(N\cdot \mu m^{-1})$	70～270	90～180	90～180
动刚度 $K_D(N\cdot \mu m^{-1})$	160～210	90～180	90～180
调整时间/ms	10～20	100	—
可靠性/h	50000	6000～10000	—

高速直线电动机进给单元主要由直线电动机、工作台、导轨、精密测量反馈系统和防护系统等组成，图 2.5 为广东工业大学研制的 GD - 3 型直线电动机进给单元。

(1) 直线电动机。能满足机床进给系统大推力要求的直线电动机主要是交流直线电动机。按励磁方式可分为交流感应(异步)直线电动机和交流永磁(同步)直线电动机两种。由于近年来对交流感应(异步)直线电动机不断改进，使其在机床行业中的使用越来越

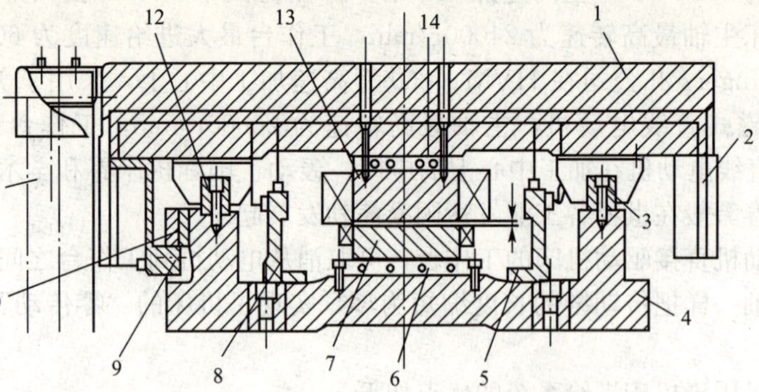

图 2.5　GD-3 高速直线电动机进给单元

1—工作台；2—防护罩；3、12—导轨；4—床身；5、8—辅助导轨；6、14—冷却板；7—次级；9—测量系统；10—光栅尺；11—拖链；13—初级

多。图 2.6 为感应异步直线电动机截面图，采用的是动短初级、定长次级的结构形式。带三相绕组的初级 6 通过冷却板 3(内有多路冷却油道)用螺钉 5 反装在工作台 4 上。带鼠笼展开型栅条的次级 2 通过冷却板 1 用螺钉 8 装在直线电动机的底座 7 上，然后再固定在机床床身上。

(2) 工作台。安装有直线电动机的工作台是高速直线进给单元的移动部件，其质量大小对进给单元的静动态特性影响很大。直线电动机所能达到的最大加速度 a_{max} 与包括工作台在内的进给单元的质量成反比，如图 2.7 所示。

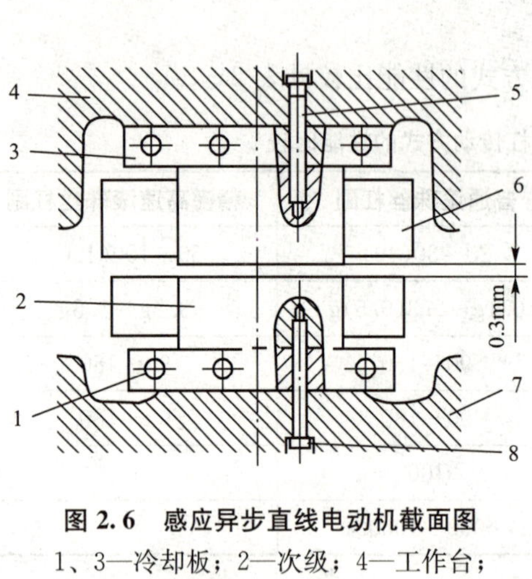

图 2.6　感应异步直线电动机截面图

1、3—冷却板；2—次级；4—工作台；5、8—固定螺钉；6—初级；7—底座

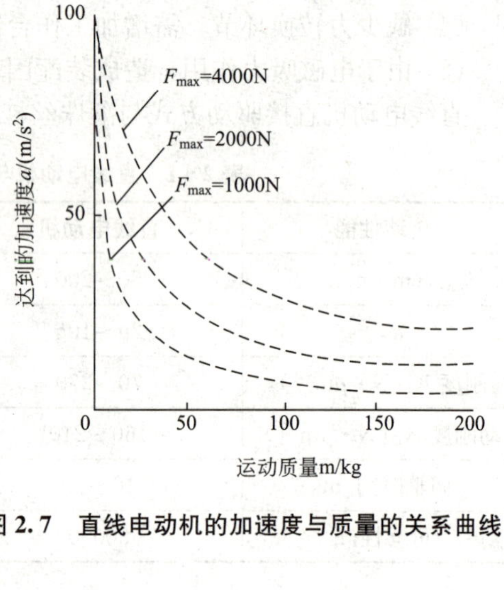

图 2.7　直线电动机的加速度与质量的关系曲线

为设法减轻工作台的质量，可从两个方面入手：①选用高强度轻质材料制造工作台，如钛合金 TC4 和碳纤维增强塑料等；②对工作台结构进行优化设计，如对工作台的截面形状和尺寸进行有限元分析和最优化设计。

广东工业大学研制的 GD-3 型直线电动机进给单元中的工作台选用了灰铸铁 HT250，

并用有限元法对其筋板结构和整体刚度进行了校验和优化设计，工作台的质量比常规的减轻了30%～40%。

(3) 导轨。由于直线电动机进给单元的运动速度高，工作时导轨将承受很大的动载荷和静载荷，并受到多方面的颠覆力矩。另外，工作台与导轨间的摩擦也会影响进给单元的加速度和发热等。因此必须选用高精度、高刚度和承载能力大的导轨结构，并选用摩擦系数小的材料。

(4) 精密测量反馈系统。由于直线电动机的初级已与机床工作台合二为一，故只能采用闭环控制。此时工作台的载荷的变化就是一种外界干扰，如调节不好，就很可能产生振荡而使系统失稳，故直线电动机的伺服控制难度大，要求高。

(5) 防护系统。由于直线电动机的磁场是敞开的，故其工作环境必须采取防磁措施，以免吸住带磁性的切屑、刀具与工件；同时还要防止磁性微粒吸入电动机的初级与次级间隙中，以保证电动机的正常工作。可选用三维折叠式密封罩将直线电动机的磁场防护起来。

2. 高速切削刀具技术

刀具技术是实现高速切削的重要保证。高速切削时的一个主要问题是刀具磨损，另外，由于高速切削时离心力和振动的影响，刀具必须具有良好的平衡状态和安全性能。设计刀具时，必须根据高速切削的要求，综合考虑刀具的磨损、强度、刚度和精度等多方面的因素。

1) 适用于高速切削的刀具材料

高速切削要求刀具材料具有如下性能：高硬度、高强度和耐磨性；高韧度、抗冲击能力强；高的热硬性和化学稳定性；抗热冲击能力强等。目前适用于高速切削的刀具主要有涂层刀具材料、陶瓷刀具、金属陶瓷刀具、立方氮化硼(CBN)刀具和聚晶金刚石(PCD)刀具等。

(1) 涂层刀具材料。涂层刀具是通过化学气相沉积(CVD)或物理气相沉积(PVD)涂层技术，在刀具基体上涂覆金属化合物薄膜，以获得优良的切削性能，达到提高刀具表面的硬度和耐磨性的目的，从而获得优良的切削性能。常用的刀具基体材料主要有高速钢、硬质合金、金属陶瓷和陶瓷等。用于高速切削刀具的涂层主要有硬涂层(在刀具表面涂TiC、TiN、TiAlN等)和软涂层(涂MoS_2、WS_2、TaS_2等)两类。硬涂层刀具硬度高、耐磨性好。其中，TiAlN在高速切削中性能优异，最高工作温度可达800℃，TiN涂层刀具则具有理想的抗“月牙洼”功能。近年来开发的一些新型物理气相沉积硬涂层材料，如立方氮化硼(CBN)、氮化碳(CNX)、Al_2O_3、氮化物(TiN/NbN，TiN/VN)等，在高温下具有良好的热稳定性，很适合高速切削。金刚石涂层刀具主要用于有色金属加工，$C-C_3N_4$超硬涂层的硬度有可能超过金刚石。

软涂层刀具涂层的主要成分为具有低摩擦系数的固体润滑材料，涂层可在刀具表面形成固体润滑膜，从而使刀具材料具有很低的摩擦系数。采用MoS_2、WS_2作为涂层材料的高速钢刀具主要用于高强度铝合金、钛合金等的切削加工。

涂层刀具的涂层可以是单涂层、双涂层、多涂层或由几种涂层材料复合而成的复合涂层(如$TiC-Al_2O_3-TiN$，TiCN和TiAlN复合涂层)。日本住友公司开发的纳米TiN/AlN复合涂层铣刀片，涂层多达2000层，每层涂层仅厚2.5nm。

(2) 陶瓷刀具。陶瓷刀具材料主要有氧化铝基和氮化硅基两大类，是通过在氧化铝和氮化硅基体中分别加入碳化物、氮化物、硼化物、氧化物等制成。陶瓷刀具有很高的硬度(HRA92～96)和耐磨性；良好的热稳定性和高温力学性能，耐热性可达 1100～1200℃，可在 200～1000m/min 的切削速度范围内高速切削软钢、淬硬钢和铸铁等材料。

(3) 金属陶瓷刀具。金属陶瓷(Cermet)又称为钛基硬质合金，主要包括高耐磨性 TiC 基硬质合金(TiC+Ni 或 Mo)、高韧性 TiC 基硬质合金(TiC+TaC+WC)、强韧性 TiN 基硬质合金(以 TiN 为主体)、高强韧性 TiCN 基硬质合金(TiCN+NbC)等。与硬质合金刀具相比，金属陶瓷刀具的耐热性、耐磨性、抗“月牙洼”磨损能力等有明显提高，但由于其韧性不足、导热性差、耐热应力变化能力差、抗机械冲击性能较差等缺陷，因此金属陶瓷刀具不适合用于断续切削和带黑皮冷硬层工件(如冷硬铸铁)的切削，不宜用于湿式切削。近年来，在陶瓷基体中加入少量纳米粒子的纳米陶瓷复合材料的研究，取得了一定的进展，使得金属陶瓷刀具材料性能大大提高，且价格相对较为低廉，应用范围在不断扩大。金属陶瓷刀具能以 200～1000m/min 的切削速度高速加工钢、铸铁及其合金等材料，刀具寿命可比硬质合金高数倍甚至数十倍。

(4) 聚晶立方氮化硼(PCBN)刀具。聚晶立方氮化硼(PCBN)是立方氮化硼(CBN)颗粒加结合剂在高温高压下烧结而成的非天然材料。聚晶立方氮化硼刀具有很高的硬度(HV800～900)，优良的耐磨性和热稳定性(耐热温度可达 1300～1500℃)；高化学惰性，与铁系材料在 2000℃时才发生反应；良好的导热性，且导热系数随着温度的升高而逐渐增大，从而可降低刀尖处的切削温度，减少刀具的扩散磨损并有利于提高高速加工精度。聚晶立方氮化硼刀具适合高速切削淬硬钢、冷硬铸铁和高温合金等硬态材料或耐磨性高的材料。根据 CBN 含量、粒径和结合剂的不同，PCBN 刀具的加工性能和用途也不同。表 2-2 为不同 CBN 含量的 PCBN 刀具的加工用途。

表 2-2 不同 CBN 含量的 PCBN 刀具的加工用途

CBN 含量(%)	用途
50	连续切削淬硬钢(45～65HRC)
65	断续切削淬硬钢(45～65HRC)
80	切削镍铬铸铁
90	连续重载切削淬硬钢(45～65HRC)
80～90	高速切削铸铁(v_c=500～1300m/min)，淬硬钢的半精加工

(5) 聚晶金刚石(PCD)刀具。聚晶金刚石是由金刚石微粉与少量结合剂在高温超高压下烧结而成，尽管其硬度低于单晶金刚石，但由于聚晶金刚石烧结体表现为各向同性，因此不易沿单一解理面裂开，韧性高于单晶金刚石。聚晶金刚石刀具硬度高、抗压强度高、导热性及耐磨性好，但因其与黑色金属在加工中会产生化学亲和力作用，因此不能用来加工淬硬钢材料，而适合有色金属(铝、铝合金、铜、铜合金、镁合金、锌合金等)、硬质合金、陶瓷、非金属材料(塑料、硬质橡胶、碳棒、木材、水泥制品等)、复合材料(纤维增强塑料、金属基复合材料等)的切削加工，可在高速切削中获得很高的加工精度和加工效率。

除上述刀具材料适用于高速切削外，用细晶粒硬质合金制造并涂覆耐磨、耐热层的麻花钻加工碳素结构钢和合金钢时，切削速度可达200m/min。用高性能钴高速钢、粉末冶金高速钢和硬质合金制造的齿轮刀具，可用于齿轮的高速切削。意大利SU公司研制的硬质合金齿轮滚刀涂覆TiCN后加工模数 $m=1.5$ 的齿轮时，精加工速度达600m/min。

2）高速切削刀具的结构

(1) 机夹可转位结构。随着各种涂层刀片应用的日益扩大，可转位结构已成为车刀、铣刀、镗刀和钻头结构发展的主流，可实现高效化，因此高速切削刀具多采用机夹可转位结构。

(2) 刀片的夹紧方式。由于高速切削的速度是常规切削速度的5～10倍以上，当机床主轴高速回转时，工件、夹具与刀具积累的很大能量就有可能释放出来，造成重大事故。故要求设计十分可靠的刀片夹紧结构和刀体结构，尤其是高速回转的铣刀和镗刀。

加工实践表明，普通铣刀的结构和强度不能适应高速切削的要求，因此早在20世纪90年代初德国就开始对高速铣刀安全技术进行研究，并取得了一系列实用性成果，制订了DIN 6589—1《高速铣刀的安全要求》标准草案，其中规定了高速铣刀失效的试验方法和准则，该标准已成为高速铣刀安全性的指导性文件。高速切削用可转位铣刀的安全性除了刀体强度要求外，还包括对零件、刀片夹紧等可靠性要求。高速切削时，离心力是造成铣刀破损的主要因素，防止离心力造成破坏的关键在于刀体应具有足够的强度。为了能在设计阶段对刀具结构强度在离心力作用下的受力和变形情况进行定性和定量分析，目前一般利用高速铣刀的有限元(FEM)模型来计算不同转速下应力的大小，模拟刀具失效过程，改进设计方案。在实际应用中，将模拟设计计算与离心力实验相结合，根据实验获得的刀具变形、刀片位移等数据建立FEM模型的边界条件。根据计算和实验，可转位铣刀在超高速切削中主要有两种失效形式：一种是夹紧刀片的螺钉被剪断，刀片或其他夹紧元件被甩飞；另一种是刀体爆碎。在多数情况下，首先出现前一种失效，即在较低转速时出现零件甩飞现象；随着转速进一步提高，达到刀体强度临界值时即出现后一种失效。

从安全角度考虑，根据模拟计算和爆碎实验研究结果认为，设计高速切削用的铣刀，其刀片夹紧方式不允许采用摩擦力夹紧，而必须选用带中心孔的刀片通过螺钉实现夹紧，并要控制螺钉在静止状态下夹紧刀片时的预应力不要过大，以免螺钉产生塑性变形，降低夹紧系统失效转速。

(3) 刀体材料及结构。从减小转动惯量的角度考虑，刀体结构设计应减轻质量，选用比重轻、强度高的材料；减小直径、增加高度。目前有的高速面铣刀刀体采用高强度铝合金制造。由于刀体上的刀片槽、容屑槽、键槽等会引起应力集中，降低刀体强度，因此刀体结构应尽量避免采用贯通式刀槽，减少尖角，防止应力集中。同时，还应减少机夹零件的数量；刀体结构应对称于回转轴，使其重心通过铣刀轴线。

3）高速切削刀具的刀柄结构

高速切削刀具的刀柄与机床主轴相连，高速切削时，为使刀具保持足够的夹持力，以避免离心力造成刀具的损坏，对刀具的装夹装置也提出了相应的要求：①较高的定位夹持精度和刀具重复定位精度(指刀具与刀柄、刀柄与机床主轴的连接精度；每次换刀后刀具系统精度的一致性)；②足够的连接刚度；③装夹牢固可靠；④结构要利于快速换刀；⑤具有较好的互换性。

加工中心等NC机床多年来一直采用传统的7∶24实心锥柄工具系统，这种实心锥柄具有以下缺点：①由于只靠锥面结合，刀柄与主轴的连接刚性较低，尤其当主轴转速超过

10000r/min 时，连接刚性的不足更为明显；②采用自动换刀方式安装刀具时，重复定位精度较低，难以实现高精度加工；③当主轴高速回转时，主轴前端在离心力作用下会发生膨胀，易导致主轴与刀柄锥面脱离，使径向跳动急剧增大(可达 15μm)，从而降低刀柄接触刚度，且易发生安全事故，如图 2.8 所示。因此，传统的长锥刀柄不适宜用于高速切削加工。为解决此问题，一些研究机构和刀具企业开发了采用锥部和主轴端面同时定位的双定位式刀柄(如德国 HSK 刀柄、美国 KM 刀柄、日本 BIG－PLUS 刀柄等)。此类刀柄通过锥部定心，并使机床主轴端面紧贴刀柄凸缘端面。这种刀柄安装时重复定位精度较高(轴向重复定位精度可达 0.001mm)，在高速转动产生的离心力作用下，刀柄会牢固锁紧，其径向跳动不超过 5μm，在整个转速范围内可保持较高的静态和动态刚性。因此，此类刀柄特别适合高速切削加工。

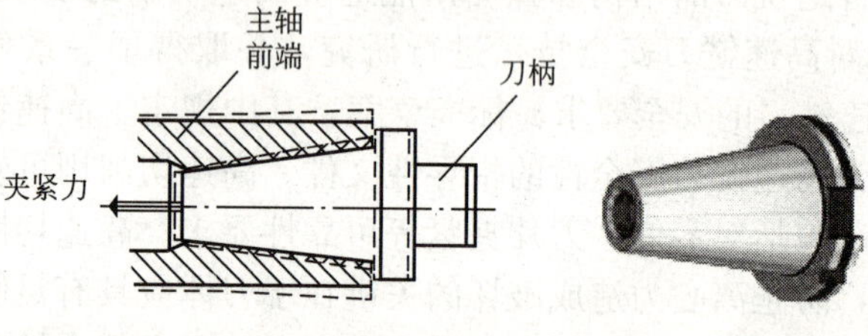

图 2.8　高速离心力造成 7∶24 刀柄-主轴系统变形

(1) 德国的 HSK 刀柄。它由德国阿亨工业大学及多家企业共同开发，已列入德国工业标准中。刀柄采用中空短柄，以 1∶10 锥度代替传统的 7∶24。其工作原理如图 2.9(a)所示，是靠锁紧力及主轴内孔的弹性膨胀来补偿端面间隙。按德国 DIN 标准的规定，HSK 刀柄采用平衡式设计，其结构形式有 A、B、C、D、E、F 六种型式，如图 2.9(b)所示，每一种型式又有多种尺寸规格。A、B 型为自动换刀刀柄，C、D 型为手动换刀刀柄，E、F 型为无键连接，适用于超高速切削用刀柄。由于 HSK 刀柄质量轻、重复精度好、连接面短，可以缩短换刀时间，因此适应主轴高速运转，有利于高速自动换刀和机床的小型化。

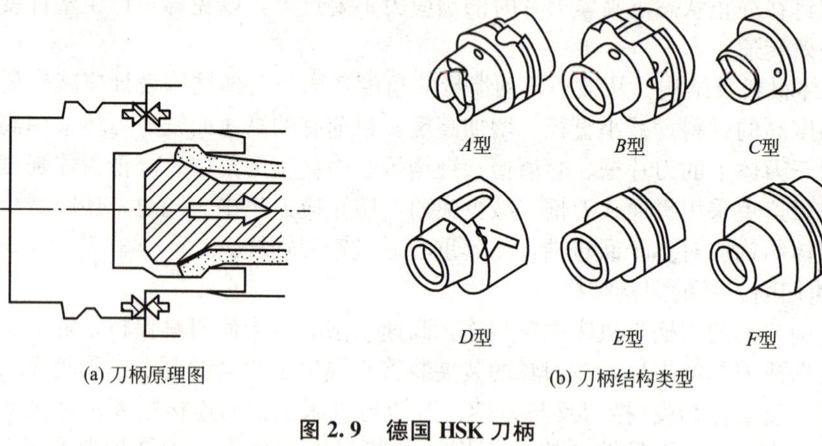

(a) 刀柄原理图　　(b) 刀柄结构类型

图 2.9　德国 HSK 刀柄

(2) KM 刀柄。它是美国肯纳(Kennametal)公司与德国怀迪尔公司于 1987 年联合开发出来的，采用 1∶10 短锥空心柄，其结构如图 2.10 所示。KM 刀柄配合长度短，仅为标准 7∶24 锥柄相近规格长度的 1/3，部分解决了端面与锥面同时定位而产生的干涉问题。

另一方面，KM 刀柄与主轴锥孔间的配合过盈量较高，可达 HSK 刀柄结构的 2～5 倍，其连接刚度比 HSK 刀柄还要高，夹紧力的传递方式与 HSK 不同为钢球传递，而 HSK 为筒夹。同时，与其他类型的空心锥柄连接相比，相同法兰外径采用的锥柄直径较小，因而主轴锥孔在高速旋转时扩张小，高速性能好。

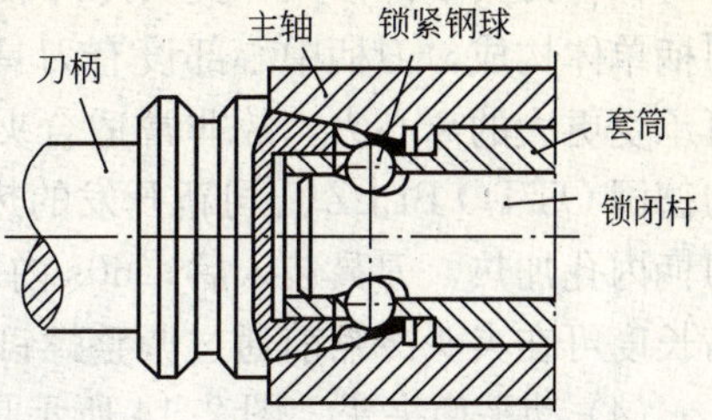

图 2.10　KM 刀柄与主轴连接结构

(3) BIG - PLUS 刀柄。它由日本大昭和精机在原标准 7∶24 锥柄基础上进行了一定改进，如图 2.11所示。刀柄的锥度仍然是 7∶24。其工作原理是：将刀柄装入主轴锥孔锁紧前，端面的间隙小。锁紧后利用主轴内孔的弹性膨胀补偿端面间隙，使刀柄端面与主轴端面贴紧，从而增大其刚度。这种刀柄同样采用了过定位，因而必须严格控制其形状精度和位置精度，其制造工艺难度比 HSK 刀柄还要高。这种改进型锥柄可与原 7∶24 锥柄互换使用，可应用于原主轴锥孔。但从适应机床转速进一步高速化的发展要求，1∶10 短锥空心柄则更有发展前途。所以，更多的日本公司还是积极采用德国的 HSK 刀柄，如 NT 工具公司、黑田精工、圣和精机、三菱金属等先后引进 HSK 生产技术。

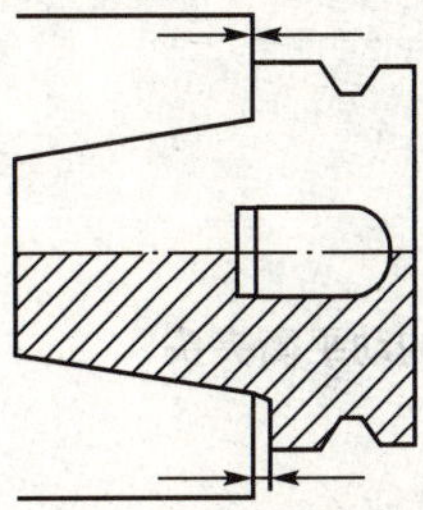

图 2.11　BIG - PLUS 刀柄

4) 适用于高速切削的新型夹头

一般刀具通过刀夹装入刀柄，为适应高速切削中动平衡的要求，刀具与夹头间的连接精度和刚度要高、夹紧力要大、夹头几何尺寸要小。尽管传统的锥形夹头具有灵活性好，适用于刀具不同直径的优点，但可传递的扭矩有限且装夹精度很低，不适应高速切削加的需求。为此近年来相继开发了几种新型结构的夹头用于高速切削。

(1) 液压夹头。在夹头孔的周围是一个液压腔，刀具装入夹头后，用螺栓推动油腔顶部活塞使夹头孔内壁膨胀，从而夹紧刀具。这种夹头精度高、刚性大、操作方便。不足是对刀具的尺寸公差要求较严；过松时可能达不到应有的夹持力。

(2) 力膨胀夹头。夹头内孔呈三棱形，在装夹刀具时，先用辅助装置在三棱孔的三个顶点施加预先调整好的力，使刀夹内孔变形成圆，把刀具装入刀夹后再除去变形外力，刀夹孔弹性回复，刀具就被夹持在孔内，如图 2.12 所示。这种夹头装夹精度高、操作简单、结构紧凑、造价较低，但需增加一套辅助的加力装置。

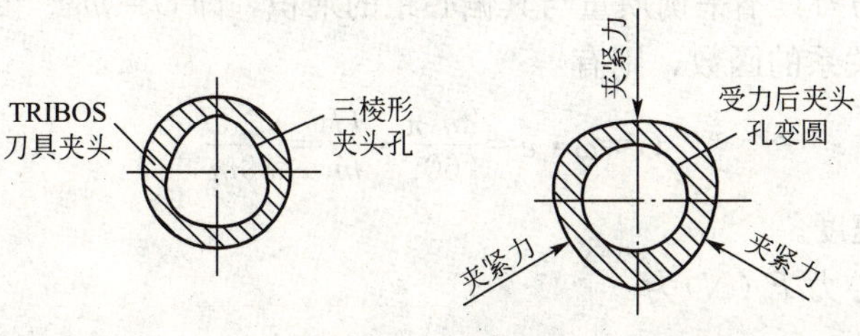

图 2.12　力膨胀夹头

(3) 热装式夹头。夹紧原理应用了金属材料热胀冷缩的特点，在夹头加热处于膨胀状态时，将刀具柄部插入，夹头冷却收缩后，即可将刀具夹紧。这种夹头结构较简单，仅由刀柄单体构成，刀柄中心部设有刀具安装孔；夹持精度高、刚度大、能传递较大的扭矩，可承受更大的离心力，故非常适合夹持加工淬硬模具钢的硬质合金立铣刀。图 2.13 所示为德国 OTTO BLLZ 公司新开发的热装式夹头，采用高能场感应加热线圈，可在 10s 内将刀柄内孔加热，刀具装入后，60s 内即可完全冷却，从而实现了刀具的快速更换。刀具所需长度可在夹头冷缩前通过调整螺钉将刀具调整到预定位置。

(4) 动平衡夹头。图 2.14 所示是法国 EPB 公司生产的带有一对配重的动平衡环夹头，可在一定程度上补偿装夹刀具后产生的不平衡量。其不平衡量在出厂时就给出了可调整到的数值。

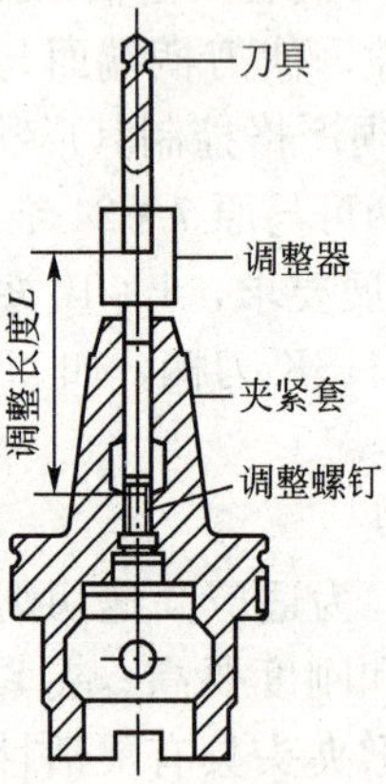

图 2.13 热装式夹头

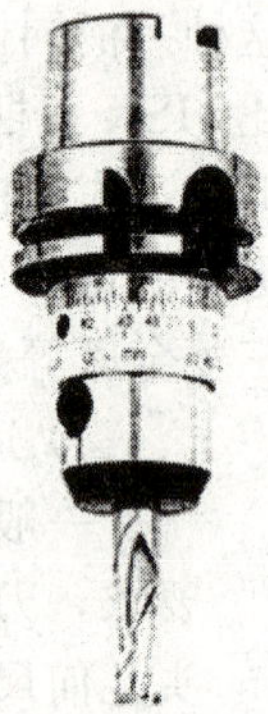

图 2.14 法国 EPB 公司生产的动平衡夹头

5) 高速切削刀具系统的动平衡

高速切削对刀具系统(刀片、刀柄、刀盘及夹紧机构等)的动平衡性能提出了很高的要求，因为高速切削时刀具系统不平衡产生的离心力，会使主轴轴承承受方向不断变化的径向力作用而加速磨损并引起机床振动，进而导致刀具磨损寿命缩短、停机时间增加、加工表面粗糙度值增大、工件加工精度降低。一般认为，小型刀具的动平衡修正量只有百分之几克；对于紧密型刀具，采用静平衡即可；对悬伸长度较大的刀具则必须进行动平衡。

引起刀具系统不平衡的因素主要有：刀具结构的不平衡、刀柄不平衡、刀具及夹头的安装不对称和残余不平衡等。

假如刀具在距回转中心 e(mm)处存在等效的不平衡质量 m(g)，刀具的不平衡量 U(g·mm)可定义为刀具不平衡质量与其偏心距的乘积，即 $U=me$。设 G 为反映刀具不平衡量与回转速度间关系的函数，则有

$$G=\omega\cdot e=\frac{2n_0\pi}{60}\cdot\frac{U}{m}=\frac{n_0\pi U}{30m} \tag{2-1}$$

式中，ω 为回转角速度。

刀具产生的离心力 $F_e(N)$ 为

$$F_e=me\omega^2\times10^{-6}=me\left(\frac{2n_0\pi}{60}\right)^2\times10^{-6}=U\left(\frac{n_0\pi}{30}\right)^2\times10^{-6}$$

图 2.15 为刀具不平衡引起的离心力 F_e 与主轴转速 n_0、刀具不平衡量间 U 的关系

曲线。

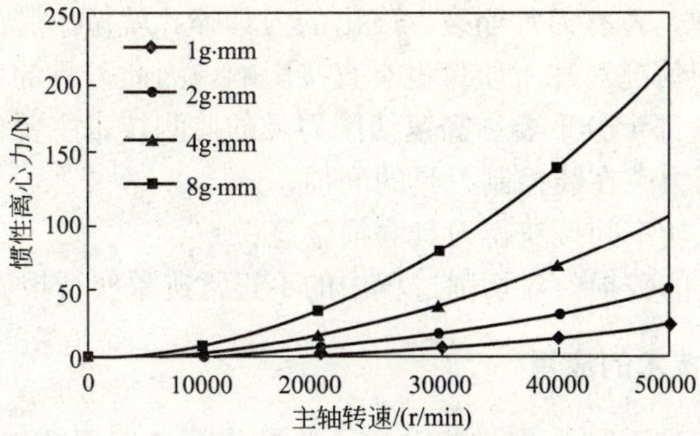

图 2.15 离心力与主轴转速、刀具不平衡量间的关系曲线

由图 2.15 可知，主轴转速的提高，将使离心力成平方倍数增大，即离心力是高速切削时的主要载荷。为确保高速切削的安全性，必须消除或尽可能减少刀具系统的不平衡量。如：

(1) 选择平衡性能更好的刀柄。从结构上看，应优先选择平衡性更好的 HSK 类刀柄，其次是各种标准的热装式刀柄，再次是液压式刀柄。

(2) 对刀具系统除进行静平衡外，还必须根据其转速范围进行动平衡。首先对刀具系统各组成元件单独进行平衡，然后对刀具与夹头的组合体进行平衡，最后将刀具连同主轴一起进行平衡。

目前，国内外尚无统一的高速切削刀具平衡标准，对采用 ISO 1940—1 标准中的 G 值作为平衡标准也有不同看法。国外一些企业以 G_1(即刀具以 10000r/min 的转速回转时，回转轴与刀具中心轴线的偏心距为 1μm)作为平衡标准；有的企业对转速 6000r/min 以上的高速切削刀具以 $G2.5$ 作为平衡标准。平衡标准可参见图 2.16 中的 $G1$ 或 $G2.5$。

图 2.17 为德国 HAIMER 公司研发的一种刀具动平衡仪。它能够使装上刀具的刀具系统不平衡量达到 0.5g·mm 以下，即平衡等级达到 $G0.4$。

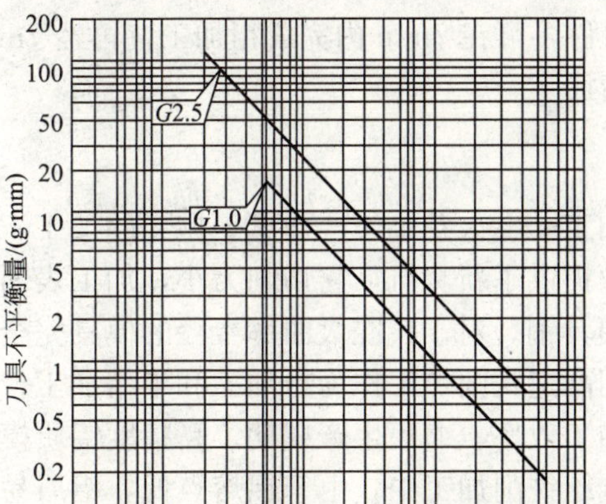

图 2.16 高速切削刀具和刀柄系统平衡要求

图 2.17 刀具动平衡仪

3. 高速切削刀具的监测技术

在高速切削加工中，若有刀片崩裂，飞出的刀具碎片就像出膛的子弹，是非常危险的事情，此外刀具的磨损情况对加工质量也有直接影响，因此刀具的监测技术对高速切削加工的安全性和加工质量都十分重要。高速切削刀具的监测技术主要包括以下几方面：

(1) 通过监测切削力来在线控制刀具的磨损；

(2) 通过监测机床功率间接获得刀具磨损信息；

(3) 在线监测刀具的破损，对切削过程中的不正常迹象实行报警和安全保护控制。

2.1.4　高速切削加工技术的应用

由于高速切削机床和刀具及相关技术的迅速进步，高速切削加工技术已应用于航空、航天、汽车、模具、机床等行业中。

1. 航空航天工业

飞机制造业是最早采用高速切削的行业。现代飞机上的大型多筋薄壁构件采用整体加工技术代替过去的铆接、焊接等工艺，即直接在实体毛坯上进行“掏空”加工以形成多筋薄壁构件，其金属切除量相当大，这正是高速切削的用武之地。采用高速切削加工，可使加工效率提高 7～10 倍，其尺寸精度和表面质量都达到无需再光整加工的水平。如美国波音公司制造 F15 战斗机上的一个 11 英尺长的结构件(图 2.18)，它在飞机两个方向舵之间摆动。以前需 500 多个零部件组装而成，交货期约三个月。现在应用高速铣削技术直接在实体铝合金毛坯上高速铣削，交货期仅为几天。英国 EHV 公司采用主轴转速为 40000r/min 的高速加工机床加工航空专用铝合金整体叶轮，单个叶片的加工精度可达 5μm，整个叶轮精度为 20μm。美国普惠公司与以色列叶片技术公司合作开发钛合金涡轮叶片的高速切削，选用主轴转速为 20000r/min 的铣床加工叶片锻件，可在 7min 内完成粗加工，再经 7min 完成叶片的精加工。

图 2.18　F15 战斗机上的零件

2. 模具制造业

模具型腔的加工过去一直采用机械加工—电火花加工—研磨—抛光的加工工艺，加工效率低、成本高。高速切削为模具制造业提供了新契机，它切削力小，加工表面粗糙度值也很小($Ra \leqslant 0.4\mu m$)，可以铣削淬硬的模具钢。对于浅腔大曲率半径的模具完全可用高速铣削来代替电加工；对深腔小曲率的可用高速铣削加工作为粗加工和半精加工，电加工只作为精加工。这样可大幅度提高模具的加工效率、缩短生产周期。高精度铝质模具型腔加工是众多模具制造厂家的一大难题。在传统铣削加工中，由于铝熔点低，铝屑易粘附在刀具上，虽经后续的铲刮、抛光工序，型腔也很难达到精度要求，在制时间长达 60h。用高速铣削，加工周期仅为 6h，完全达到 1500mm 长度上的尺寸精度为±0.05mm、$Ra = 0.8\mu m$ 的要求。

图 2.19 为在德国产的 Hermle C800V 机床上高速铣削加工的注塑模具，总加工时间

为仅 90 多分钟。图 2.20 所示的高精度冲压模具是在瑞士米克朗(Mikron)公司研制的高速加工中心上切削完成的。

图 2.19　高速铣削加工的注塑模具

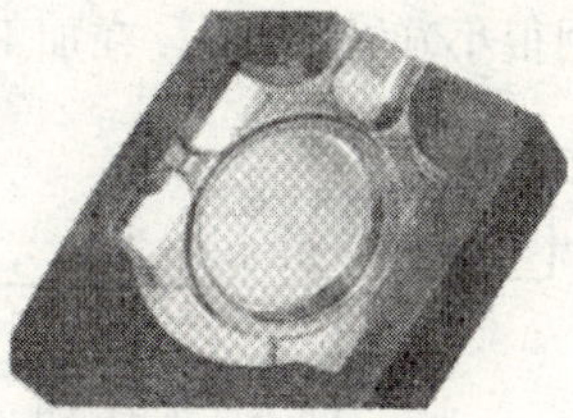

图 2.20　高精度冲压模具

3. 汽车制造业

汽车制造业是高速切削加工的又一应用领域。为满足市场个性化的需求，目前对于技术要求变化较快的汽车零件，如发动机的箱体、气缸盖等大多已采用高速加工中心替代组合机床刚性生产线。高速加工中心已将柔性生产线的效率提高到组合机床生产线的水平。

4. 难加工材料的加工

镍基高温合金和钛合金具有优良的使用性能，常用来制造发动机零件，但因它们切削加工性差，传统的加工方法是采用较低的切削速度。如果采用高速切削加工，则可大幅度提高生产效率，减小刀具磨损，提高零件的表面质量。传统方法切削纤维增强复合材料时，对刀具的刻划作用十分严重，刀具磨损非常快。用聚晶金刚石刀具进行高速切削加工，不仅可防止出现“层间剥离”，而且生产效率高、加工质量好。

此外，干式切削和硬态切削也是高速切削扩展的领域。

2.2　绿色切削技术

在传统的切削加工中通常要使用大量的切削液，其流量有时高达 80～100L/min。尽管切削液在切削过程中具有冷却、润滑和辅助排屑的功能，对保证工件加工精度、提高已加工表面质量和加工效率起到重要作用。但随着全球环境意识的不断增强以及环保法规的要求越来越严格，切削液对环境、资源消耗和人体健康等所产生的一系列负作用也越加明显，主要表现在以下四个方面：

(1) 直接危害操作者的身体健康。切削液产生的油烟会严重污染生产现场的环境，引起现场操作者肺部和呼吸道的多种疾病；切削液与人体直接接触会诱发多种皮肤病。

(2) 造成了环境污染问题。切削液是金属切削加工中造成环境污染的一个重要根源。如乳化液不仅含有油，而且含有烧碱、油酸皂、乙醇和苯酚等有害物质。如果这些切削液渗漏、溢出，或未经处理直接排入外界，会对环境造成严重污染。

(3) 增加了制造成本。据统计切削液及切削液的供给、保养及回收处理等费用加在一起要占到工件制造成本的13%～17%，而刀具费用仅占2%～4%。

(4) 切削液中的S、Cl等添加剂会造成被加工零件的晶间腐蚀，而引起质量事故。

现今，无公害、清洁化、低能耗的绿色制造已成为21世纪机械制造业的发展方向。绿色切削作为绿色制造的关键技术之一，主要指在对生态大环境和加工现场小环境均无负作用(或负作用很小)的情况下，在加工过程中产生的少量“三废”(废气、废液和废渣)在链条末端可回收或自然降解，达到无公害的环保要求，对人类健康和环境没有危害的切削技术。研究开发新的绿色切削技术，符合可持续发展战略的要求，能够极大地推动机械工业的持续、健康发展。

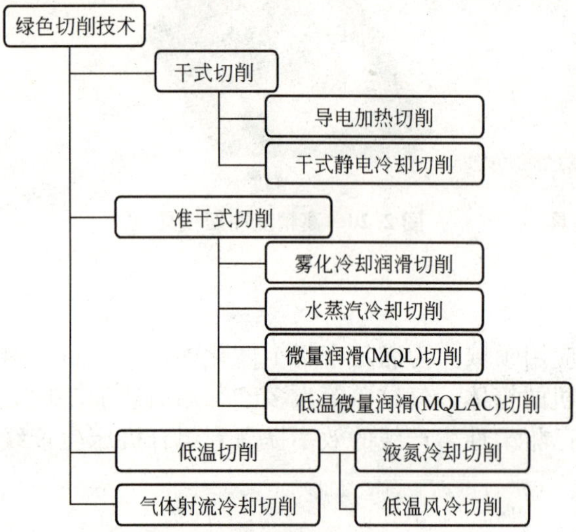

图2.21　绿色切削技术分类

近年来绿色切削技术已成为国际上的研究热点，并且各国都投入大量的人力、物力和财力来发展此项技术。按照切削工艺构成分类，可以将绿色切削技术分为干式切削技术、准干式切削技术、低温切削技术和气体射流冷却切削技术，如图2.21所示。

2.2.1　干式切削技术

干式切削技术是指在切削加工中为保护环境、降低成本而完全不使用任何冷却润滑液的切削技术。干式切削技术通常应用于高速切削场合，所以又称为高速干式切削。

1. 干式切削技术的特点

由于干式切削不使用切削液，因而可完全消除切削液带来的一系列负面影响，它具有以下特点：

(1) 不会产生环境污染，对操作者也不会产生与切削液有关的健康危害。

(2) 省去了与切削液有关的传输、回收、过滤等装置及相应的费用，简化了生产系统，降低了零件加工成本。

(3) 形成的切屑干爽、清洁、无污染，易于回收处理。

(4) 省去了切削液与切屑的分离装置及相应的电气设备，使机床结构更加紧凑，减少了机床占地面积。

(5) 不会发生与切削液有关的质量事故。

2. 实现干式切削加工的关键技术

干式切削不仅要停止使用切削液，而且要保证高的加工效率和好的加工质量。但在干式切削中，由于切削过程缺少了切削液的润滑、冷却、排屑等作用，相应地会出现以下问题：

(1) 加工中的切削力会大大增加，刀具与工件之间的振动会加剧，从而导致工件加工表面质量变差，刀具磨损加快，刀具使用寿命缩短。

(2) 会在加工瞬间产生大量热量，这些热量主要集中在切屑中，会影响切屑的成形，过热的高温环境会导致形成带状和缠结状切屑并缠绕在刀具上，影响后续切削，加剧刀具磨损。如不及时将热量从机床的主体结构中排出，同样会使机床产生严重的热变形，影响加工精度和降低工件表面质量。

(3) 在切削加工某些材料(如石墨电极等)时，会产生大量粉尘，如不能及时清除，会严重损害操作工人的身体健康，同时细微颗粒也会侵入丝杠、轴承等机床关键部件，加大机床的磨损，影响机床的加工精度和稳定性。

(4) 由于干式切削与传统的湿式切削的切削过程有所不同，为使机床能够稳定地完成切削过程，需要对原来湿式切削选用的切削参数作相应修改和调整，才能应用于干式切削加工。

为了解决上述问题，使干式切削得以顺利进行，就必须对包括机床、刀具、工件以及切削参数在内的整个工艺系统进行全面的考虑权衡，并采取相应的工艺措施，以弥补干式切削加工的不足。

1) 干式切削的刀具技术

实现干式切削的最大技术难题是刀具，它是使干式切削加工得以顺利进行的关键因素。由于干式切削与传统的湿式切削的工作条件完全不同，因此对干式切削刀具的材料和结构提出了更高的要求：

① 高的可靠性。高速切削一般在数控机床或加工中心进行，要求刀具材料必须十分可靠，否则，将会增加换刀时间，降低生产效率，使高速切削失去意义；另外刀具可靠性差还将产生废品，损坏机床与设备，甚至造成人员伤亡。因此，刀具的可靠性问题是高速切削成功应用的关键技术之一。

② 高的耐热性、抗冲击和高温力学性能。高速切削时，切削温度很高，因此，要求刀具材料熔点高、氧化温度高、耐热性好、抗热冲击性能强，且具有高温强度、高温硬度、高温韧性等优良性能。

③ 适应难加工材料和新型材料加工的需要。据统计，目前难加工材料已占工件的40%以上。

(1) 刀具材料。

目前适用于干式切削加工的刀具材料主要有超细晶粒硬质合金、PCD(聚晶金刚石)、CBN(立方氮化硼)、金属陶瓷、陶瓷和涂层刀具等。

超细晶粒硬质合金特别能承受较高温度的切削，具有较高的强度和冲击韧度，适用于制作干式切削的钻头和铣刀。

PCD刀具有很高的硬度和热导率，适合干式切削有色金属(如铜合金、铝合金以及钛合金)和耐磨的高性能复合材料，但不能加工黑色金属。

CBN的硬度和耐磨性仅次于金刚石，有优良的红硬性、化学稳定性和低摩擦系数，是高速干切削HRC50以上淬硬钢和冷硬铸铁等黑色金属的理想刀具材料。

金属陶瓷的硬度和冲击性好、热硬性差，故多用于精加工和半精加工。

陶瓷具有硬度高、化学稳定性和抗粘结性好、摩擦系数低等优点，是相对廉价的干式切削刀具材料，但其强度、韧性和抗冲击性能差，适用于灰铸铁和钢的干式切削。

由于干式切削时不使用切削液，为尽量减小刀具与切屑间的摩擦，最好的办法是对刀具表面进行涂层。研究表明，涂层与切削液有着相似的功能，它把刀具与切削热隔离开，使热量不会或很少传到刀具上，从而能在很长时间内保持刀具的坚硬和锋利。同时涂层还保持刀具材料不受化学反应的作用。

涂层可分为"硬"涂层和"软"涂层。涂层刀具的基体一般是韧性较好的硬质合金，在基体上涂上一层或多层 TiC、TiN、TiAlN 和 Al_2O_3 之类的耐磨硬涂层，起耐热和隔热的屏障作用。此外，为减少切削过程中的摩擦与粘附，往往又在硬涂层之上再加 MoS_2、WS 之类起润滑作用的软涂层，使其综合硬涂层硬度高、热稳定性好和软涂层摩擦系数低、自润滑性好的优点于一身。切削试验表明，用 TiAlN 涂层丝锥在 Si－Al 合金工件上攻螺纹，可加工 1000 个螺孔，未涂层的丝锥只能加工 20 个螺孔，而 MoS_2 涂层的丝锥可加工 4000 个螺孔。

(2) 刀具结构及刀具几何参数的优化。

针对干式切削加工的特点，需要对干式切削加工刀具的结构和刀具几何参数进行优化，以满足干式切削对断屑、排屑及刀具自冷却的要求。

在干式切削加工韧性材料时，断屑槽的断屑性能起着十分关键的作用。可针对不同的工件材料和切削用量，设计相应的断屑槽结构与尺寸，提高切屑折断能力和对切屑流动方向的控制能力。在封闭空间进行高速干式切削(如干式钻削、干式铰削、干式攻丝等)时，则应增大刀具的容屑槽空间和背锥的锥度。例如，德国 WZL 的切削试验表明，在用硬质合金钻头干式钻削回火钢时，标准钻头只能钻削约 400 个孔，而经过优化设计、加宽了钻头排屑槽几何形状的钻头可钻削高达 2200 个孔，优势明显。

研究表明高速干切削刀具的失效形式主要是"月牙洼"磨损，所以一般都采用较大的前角以减少切屑与前刀面的接触面积。为弥补大前角对刃口强度的削弱，常配以加强刃甚至前刀面上带有加强筋(图 2.22)。较大的正前角、锋利而强有力的切削刃也有利于断屑。

为了加速刀具的冷却以降低切削温度，也可采用热管式刀具或液氮冷却刀具。图 2.23 所示为热管式车刀和热管式面铣刀。其结构与普通车刀、硬质合金面铣刀基本相同，所不同的是在车刀体和铣刀的单个齿内部制成了热管，热管内的工作介质一般为丙酮、乙醇和蒸馏水。热管是一种高效的传热元件，它利用的是沸腾吸热和冷凝放热这两个最强的传热机理，可把大量切削热量带走。这种刀具是一种自冷却刀具，可大大降低切削温度，提高冷却效果。

图 2.22　前刀面有加强筋的刀片

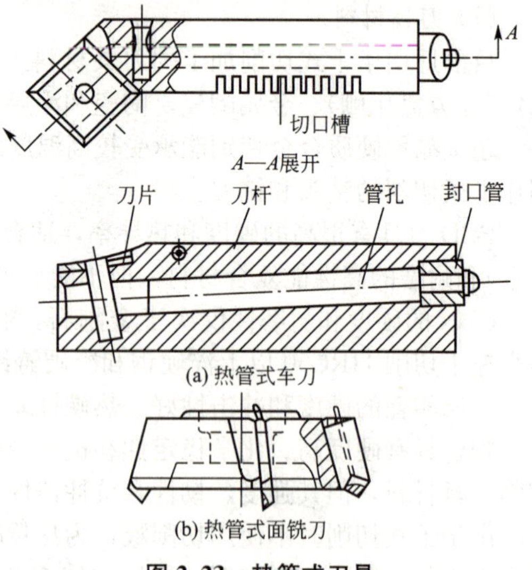

图 2.23　热管式刀具

图 2.24 所示为一种采用液氮冷却刀具的方法，在车刀刀片的上表面倒装了一个金属帽状物，其内腔与刀片的上表面间共同组成一个封闭的空间。帽状物上有液氮的入口和出口。在干式切削过程中，液氮在封闭的空间内不断地流动，吸收刀片上的切削热，使刀片的切削温度不致过高，能始终保持良好的切削性能，顺利实现干式切削。

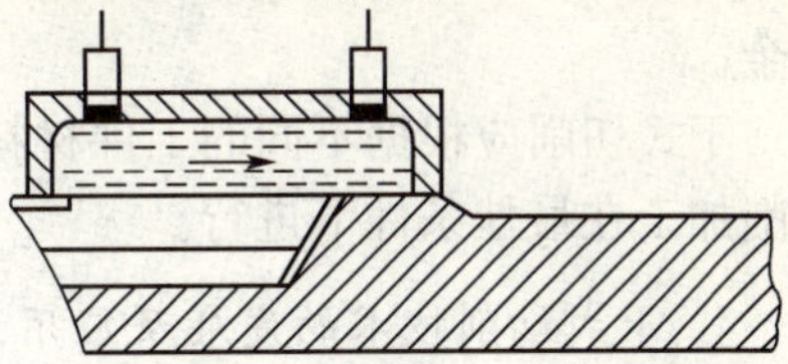

图 2.24　液氮冷却刀具装置

2) 干式切削的机床技术

由于干式切削加工机床不再使用切削液，必然导致其整体结构及布局的变化，主要体现在对机床的隔热性能、排屑速度、洗尘效果和机床基础构件的刚度等方面提出了更高要求。

(1) 选用刚度高的高速机床。

由于高速干式切削加工过程中会产生更大的切削力和更多的切削热，从而导致刀具与工件之间的振动以及机床的热变形明显增大，因此选用的机床基础构件(如立柱、床身、工作台等)的刚度要大，如采用人造花岗岩等新材料整体制造床身，不仅刚度好，而且减振效果明显。

(2) 采用快速排屑布局。

为将大量热切屑迅速排出，可采取以下排屑方法：①高速干式切削加工机床应尽可能采用立式主轴和倾斜式床身，工作台四周应采用倾斜的隔板，这样有助于热切屑迅速坠入排屑槽中。②借助重力排屑，以钻削加工为例，可改变机床常规布局，将工件安装在主轴下部，刀具从下向上钻削，在重力作用下，切屑可从孔中顺利排出，而无须使用带压力的切削液来辅助排屑。③利用虹吸现象排屑。在钻削加工中，可利用干燥的空气通过虹吸作用吸出孔中的切屑。④利用真空或喷气系统改善排屑条件。如日本某公司开发的“洁净回收系统”，采用将刀具部分罩住的结构，利用从内部吹出的压缩空气，使切屑顺着刀具回转方向经螺旋管道排出。

(3) 采用热稳定性好的结构和适当的隔热措施。

机床床身采用热稳定性好的结构和材料，可将切削热的影响降到最低程度。如采用均衡温度的结构，将床身的左右两侧、顶部和底部设计成四个相通的型腔并注入油液，即可保证整个床身具有相同的温度。此外，机床立柱与底座等基础构件采用对称结构并选用热容量小的材料，主轴采用恒温水冷装置等，都能提高机床的热稳定性。采取适当的隔热措施，如排屑槽用绝热材料制造，高速切削区采用绝热罩来隔断热切屑，均可减少排屑过程中切屑传递给机床的热量。

3. 干式切削的工艺技术

针对干式切削加工比普通高速切削加工的切削力、切削热明显增大的情况，需要根据不同的切削条件和要求采取不同的工艺措施。

为防止和减少高温刀具的粘结磨损和扩散磨损，还应特别注意刀具材料与工件材料间的合理匹配。如金刚石与铁元素有很强的化亲和力，故金刚石刀具不宜用来切削钢铁工件；切削钛合金和含钛的不锈钢、高温合金时，不宜选用含钛的硬质涂层刀具进行干式切削，因二者间有较强的亲合作用；聚晶立方氮化硼刀具宜于淬硬钢、冷硬铸铁和表面喷涂材料的干式切削，但不适合切削中低硬度材料，因此时刀具寿命还不如硬质合金。

干式切削应根据不同的工件材料、刀具材料和切削要求，对切削参数进行优化，以使切削加工在最佳条件下进行。

4. 干式切削技术的发展及应用

干式切削技术是一种正在不断发展的绿色加工技术，德国、美国和日本等工业发达国家都非常重视对干式切削的研究。干式切削技术已经成功地应用到生产领域，取得了良好的社会效益和经济效益。许多世界知名的机床厂商在他们的目录中都有干式切削机床加工中心。据统计，欧洲工业界10%～15%的加工已经采用了干式切削工艺。德国在干式切削领域中处于领先地位，其企业的大批量生产中已有10%～15%采用干式切削，并且取得了良好的经济效益。干式切削技术已成为未来切削加工发展的一个方向。

近些年来随着诸多技术问题(如机床、刀具、涂层、切削参数等)的不断解决，干式切削的应用范围正进一步扩大，在车削、铣削加工中的应用(尤其是铸铁材料的高速切削)已日益普遍；在钻削、铰削、攻丝、拉削和滚齿等方面也有重大突破。

1）车削

目前国外的一些生产厂家纷纷将高速干式车削应用于零件的外圆表面加工，且收到了较好的经济效果。如西班牙一家生产汽车零件的企业，将零件外表面的车削改用高速干式车削，其中年产500万件的转动轴，改用干式切削后，每年就可节约冷却液费用8.5万美元和2.75万美元的处理费用，刀具寿命和切削速度均提高10%。

美国的LeBlond Makino公司研究开发了用陶瓷或CBN刀具进行干式切削的“红月牙”干式切削技术，由于切削速度和进给量均很高，产生的热量很快聚集在刀具前端，使该处的工件材料达到红热状态，其屈服强度下降，从而使切削效率大大提高。传统车削铸铁时，金属切除率仅为16cm^3/min，采用“红月牙”干式车削的切除率可达149cm^3/min，此时的切削速度可达914～1219m/min，进给速度为1270～5080m/min。另外该公司还发明了一项专利工艺，可用硬质合金刀具在切削速度达305m/min时对淬火钢及钛合金进行干式切削，切削热由通过主轴的高压冷却气体带走，将切削温度降至最低，每转中可将刀具与工件的接触限制在25%内。

德国Breidenbach的Buderus Guss公司采用高速干式车削刹车鼓零件。

2）铣削

干式切削加工在铣削中的应用也相当广泛。美国Turchan公司研制了一种高速干式铣削开口零件平面的铣床，并配有获得专利的真空系统。

Big Three公司采用了高速金刚石干式切削加工系统，对变速箱上的铝通道盘进行高速干式铣削，其加工精度达到0.05mm，每小时可加工600件，与以往采用的磨削加工相比，每年可节约300多万美元。

美国QQC公司开发了一种可使金刚石与基体材料间进行冶金结合扩散的工艺，其优点是导热率高、热扩散快、与铝材不发生亲和作用，且可对成形刀具进行涂层。实验已证明这种金刚石涂层刀具在干式切削中的效果要比非涂层刀具湿式切削好得多。

上海某汽车零部件加工企业在加工别克轿车的排气管时，采用涂层硬质合金刀片高速干式铣削铸铁排气管端面，每个切削刃的切削寿命超过100件，加工经济性得到显著改善。再如，上海通用汽车公司的发动机柔性生产线采用 SECO 公司开发的 PCBN 刀片高速干式铣削灰口铸铁缸体平面，铣削速度可达 1600m/min，每个切削刃的工作寿命为 170 件，与陶瓷刀片相比可提高 50 倍，大大提高了发动机的加工效率。

3）钻削、铰削和镗削

德国 Guhring 公司对发动机中的铝制零件进行了高速干式钻削加工研究，取得了显著的经济效益，并树立了良好的企业环保形象。

德国格林公司用钛基硬质合金钻头进行高速干式钻孔时，切削速度高于 200m/min，钻头装夹的同轴度小于 0.01mm。该公司采用 Ti(C，N)基硬质合金铰刀铰孔时，与使用刃口锋利的未涂层细晶粒硬质合金铰刀相比，铰孔表面粗糙度值更小，刀具寿命更长。

德国 Titex 公司开发了一含钴量较高的超细颗粒硬质合金钻钻头“ALPHA22”(图 2.25)。该钻头刃形经过专门优化，适用加工 $l/d=7\sim8$ 的深孔。

某汽车零件生产企业采用 Si_3N_4 陶瓷刀片高速干式镗削发动机缸体上 $\phi72$mm 的缸孔，转速达 3200r/min，进给量为 0.75mm/r，加工一个缸孔只需 5s。切削时产生的大量切削热被切屑和刀具带走，减少了工件的热变形。

图 2.25 ALPHA22 深孔钻钻尖形状

4）螺纹加工

Emuge UK 公司开发出用于干式切削的丝锥。用该丝锥以 15m/min 的切削速度干式切削低碳结构钢时，加工 1000 个螺孔，丝锥未发生明显磨损；以 10m/min 的切削速度切削工具钢时，也能达到同样的刀具寿命；以 5m/min 的切削速度在含铬量 10%的镍基合金不锈钢工件上攻螺纹时，可加工 1000 个螺孔；以 20m/min 的切削速度在 HT300 铸件上攻螺纹时，加工超过 4000 个螺孔，丝锥仍未出现明显磨损。据报道，美国新泽西州 Allendale 城的 Leistritz Carp 生产的新型 PW 系列 CNC 旋风机床具有多个滑动刀架，能完成车削和旋风铣削复合加工。该机床在一次安装工件后，可对螺纹或螺旋形工件进行多工序的干式切削加工。该公司还开发出用 CBN 刀具在硬度高达 62HRC 的硬材料上旋风干铣削精密螺纹的新工艺。

5）齿轮加工

通常滚切钢质齿轮时，需浇注大量切削油，以冷却润滑切削刃、冲走切屑、保持稳定的加工精度和尺寸的一致性。但随着环保立法对切削油的使用和废油处理的限制，一些企业和研究机构对干式滚切齿轮进行了深入研究。美国福特汽车公司经过 3～4 年的攻关试点，率先将高速干式滚齿成功地用于实际生产。

美国格里森公司用硬质合金滚刀在 Phoenix 机床上干式切削锥齿轮，与传统的高速钢刀具湿式切削法相比，降低 50%的切削时间，而且齿轮的表面粗糙度显著降低，几何精度也大大提高，加工精度可达 AGMA12～13 级。该公司生产的 GP 系列滚齿机，以其独特的设计，使其干切质量能与湿切质量媲美。其床身设计成大角度斜坡，以利于切屑流动。床身内部循环冷却，以利于维持热平衡。此外，机床还配有一套真空除屑除尘系统。这一系列滚齿机，滚切转速可达 3000r/min。

美国 Liebherr 公司与其他公司合作开发的 LC82 型 CNC 干式切削滚齿机，工作台转速可达 250r/min，在重切削范围内，滚刀转速为 2000r/min，驱动功率为 7.5kW。

Ford 公司用硬质合金滚刀进行干式滚齿(图 2.26)，加工成本可下降 44%，且滚刀寿

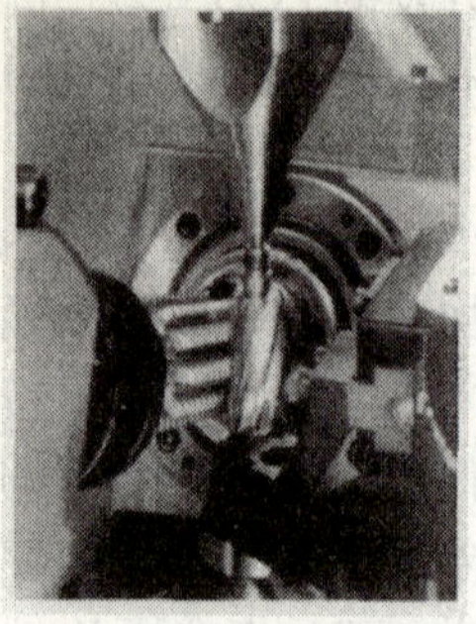
图 2.26 在 LC82 型 CNC 滚齿机上干式滚切小齿轮

命比高速钢滚刀湿式切削提高 6 倍(由原来加工 39000 个齿轮提高到 252000 个)。采用氮化钛和氮化铝复合涂层的硬质合金滚刀干式滚齿时,切削速度可达 350～400m/min。

日本三菱公司推出的世界上第一套干式滚切系统,切削速度达 200m/min。三菱公司设计的专用干式滚刀,采用 MACH7 高速钢,表面涂有专用涂层,有助于散热并减少刀具损耗,其寿命可延长到一般湿切方式的 5 倍。这一系统在加工汽车末级传动齿轮、大型载重齿轮、汽车小齿轮及行星齿轮时效果都很理想,生产成本至少降低 40%。

此外,德国、英国、芬兰等也先后对高速干式滚切齿轮进行了研究,并在生产中得到了应用,取得了良好的效果。

干式切削技术也应用于拉削加工中,如某生产企业使用 TiN 涂层的高速钢圆拉刀干式拉削 42CrMo4V 合金钢时,拉刀寿命比未涂层拉刀湿式拉削时提高 3 倍。

2.2.2 准干式切削技术

由于目前可实施干式切削的工件材料还受到一定程度的限制,所以西欧国家的一些专家提出了介于传统湿式切削与完全干式切削二者间的加工技术称为准干切削技术(Near Dry Machining)。其工作机理是在保持切削工作的最佳状态(即不缩短刀具寿命,不降低加工表面质量等)的同时,使切削液的用量最少。

准干切削技术的优势为:少量的冷却液或润滑油借助压缩空气或冷风对切削部位进行冷却,使加工后刀具、工件、切屑仍然保持干燥,不需要进行废液处理,对人体无危害,对环境无污染;节约资源,减小了刀具与工件、刀具与切屑的摩擦,抑制温升,防止粘结,延长了刀具寿命,提高了加工表面质量;由于使用的切削液量最少,因此系统结构简单,占地面积小,易布局。

准干式切削技术是绿色制造技术的一个重要组成部分,它在减少环境污染的同时,减小了切削过程中的摩擦,降低了温度,减小了刀具磨损,提高了工件加工质量。目前,国内外对准干式切削的研究主要集中在微量润滑切削技术、低温微量润滑切削技术和雾化冷却润滑切削技术等方面。

1. 微量润滑(MQL)切削技术

微量润滑(Minimal Quantitiesof Lubricant,MQL)切削是国内外都比较重视的一种准干式切削,它是将一定压力压缩空气与微量的润滑剂混合雾化,然后高速喷射到切削区。切削液以高速雾粒供给,增加了润滑剂的渗透性,从而使刀具-切屑接触区得到冷却和润滑,大大减少刀具-切屑及刀具-加工表面间的摩擦,起到降低切削温度,减小刀具磨损,提高加工效率和加工表面质量的作用。

MQL 法中润滑液的用量非常少,如一台典型的加工中心在进行湿式切削时的切削液用量为 20～100L/min,采用 MQL 技术只需要 0.03～0.2L/h,约为湿式切削的六万分之一。只要使用得当,采用 MQL 技术加工后的刀具、工件和切屑都是干燥的,避免了后期的处理,而且清洁干净的切屑经过压缩还可以回收使用,完全不污染环境。

微量润滑切削技术是在保证有效润滑的前提下,尽可能减少切削液的用量。切削过程中的润滑属于边界润滑，边界润滑的效果与润滑油量密切相关。当润滑油量很少时，在整个表面上形成单分子吸附层，吸附膜形状如图 2.27 所示。自由能降低将依靠减少吸附膜的表面积，所以油量继续增加，油表面构成图中的 B。当油量充足时，润滑油将充满粗糙峰谷，如图 2.27 中的 C。当油膜只能达到 A 或更少时，由于油膜很薄难以流动，峰顶油膜破坏后得不到补充油量，于是产生干摩擦；当油量超过 C 以后，摩擦系数将不稳定。据上述分析可知，最佳油面为 B 处。

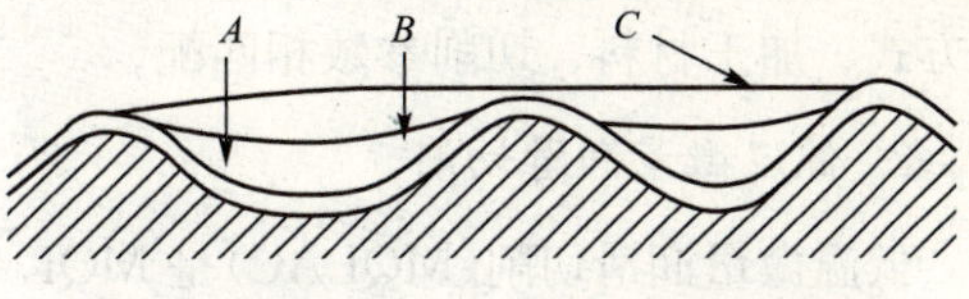

图 2.27 MQL 技术的油剂用量示意图

MQL 技术综合了传统切削和干式切削的优点，得到了研究者们及制造厂家的充分认可，在车、铣、钻、磨等加工过程中取得了良好的实验效果。如：①采用 MQL 技术与干式切削分别加工 40Cr 和 45 钢的实验表明，与干式切削相比采用 MQL 技术切削区温度可分别降低 140℃和 200℃；②在立式车床上用 YT5 硬质合金刀具粗加工 45 钢铸件，当切削条件相同时，采用 MQL 技术的刀具寿命为 1h 以上，而采用干式切削时的刀具寿命仅为30～40min。目前，这项技术主要用于在铸铁、钢和铝合金上进行钻孔、铰孔和攻丝加工，以及深孔钻削和铝合金的端面铣削等。许多企业致力于开发并生产微量润滑系统，如德国 lubfix 公司、德国福鸟(VOGEL)公司、意大利科诺润滑(Technosystems)公司等。也有许多企业将 MQL 系统实际应用于生产线并取得了很好的效果。如福特汽车公司已把微量润滑技术应用于汽车动力系统零件的加工；Grob 公司作为设备制造商在发动机缸体和变速箱的加工中使用 1 个或 2 个通道的最小量润滑系统；Guehring 公司指出，MQL 不仅在经济上比一般的湿式加工有优越性，而且还有助于切屑处理，该公司在整体硬质合金钻头上采用 MQL 取得了明显的效果。

美国的 Tbyssen 公司将润滑系统集成在主轴中，其流量由 CNC 程序控制。该单元在 6.5s 内可钻削 10 个直径 8mm、中心距 20mm 的孔；每小时使用 1 杯润滑油，且大部分被蒸发，切屑中切削液含量大大减少，因此处理费用大幅降低。

在德国，近几年来 MQL 装置每年有 15000 套的市场，而且还将进一步增加。MQL 与新型刀具的结合使用也方兴未艾。在未来几年里，德国制造的加工中心中将有 5%用 MQL 与润滑性涂层刀具相结合的方法来取代浇注式冷却。

实施 MQL 技术的关键问题有两个：

(1) 如何保证切削液可靠进入切削区进行充分冷却润滑。

(2) 如何确定所需的切削液用量。

目前解决第一个问题的方法有两种，一种是用“外喷法”，即将切削液送入高压喷射系统并与气体混合雾化，然后通过一个或多头喷嘴将毫、微米级的雾滴喷射到加工刀具表面，对刀具进行冷却和润滑。另一种是“内喷法”，即通过主轴和刀具中的孔道直接将冷却气雾送至切削区域，进行冷却和润滑。两种方法相比较，前一种简单易行，但所消耗的切削液用量较大，尤其对半封闭、封闭状态的切削加工(钻、铰、拉削等)效果不好；后一种切削液耗量较少，冷却润滑充分，特别适合半封闭、封闭状态的切削加工，但刀具结构较复杂。

目前，刀具结构和制造技术的发展为 MQL 技术的应用提供了有利条件。高速钢和硬质合金钻头、立铣刀均有油孔结构，规格也越来越多。如：直径为 ϕ3mm～ϕ4.5mm 的钻头，其油孔可为 ϕ0.4mm～ϕ0.6mm。

关于如何确定所需的切削液用量是目前亟待解决的问题，切削液的用量是影响切削性能的重要因素之一，不同的加工方式需要切削液的量也不同。例如，铣削是一种表面加工，它需要最少量润滑，而深孔钻削需要的切削液量相对就比较多。切削液的用量应与加工方式、加工材料、切削参数相匹配。

2. 低温微量润滑切削

低温微量润滑切削(MQLAC)是 MQL 切削技术和低温风冷切削技术的有机结合，是一种新型准干式切削技术。即把压缩空气降至零下几十摄氏度，再与润滑油混合汽化，效果比一般压缩空气要好。该技术充分利用微量润滑切削的强润滑性和低温风冷的低温，使用效果远远超出二者单独使用时的效果。这种方法能延长刀具的使用寿命，抑制积屑瘤的产生，提高加工表面精度。

日本坚藤铁工所开发的 KC250H 型干式滚齿机，采用硬质合金滚刀、低温微量润滑技术进行高速滚齿，由于供给的是温度稳定的冷风，工件的热变形极小。它与传统的采用高速钢滚刀 KA220 型湿式滚齿机相比，加工速度提高了 3.2 倍，齿轮精度也明显提高。

3. 雾化冷却润滑技术

雾化冷却润滑技术采用雾滴汽化方法对切削区进行冷却润滑。雾化的切削液滴易于渗透到切削区，能充分发挥切削液的润滑作用，提高了工件表面质量和切削效率。

与传统的浇注方法相比，雾化冷却方法具有以下特点：

(1) 高速气流带着微小水珠很容易渗透到加工表面，有效降低了摩擦和摩擦热，延长了刀具寿命。

(2) 在降低摩擦的同时，使高精密加工成为可能，更容易实现工件的微米级精加工。

(3) 润滑效果明显，当冷却润滑液中的水分蒸发后，润滑成分滞留在工作区并在加工表面上形成润滑薄膜，同时也保持了机床的干燥。

喷雾法最适合用于切削速度高的外表面的加工。选用冷却性能好的切削液，细小的液滴与热的刀具、工件或切屑接触，能通过迅速蒸发把热带走。喷雾冷却不需用防溅板，喷雾量控制得当时工件是干燥的。

4. 水蒸气冷却切削

水蒸气冷却切削是将水蒸气喷射到切削区，以达到冷却润滑的一种切削方法。其切削系统由水蒸气发生装置、水蒸气传输与控制系统和机床系统组成。1988 年苏联专家首次提出用水蒸气作冷却润滑剂，后来获得了专利。哈尔滨工业大学也对该方法做过初步研究，并取得了一定成果。1998 年俄罗斯专家分别用硬质合金刀具 YT15 对 45 钢和不锈钢 12Gr18Ni10Ti 进行了切削实验，其结果如图 2.28 和图 2.29 所示。

研究表明，用水蒸气作冷却润滑剂大大加强了冷却润滑剂的渗入能力，取消了液相渗入阶段；水蒸气冷却润滑剂冷却均匀，特别在硬质合金刀具断续切削时效果更好；水蒸气冷却切削可以减小切削力和工件表面粗糙度值；用水蒸气作冷却润滑剂能够提高硬质合金刀具的使用寿命，车削 45 钢、不锈钢和灰铸铁时提高 1～1.5 倍，铣削时提高 1～3 倍；水蒸气价格低廉又无污染，是一种很好的绿色润滑剂。

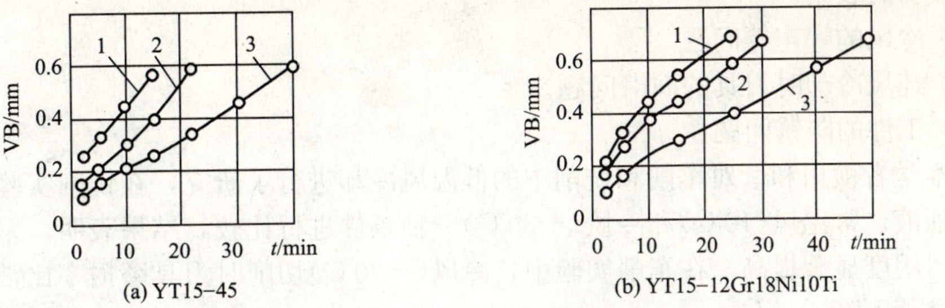

v_c=230m/min，a_p=1mm，f=0.15mm/r　　v_c=50m/min，a_p=1mm，f=0.1mm/r

图 2.28 用水蒸气作冷却润滑剂的车刀磨损 VB 值

1—干切；2—浇水；3—水蒸气

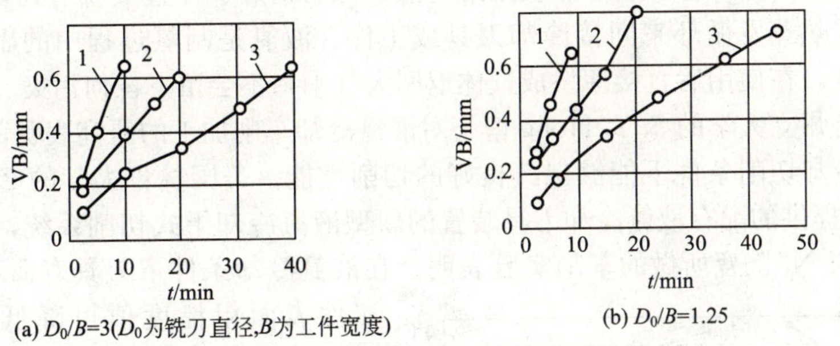

YT15-45；v_c=260m/min，a_p=2mm，f=0.1mm/r

图 2.29 用水蒸气作冷却润滑剂的铣刀磨损 VB 值

1—干切；2—浇水；3—水蒸气

2.2.3 低温切削

低温切削技术是指在机械加工中采用不同冷却方法，使工件材料的切削区处于低温下进行切削加工的方法。在现阶段研究中，根据冷却介质不同，低温切削可分为低温风冷切削和液氮冷却切削。

1. 低温风冷切削

低温风冷切削是在加工过程中用－100～－10℃的冷风强烈冲刷加工区，从而降低刀具和工件温度的一种切削技术。其切削系统主要由冷风发生装置和切削加工系统组成。日本对此项技术的研究较早，开发水平较高。1996 年，日本横川和彦教授开始对低温风冷切削进行较全面的研究。国内重庆大学也进行过此类研究，并取得了一定成果。

研究表明，低温风冷切削可显著降低切削区温度，提高刀具耐磨性，延长刀具使用寿命，改善加工表面质量，且对环境完全无污染。它可以显著而均匀地降低加工区、刀具及工件的温度，利用材料的低温脆性，在韧性降低、塑性减小的情况下完成切屑和工件的分离，有效地抑制刀具磨损，提高刀具耐用度，改善已加工表面的加工质量。这种加工工艺避免了切削液的使用，如果在冷风中供给微量高性能切削油，改善效果更加明显。

低温风冷切削具有上述优点，但也存在下列尚须解决的问题：

(1) 切屑收集。

(2) 冷风的噪声等问题。

(3) 纯风冷却时刀具的润滑问题。

(4) 工件的防锈问题。

日本学者横川和彦对车削和铣削中的低温风冷却进行了研究，在铣削实验中分别采用水基切削液、常温风(10℃)和冷风(－30℃)三种条件进行比较，结果表明，采用冷风切削时刀具耐用度显著提高。在车削实验中，冷风(－20℃)切削时刀具磨损率比常温(＋20℃)切削时显著下降。

2. *液氮冷却切削*

液氮冷却切削是采用液氮使切削区处于低温冷却状态进行切削加工。液氮冷却切削主要有两种应用形式，一种是利用瓶装压力将液氮像切削液一样直接喷射到切削区；另一种是利用液氮受热蒸发循环来间接冷却刀具或工件。液氮是制氧过程中的副产品，来源广阔，价格便宜，在使用后直接挥发成气体返回大气中，不会留下任何污染。

美国怀特州立大学的S. Y. Hong博士对液氮冷却车削加工的研究表明，硬质合金刀具材料在液氮冷却切削条件下能够保持良好的切削性能。美国林肯大学的Z. Y. Wang采用Sandvik公司提供的配有液氮冷却刀具装置的新型液氮冷却干式切削系统，用PCBN刀具对反应烧结Si_3N_4陶瓷所做的车削实验表明，在液氮冷却条件下刀具寿命可延长约4倍，工件表面粗糙度值可降低到原来的1/6(图2.30)；Z. Y. Wang还采用硬质合金刀具，利用液氮循环冷却刀具的方法对钛合金进行了低温切削加工试验。试验结果也表明，与传统的切削方法相比，刀具磨损明显减少，切削温度降低了30%，工件表面加工质量得到很大改善。液氮冷却切削对于钛合金、低合金钢、软钢及一些高塑(韧)性复合材料等难加工材料的加工都非常有效。

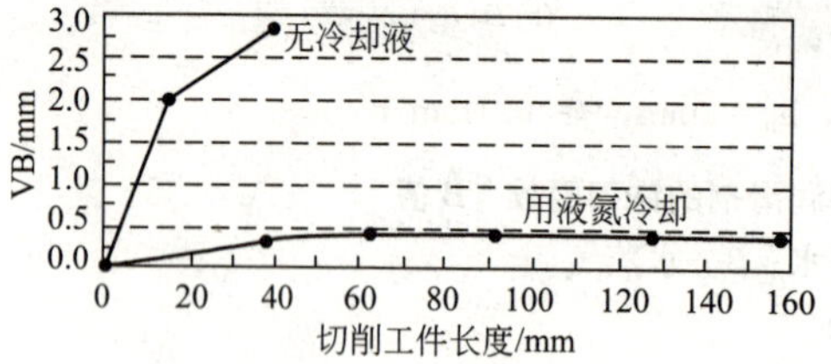

$v_c=2.23\text{m/s}$，$a_p=0.5\text{mm}$，$f=0.1\text{mm/r}$，$r_a=-6°$

$a_o=5°$，$\lambda_s=-6°$，$\kappa_r=\kappa_r'=15°$，$\lambda=0.8\text{mm}$

图2.30　PCBNL车削Si_3N_4陶瓷的刀具磨损值VB

液氮冷却中，由于金属的热胀冷缩作用，零件的加工尺寸会产生误差；由于液氮容易挥发，所以传输比较困难，而且喷嘴处温度较低，易结成冰，造成喷嘴堵塞。

2.2.4　气体射流冷却切削技术

气体射流冷却切削技术是采用射流形式，将空气、氮气、水蒸气等气体作冷却润滑剂冲刷切削区而获得冷却效果的绿色切削技术。日本对这项加工技术研究较多。我国华东船舶工业学院也对此进行了一些研究，并取得了较好的效果。研究表明，气体射流冷却切削对冷却效果、工件加工质量和刀具使用寿命等均有益处。目前，国内对该技术的研究还处于起步阶段，尚须开展以下研究：

(1) 对气体射流冷却切削参数(包括气体压力、温度、气流速度、喷口直径及喷射方向等)的优化设计。

(2) 对气体射流冷却切削机理的分析研究。

(3) 对不同工件材料的气体射流冷却切削性能的研究。

2.3 硬态切削加工技术

硬态切削是指把淬硬钢的车削作为精加工的工艺方法。过去淬硬钢零件的精加工一直采用磨削完成，但磨削加工范围窄、投资大、生产效率低且容易产生质量事故(如表面烧伤等)，细小的磨屑进入磨削液或空气中，既影响操作者的健康，又污染环境，处理起来十分困难。因此，人们一直期望一种理想的“以车代磨”的工艺方法。随着高性能车床及新型刀具材料的不断出现，使硬态车削成为现实。硬态车削可达到迄今只有磨削加工才能达到的尺寸精度和表面质量。所以自20世纪90年代中期以来国内外相继开始研究这项技术，取得了很大进展。现已在某些加工领域替代磨削作为淬硬钢工件的终加工工序。

2.3.1 硬态切削的优越性

与磨削加工相比，硬态切削加工的优越性主要体现在以下几个方面。

1) 有利于环境保护

硬态切削无需或只需少量切削液，形成的切屑干净清洁无污染，易于回收和处理，提供了一种健康的制造环境。

2) 经济效益好

硬态切削可采用较大的切削深度和较高的转速，其金属去除率为磨削的3～4倍，能耗仅是磨削的20%，加工效率高，节省能源，设备投资小，辅助系统费用也低。

3) 可获得良好的整体加工精度和表面质量

硬态切削时，工件可在一次安装中完成多个表面的加工，易保证加工表面间较高的位置精度；硬态切削中产生的大部分热量被切屑带走，不会产生表面烧伤和裂纹，因而具有优良的加工表面质量。

4) 提高了加工柔性

现代CNC车床和加工中心上都配有多种刀盘和刀库，易实现不同工件间的加工转换，工件装夹快速；另一方面，硬态车削能够加工磨削加工无法加工到的部位(如凸凹模的圆角部分、切槽部位)，且不需要频繁地更换刀具就能更好地适应多变短小类型工件的柔性化生产要求。

2.3.2 实施硬态切削的必要条件

与普通车削相比，硬态切削时切削力大、切削温度高、易发生刀具塑性变形和热裂破损，造成刀具使用寿命短，这就对硬态切削的刀具、机床及工艺提出了更高的要求。

1. *硬态切削刀具*

硬态切削刀具是使硬态切削加工得以顺利进行的关键因素之一，主要包括刀具材料和刀片形状及几何参数。

1) 刀具材料

由于硬态切削时，金属切除率大、切削温度高，缺少切削液的冷却、润滑、排屑等作用，使切削条件变差，切削区温度急剧上升，易发生刀具塑性变形、热裂破损等，所以要求用于硬态切削的刀具材料应具有更好的耐热性和耐磨性，较高的热稳定性和冲击韧性。目前适合硬态切削的刀具材料主要有聚晶立方氮化硼刀具、陶瓷刀具、新型硬质合金和涂层刀具。

(1) PCBN(聚晶立方氮化硼)刀具。

PCBN是在高温高压下将微细的CBN材料通过结合相烧结在一起的多晶材料，硬度高、耐热、耐蚀、耐磨、切削速度高且寿命长，刀刃锋利，切削力小，加工精度高，表面粗糙度低，可重磨使用。

研究表明PCBN刀具在切削硬度55～65HRC的工件时，其寿命要高出硬质合金刀具10倍以上，可以得到与磨削相媲美的加工表面质量，但在加工硬度低于50HRC的工件时，形成的长条形切屑在刀具前刀面易产生“月牙洼”磨损，缩短了刀具的寿命，增加了刀具成本。因此，PCBN刀具用于加工高硬度工件时才能发挥其优越的切削性能。

(2) 陶瓷刀具。

陶瓷刀具的成本低于PCBN，具有良好的耐热性和化学稳定性，与金属的亲和力小，不易与金属产生粘结，但硬度和耐磨性不如PCBN，适合切削硬度低于55HRC的工件。

(3) 新型硬质合金和涂层刀具

如超细晶粒硬质合金，WC的粒度在0.2～1μm，具有很好的耐磨性和耐高温性。涂层刀具通过涂层在刀具与被切削材料间形成隔离层，减少摩擦力及摩擦热，抑制从切削区到刀片的热传导来降低热冲击。这两种刀具材料的抗弯强度和冲击韧性均比PCBN和陶瓷材料高，价格又低，实践证明可用于加工硬度低于50HRC的工件。

2) 刀片形状及几何参数

硬态切削可转位刀片形状及几何参数选择的合理与否，直接影响刀具的磨损、破损以及加工表面质量。对各种材料的刀片来说，应选择强度高、散热条件好的刀片形状和尽可能大的刀尖圆弧半径，通常首选圆形刀片，其次是100°菱形、正方形、80°菱形等。

硬态切削时刀片几何参数的特点为较大的负前角和较大的后角并预磨出负倒棱。通常情况下，前角 $\gamma_o=-5°\sim-15°$；后角 $\alpha_o=5°\sim20°$；主偏角 $K_r=30°\sim-75°$(工艺系统刚性好时取小值，反之取大值)；刃倾角 $\lambda_s=0°\sim-10°$；负倒棱宽度 $b_{r1}=0.1\sim0.3$mm，负倒棱前角 $\gamma_o=-15°\sim-25°$；刀尖圆弧半径 $r_\varepsilon=0.2\sim0.1$mm。

2. 硬态切削机床

硬态车削与非淬硬件车削相比，切削力增加30%～100%，切削功率增加1.5～2倍，所以硬态切削对机床提出了更高的要求，机床应具有高刚度、高转速和大功率等特点。

机床主轴系统除了保证高刚度外，还应具有高转速，以充分发挥PCBN或陶瓷刀具的优势。为防止主轴转速高而引起振动，包括夹具在内的整个主轴系统都必须进行良好的平衡，主轴径向和端面跳动不得大于3μm。

硬态切削机床导轨的精度要高、直线性要好、间隙要小，不能有爬行现象。硬态切削还要求机床具有良好的热稳定性，机床热变形量要控制在一定范围内，以保证连续生产时的加工精度。

同时，刀具、工件、夹具也应有足够的刚性。刀具安装的悬伸长度要尽可能短，夹具采用刚性夹紧结构，工件长径比一般限制在6∶1以内。

虽然普通车床也能进行硬态车削，但因整体性能不高，加工时要适当降低工艺参数。

在现有的机床中，高刚度数控车床和加工中心更适合硬态切削加工，能够体现出这种新工艺的优点。

3. 硬态切削的切削用量

切削用量选择的是否合理，对硬态切削效果影响很大。由于 PCBN 和陶瓷刀具材料具有优越的耐热性和耐磨性，故可选择较高的切削速度和较大的切削深度，较小的进给量。

陶瓷刀具硬态车削的合理切削用量为：切削速度 v_c=80～200m/min，背吃刀量 a_p=0.1～0.3mm，进给量 f=0.05～0.25mm/r，但具体数值要根据工件硬度、表面粗糙度要求、加工效率和机床工艺系统刚度等综合考虑。例如，用陶瓷刀具 FD22($TiC-Al_2O_3$)干式切淬硬轧辊钢(60HRC)时，选用 v_c=60m/min，a_p=0.8mm，f=0.11～0.21mm/r，表面粗糙度可达 Ra=0.8μm；当 f=0.07mm/r 时，表面粗糙度 Ra=0.4μm，达到精磨水平。实验表明，当表面粗糙度在 Ra=0.3～0.6μm 时，硬态车削比磨削经济得多，如果用 PCBN 刀具进行硬态车削，可以选择更高的切削速度。

一般情况下硬态车削不用切削液，但有时对工件的加工精度和表面质量、刀具寿命有特殊要求时，也可选用水基切削液，但要采用连续冷却方式以避免热冲击。

2.3.3 硬态切削技术的应用

随着硬态干式切削及相关技术的迅速发展以及环境保护和市场的要求，美国、德国和日本等国家已在诸多领域应用硬态干式切削加工，取得了明显的经济效益与社会效益。德国在汽车工业中应用硬态干式切削技术加工曲轴、凸轮轴、摩擦盘等零件。美国某公司采用 PCBN 刀具加工淬硬丝杠，提高工效近 100 倍；另一公司用热压陶瓷刀片车削硬度>50HRC的淬硬轧辊的外圆、端面、切槽和成形表面等，也收到了良好的经济效果。

我国硬态干式切削技术经过多年的研究和探索，也取得了一定的进展，有些工厂开始应用此项技术进行零件的精加工，达到了磨削的效果。

(1) 宝钢原采用进口精密磨床加工 86CrMoV7 淬硬钢轧辊(63HRC)，成本高，效率低。后来采用复合金属陶瓷刀具硬态切削加工，表面质量和精度均达到了要求，单根轧辊的加工时间由 7h 减少为 2.5h，综合加工成本减少了 75%。

(2) 上海某汽车变速箱厂原采用传统加工方法加工变速齿轮，工序多、效率低；因多次装夹，难以保证相关表面的形位精度，柔性差加工成本高。现在高精度数控车床上应用硬态干式切削加工齿轮的锥面和端面，加工实况表明不仅提高了加工效率，还提高了齿轮加工质量。

(3) 兰州某机械厂在精加工大型烟气轮机主轴中，尝试用硬态干式切削代替传统的磨削加工，在 CK61150 型数控车床上采用圆形刀片精车大型主轴，有效避免了磨削带来的一系列表面质量问题，使主轴加工精度和表面质量都达到了使用要求，收到了满意的经济效果。

(4) 某柴油机生产厂采用圆形 PCBN 刀片硬态车削柴油机气阀(堆焊钴基合金硬度达50HRC～60HRC)。当切削速度为 200m/min，背吃刀量为 1～2mm，进给量为 0.1mm/r 时，加工表面粗糙度值 Ra<0.4μm，一个刀刃可连续加工 500 件气阀。

(5) 某机车车辆厂在设备维修中采用硬态切削技术加工内径 285mm、硬度 60HRC 的轴承内环，提高工效近 3 倍。

硬态干式切削技术作为一种绿色制造技术，是未来切削加工发展的一个方向，尽管在我国的应用已取得了一些进展，但要在实际生产中使其进一步推广，还必须解决下列主要问题。

(1) 对硬态切削机理缺乏深入研究。目前的一些实验还只是针对某几种材料的定量研究，得出的还只是局部的部分的结论。

(2) 缺乏合理的加工参数选择方案。硬态切削加工作为一种全新的切削方式，如何使已加工表面保持稳定的精度和表面质量，目前还没有完整的切削参数表可供选择，能够参考的加工实例也太少，在加工中还需用以往的经验或进行大量的试切来选择切削参数，达到最佳的切削效果。

(3) 缺乏合适的刀具选择方法。由于硬态干式切削的切削机理与传统的切削完全不同，刀具受力状况、形成的切屑形态、刀具的磨损和失效形式等都不同，所以应解决如何根据加工条件正确选择刀具材料和几何参数及结构，尽可能提高刀具耐用度，最大限度发挥刀具的性能，控制成本的问题。

(4) 对硬态干式切削技术的宣传还不够。目前国内很多生产企业和操作者对硬态干式切削技术的效果还不了解，还停留在淬硬零件的精加工只能由磨削完成的观念上。

2.4　超精密切削加工技术

超精密切削加工是适应现代技术发展的一种机械加工新工艺，在国防和尖端技术的发展中起着重要的作用。超精密切削是借助锋利的金刚石刀具对工件进行车削或铣削，主要用于加工低粗糙度和高形状精度的有色金属和非金属零件。由于超精密切削可以代替研磨等费工的手工精加工工序，不仅节省工时，同时还能提高加工精度和加工表面质量，所以近年来受到各国的重视和发展。

生产实践证明在符合条件的机床和环境条件下进行超精密切削，可以得到超光滑表面，表面粗糙度 $Ra=0.005\sim0.02\mu m$，精度 $<0.01\mu m$。超精密切削技术已用于加工陀螺仪、激光反射镜、天文望远镜的反射镜红外反射镜和红外透镜、雷达的波导管内腔、计算机磁盘、激光打印机的多面棱镜、录像机的磁头、复印机的硒鼓等。目前应用范围正进一步扩大，不仅有为国防尖端技术服务的单件小批生产方式，而且也有为民用产品服务的大批量生产的方式。因此研究超精密切削的切削机理，研究提高超精密切削的加工效率和加工表面质量已日益受到人们的重视。

2.4.1　金刚石刀具超精密切削机理

金刚石刀具超精密切削机理与一般切削机理有很大的不同。金刚石刀具在切削时，其背吃刀量 a_p 可在 $1\mu m$ 以下，刀具可能处于工件晶粒内部切削状态，即切除晶粒的一部分，保留另一部分。

从切削力和切削热方面来看，切削力要超过分子或原子间巨大的结合力，从而使刀刃承受很大的剪切应力，并产生很大的热量，造成刀刃在局部区域内处于高应力、高温的工作状态，这对于普通的刀具材料是无法承受的，因为其在高温、高压下会快速磨损和软化，使切削无法继续进行。

从刀刃锐利度方面来看，普通材料刀具的切削刃不可能刃磨得非常锐利，平刃性也难保证。事实上。无论刃磨条件如何改善，对于给定的刀具材料和刀具角度，所能获得的刀刃圆弧半径具有一定的最小极限值。例如，当刀具楔角为70°时，一般硬质合金刀具的刃口圆弧半径只能达到18～24μm，高速钢刀具的刃口圆弧半径可达到12～15μm，而金刚石刀具的刃口圆弧半径则可达0.005～0.01μm，同时因为金刚石材料本身质地细密，经过仔细修磨，刀刃的几何形状很好，其直线度误差极小(0.01～0.1μm)。

在金刚石刀具超精密切削过程中，虽然刀刃处于高应力高温环境，但由于其速度很高、进给量和背吃刀量极小，故工件的温升不高，塑性变形小，可以获得高精度、小表面粗糙度值的加工表面。

近年来对超精密切削机理的研究有了不少进展，目前采用计算机仿真和分子动力学模拟等方法对超精密切削过程及机理的研究获得了很好效果，一方面深化了对极薄层材料切削去除机理的认识，同时可以对超精密切削效果作出比较准确的预报。例如用计算机仿真预测超精密切削单晶铝不同晶面时的切削力，以及利用计算机仿真对超精密切削过程进行分子动力学模拟，以此对超精密切削极薄层材料的动态切除过程进行观察和分析。

2.4.2 超精密切削加工的刀具

1. 超精密切削对刀具的要求

为实现超精密切削，刀具应具有如下性能：

(1) 极高的硬度、极高的耐磨性和极高的弹性模量，以保证刀具有很长的寿命和很高的尺寸耐用度。

(2) 刀具刃口能磨得极其锋锐，刃口圆弧半径极小，能实现超薄切削厚度。

(3) 刀刃无缺损，切削时刃形将复印在加工表面上，能得到极光滑的镜面。

(4) 刀具与工件材料的抗粘结性好、化学亲和性小、摩擦系数低，能得到极好的加工表面完整性。

天然单晶金刚石具有一系列优异的特性，如硬度极高、耐磨性极好、导热性能好、和有色金属摩擦系数低、能磨出极锋锐的刀刃等。因此虽然它的价格昂贵，仍被一致公认为是目前理想的、不能代替的超精密切削刀具材料。超精密切削刀具对所用金刚石的要求较严，需要大颗粒(0.5～1.5克拉，1克拉=0.2克)优质(一级品)的单晶金刚石。

人造聚晶金刚石无法磨出极锋锐的刃口，刃口圆弧半径很难达到<1μm，它只能用于有色金属和非金属的精切削，难以达到超精密镜面切削。大颗粒人造单晶金刚石现在已能工业生产，并已开始用于超精密切削，但因制造技术复杂，价格仍较昂贵。立方氮化硼刀具现在用于加工黑色金属，但还达不到超精密镜面切削。

2. 金刚石刀具切削部分的几何形状

(1) 刀头形式。金刚石刀具一般不采用主切削刃和副切削刃相交为一点的尖锐的刀尖，这样的刀尖不仅容易崩刃和磨损，而且在加工表面上留下加工痕迹，使表面粗糙度值增大。金刚石刀具的主切削刃和副切削刃之间采用过渡刃对加工表面起修光作用，有利于获得好的加工表面质量。国外金刚石刀具较多采用圆弧修光刃(修光刃半径 $R=0.5\sim3$mm)，切削时修光刃留下的残留面积极小，对刀容易，使用方便，但刀具研磨较费时，价格高。国内在加工圆柱面、圆锥面和端平面时，多采用直线修光刃(修光刃长度一般取0.1～0.2mm)，其制造研磨容易，但对刀时修光刃与进给方向的一致性要求较高。

(2) 刀具切削角度。由于金刚石的脆性，在保证获得较小的加工表面粗糙度前提下，为增加刀刃的强度，应采用较大的刀具楔角，故刀具的前角和后角都取得较小。一般取后角 $\alpha_o=5°\sim8°$；前角根据加工材料选择，切削铝、铜合金时可取 $\gamma_o=0°\sim5°$；主偏角通常取 $K_r=45°$。图 2.31 所示是美国 Contour 精密刀具公司的标准金刚石车刀。它采用圆弧修光刃，修光刃圆弧半径 $R=0.5\sim1.5$mm 由用户自选。

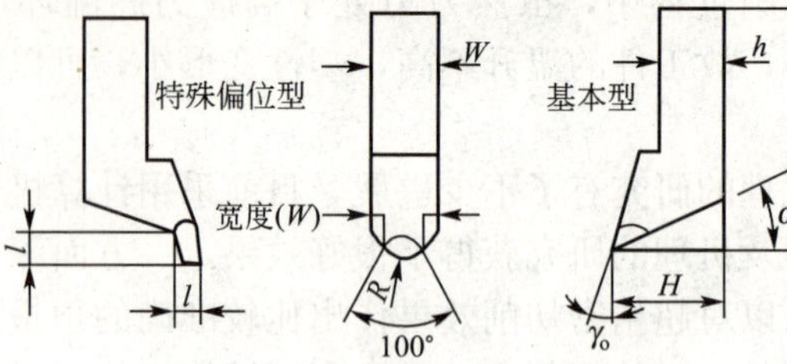

图 2.31 圆弧修光刃金刚石车刀

3. 金刚石刀具前后刀面晶面的选择

由于单晶金刚石晶体的各向异性，各方向的性能(如硬度和耐磨性、微观强度和解理碎裂的或然率、研磨加工的难易程度等)相差甚为悬殊。因此金刚石刀具的前面和后面应选用什么晶面为佳，是设计金刚石刀具的一个重要问题。选择时主要考虑下面几个因素：①刀具耐磨性好；②刀刃强度高，不易产生微观崩刃；③刀具与被加工材料间摩擦系数低，使切削变形小，加工表面质量高；④制造研磨容易。

经综合比较，推荐选用(100)晶面做刀具的前、后面，可使刀刃的微观强度高，不易产生微观崩刃，易研磨出锋锐、完善、高质量的金刚石刀具刃口，延长刀具的耐用度。

4. 金刚石刀具的结构和金刚石的固定方法

金刚石车刀的结构：经常把金刚石固定在小刀头上，小刀头再用螺钉或压板固定在车刀刀杆上。也有将金刚石直接固定在车刀刀杆上。

金刚石在小刀头上的固定方法有机械夹固法、粉末冶金固定法、粘结或钎焊固定法。

Sumitomo 公司推出一次性使用不重磨的精密金刚石刀具。该刀具将小颗粒的金刚石钎焊在硬质合金片上，再用螺钉将硬质合金片夹固在车刀杆上(表 2-3)。因使用的金刚石颗粒很小，因此价格较便宜。

表 2-3 一次性使用的不重磨精密金刚石刀头

形 状	刀尖半径 R	尺寸/mm			
		内接圆直径 φA	厚度 T	刀尖半径 R	孔径
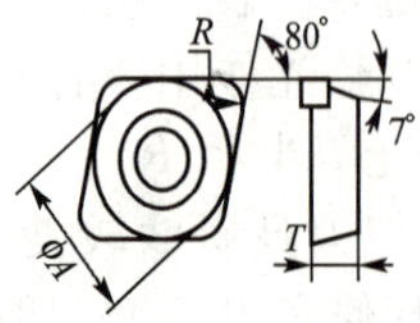		6.35	2.38	0.1	3.75
				0.2	
				0.4	
	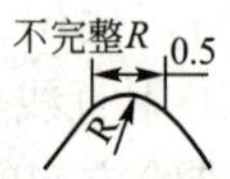	6.35	2.38	0.8	3.75

5. 金刚石刀具的研磨

一颗单晶金刚石毛坯要制成精密金刚石刀具，需经过以下过程：晶体定向—检查—粗研磨—精研磨—检验。

金刚石刀具的粗研磨费时很长，要研究提高其研磨效率。金刚石刀具的精研磨要求保证刃口的质量，达到极锋锐而无缺陷。金刚石刀具的质量与所使用的研磨机及研磨技术直接相关。随着超精密切削技术的迅速发展，对金刚石刀具的要求不断提高，传统结构的研磨机已不能满足要求。目前，出现了空气轴承主轴研磨机，使金刚石刀具的制造技术又提高了一步。

金刚石刀具粗研磨的主要任务是去除余量，这时的主要问题是如何提高研磨效率，影响粗研磨效率的因素有：研磨方向、速度和压力、使用的金刚石微粉的粒度等。对研磨质量也有一定要求，要求粗研后的金刚石表面不能有大划痕，刀具刃口不能有崩刃或其他缺陷，否则将给精研磨造成很大困难。

金刚石刀具精研磨是制造金刚石刀具的关键工序，这时考虑问题的出发点是如何提高研磨质量，使切削刃更为锋锐。影响精研磨质量的因素主要有：磨料粒度、研磨盘质量、研磨方向、精密抛光等。

2.4.3 超精密切削加工机床

1. 对超精密切削加工机床的性能要求

超精密切削加工机床是保证超精密加工的首要条件，用于超精密切削加工的机床必须具有：

(1) 很高的精度，主要指标有主轴的回转精度、导轨运动精度、定位精度、重复定位精度、分辨率及分度精度。

(2) 较高的静刚度、动刚度和热刚度。

(3) 较高的稳定性，在使用过程中应能长时间保持高精度、抗干扰、抗振动，有良好的耐磨性，能稳定工作。

(4) 应配有精密的微进给系统，并能实现数字控制，以实现微量切削。

2. 超精密切削加工机床的结构特点

1) 总体布局

超精密机床的总体布局对其性能好坏起决定性影响。常见的总体布局有：十字滑板结构、T形结构、立式结构。近年生产的中小型超精密机床多采用T形结构，没有后顶尖，主轴箱带动工件做纵向运动，横向运动由刀架完成。机床纵向和横向运动的导轨都做在机床的床身上，成T形布局。这种总体布局结构，有利于提高导轨的制造精度和运动精度，可使测量系统安装简单，大大提高测量精度。大型超精密机床多制成立式结构。

2) 主轴部件

精密主轴部件是超精密机床保证加工精度的核心。主轴要求达到极高的回转精度，转动平稳，无振动，其关键在于所用的精密轴承。由于空气静压轴承回转精度高(0.025～0.05μm)、运动平衡、温升甚小，因而在超精密切削机床中得到广泛应用。但是空气静压轴承刚度较低，承载能力不高，因而在大型超精密机床中有时采用液体静压轴承。例如美国 LLL 实验室的 DTM－3 型的大型超精密机床，其主轴的径向轴承采用液体静压轴承(止推轴承采用空气静压轴承)。为了解决液体静压轴承的油温升高和回油时将空气带入油源而造成轴承刚度和动特性降低的问题，该机床采用了提高静压油的压力和控制油温及恒温水冷却轴承的措施，使该液体静压轴承主轴达到了理想的性能。

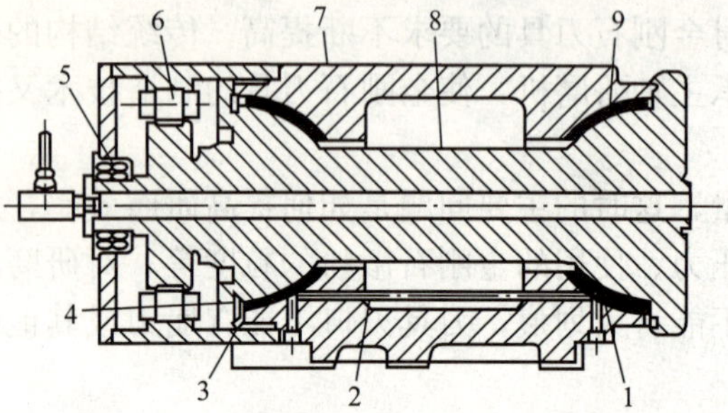

图 2.32　内装式双半球空气轴承主轴

1—前轴承；2—供气孔；3—后轴承；4—定位环；5—旋转变压器；6—无刷电动机；7—外壳；8—主轴；9—多孔石墨

图 2.32 是一种双半球空气静压轴承的主轴结构。前后轴承均采用半球状，既是径向轴承又是止推轴承。由于轴承的气浮面是球面，有自动调心作用，因此可以提高前后轴承的同轴度，提高主轴的回转精度。英国 Cranfield Precision Engineering 公司生产的某些超精密车床采用这种双半球结构的空气静压轴承主轴，当轴承尺寸较大时，可以有较高的刚度和较大的承载能力，如 Cranfield 公司的这种结构的 PC150S 型空气静压轴承主轴部件，承载能力为 180kg，径向和轴向刚度为 350N/μm。

3）床身和导轨

超精密机床的床身和导轨多采用热膨胀系数低、阻尼特性好、尺寸稳定的花岗岩制造。用花岗岩做床身时，一般都用整体方块，钻孔埋入螺母以便和其他件连接。目前超精密机床导轨主要采用空气静压导轨和液体静压导轨。其中空气静压导轨具有移动精度高、摩擦力小、高速运动时发热少等优点，但其刚度、承载能力及抗振性均较低，多用于小型超精密机床中。

空气静压导轨的运动精度主要由导轨的制造精度决定。现在精密制造的空气静压导轨可达到 0.05～0.1μm/100mm 极高的运动精度。

当机床的空气静压导轨(床身和工作台)采用花岗岩制造时，由于花岗岩加工困难，一般都不做成整体，而做成花岗岩块用螺钉紧固在一起(图 2.33)或花岗岩和钢的组合结构。

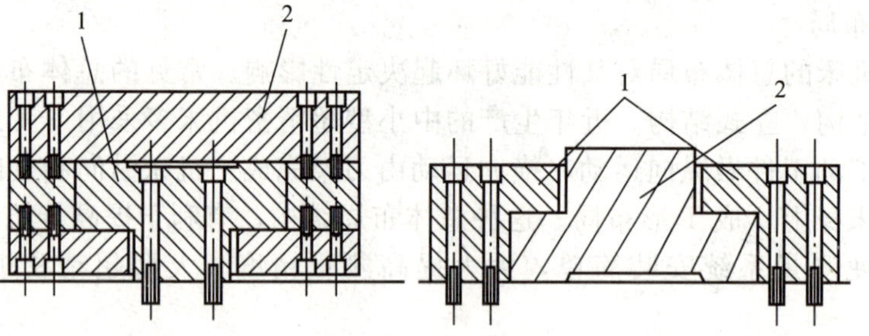

(a) 三块式　　(b) 二块式

图 2.33　花岗岩空气静压导轨的结构

1—床身；2—运动件

液体静压导轨精度高、刚度高、承载能力大、无爬行现象，但高速运动时发热量大，多用于中大型机床上。图 2.34 为两种不同结构的液体静压导轨示意图。

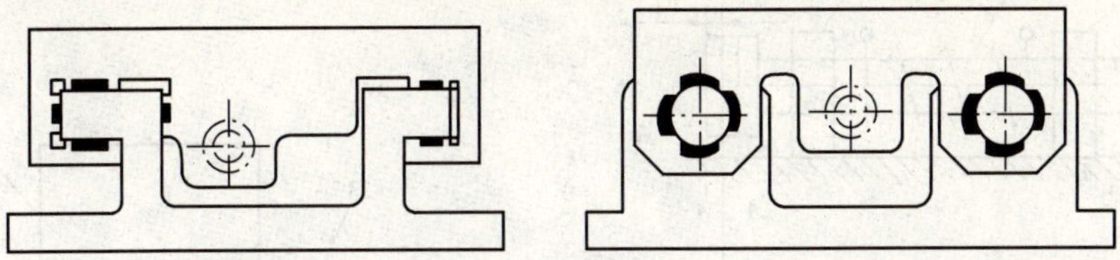

图 2.34 不同结构的液体静压导轨

4）进给驱动系统和微量进给装置

超精密机床对进给驱动系统的要求是：刚度高、运动平稳、传动无间隙、移动灵敏度高、调整范围宽。超精密机床一般采用分辨率为 0.01μm 的精密数控驱动系统，用直流或交流伺服电动机通过精密丝杠传动副驱动导轨上的运动件。为进一步提高导轨运动精度，现在有些超精密机床采用摩擦驱动。

微量进给装置的应用可实现微量进给、超薄切削、在线误差补偿、切削加工非轴对称特殊型面。高精度的微量进给装置已成为超精密机床的一个重要的关键机构。现在高精度微量进给装置分辨率可达 0.001～0.01μm，这对实现超薄切削、实现高精度尺寸加工和实现在线误差补偿是十分有用的。

在超精密切削加工中，高精度微量进给装置上夹固金刚石刀具，要求实现精确、稳定、可靠和快速微位移，因此一个好的超精密微位移机构应满足下列设计要求：

(1) 粗、精微进给应分开，以提高微位移的精度、分辨率和稳定性。

(2) 运动部分必须是低摩擦和高稳定度的，以便实现很高的重复精度。

(3) 末级传动元件必须有很高的刚度，即夹持金刚石刀具处必须是高刚度的。

(4) 微量进给机构内部连接必须可靠，尽量采用整体结构或刚性连接，否则难以实现很高的重复精度。

(5) 工艺性要好，容易制造。

(6) 应具有好的动特性，即具有高的频响。

(7) 应能实现微进给的自动控制。

现在使用的微量进给装置主要有机械传动或液压传动式、弹性变形式、热变形式、流体膜变形式、磁致伸缩式、电致伸缩式等。其中磁致伸缩式和电致伸缩式微量进给机构可以进行自动化控制，有较好的动态特性，可以用于误差在线补偿，获得较广泛的应用。

图 2.35(a)为磁致伸缩式微量进给机构的工作原理图。该机构顺序循环动作为：①夹头 1 夹紧，夹头 2 松开；②接通电源，磁致伸缩杆 3 缩短 ΔL，杆的右端面从 A 移至 A' 的位置，而左端面在 B 位置保持不变；③夹头 2 夹紧，夹头 1 松开；④切断电源，杆伸长，杆的左端面由 B 移至 B' 位置，磁致伸缩杆 3 又恢复原来长度 L。完成一个循环动作，可使进给机构精确地移一个微小距离 ΔL。由于铁磁材料的磁致伸缩性能稳定，磁致伸缩杆又有较高刚度，所以该机构可获得精度很高的连续微量进给。图 2.35(b)为该机构在机床上应用的示意图。通过改变励磁电流的大小和时间相位，就可调节进给速度和改变进给方

向，实现无级调速和换向。

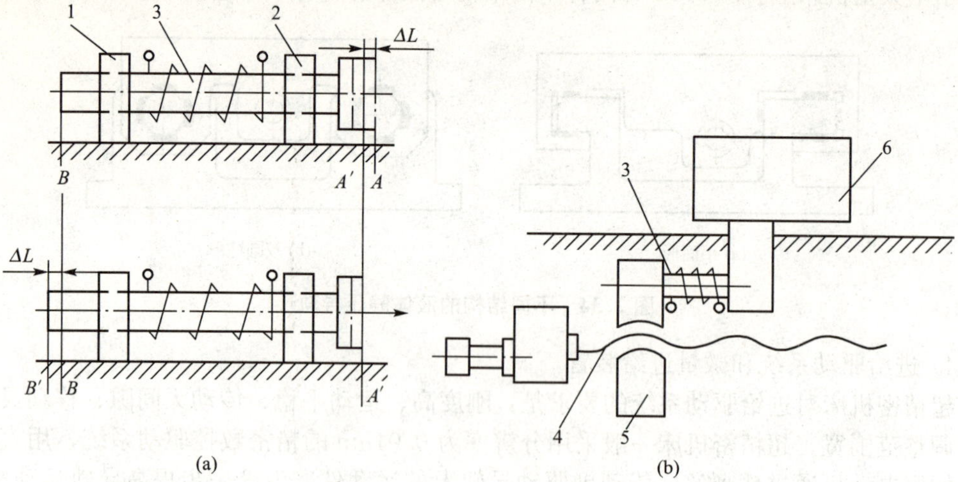

图 2.35 磁致伸缩微量进给机构

1—夹头；2—夹头；3—磁致伸缩杆；4—丝杠；5—螺母；6—滑板

图 2.36 为英国 Cranfield 公司的大型立式超精密机床所用的电致伸缩微量进给装置。位移部分由两个薄膜(弹性变形元件)支承在本体的外圆筒中。当电致伸缩传感器在电压作用下伸长时，推动带刀具的位移部分向前移动，实现微量进给。在这个装置的位移部分内部装有差动式电容测微传感器，可随时检测微进给数值。

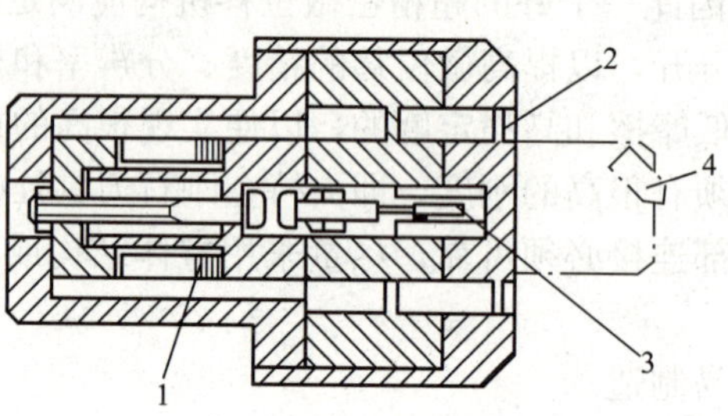

图 2.36 英国 Cranfield 公司的微量进给装置

1—压电伸缩传感器；2—弹性薄膜；3—差动电容测微仪；4—金刚石刀具

2.4.4 超精密切削加工的工作环境

工作环境的任何微小变化都可能影响加工精度的变化，使超精密加工达不到精度要求。因此，超精密加工必须在超稳定的环境下进行。超稳定环境主要是指恒温、超净和防振三个方面。

超精密加工一般应在多层恒温条件下进行，不仅放置机床的房间应保持恒温，还要求机床及部件应采取特殊的恒温措施。一般要求加工区温度和室温保持在(20±0.06)℃的范围内。很多现代的超精密机床采用大量恒温油浇淋整个机床。例如美国 Moore 公司的 M-18AG 超精密车床有粗细不等的很多油管，如蛛网般通到机床的各部分，浇淋充分的恒温油，使机床保持恒温。

超净化的环境对超精密加工也很重要，因为环境中的硬粒子会严重影响被加工表面的质量。如加工 256K 集成电路硅晶片时，环境的净化要求为 1 立方米空气内>0.1μm 的尘埃数应<10 个；加工 4M 集成电路硅晶片时，净化要求为 1 立方米空气内>0.01μm 的尘埃数应<10 个。

外界振动对超精密加工的精度和表面粗糙度影响甚大。超精密机床应尽量远离振源，采用带防振沟的隔振地基和把机床安装在专用的隔振设备上，都是极有效的防振措施。例如 Moore 公司的 M-18AG 超精密车床和 Pneumo 公司的 MSG-325 超精密车床都是机床下面用三个能自动找水平的空气隔振垫。现在超精密机床都用能自动找水平的空气隔振垫支承，这种空气隔振垫一般可以隔离 2Hz 以上的外界振动。

思　考　题

1. 与传统切削加工相比较，高速切削加工具有哪些优越性？
2. 高速切削加工的关键技术有哪些？
3. 什么是电主轴？电主轴的基本参数有哪些？
4. 高速切削机床电主轴结构单元的支承轴承有哪几种？各有何特点？
5. 直线电动机进给单元由哪几部分构成？为什么要设法减轻工作台的质量？
6. 哪些刀具材料适合高速切削加工？为什么？
7. 何谓双定位式刀柄？有何优点？
8. 与湿式切削相比，干式切削具有哪些特点？实施干式切削的必要条件有哪些？
9. 干式切削对机床有哪些要求？
10. 何谓微量润滑(MQL)技术？有何优势？实施微量润滑技术的关键问题是什么？
11. 何谓硬态切削？具有哪些优越性？
12. 哪些刀具材料更适合硬态切削？硬态切削对机床有哪些要求？
13. 为什么说天然单晶金刚石是目前理想的、不能代替的超精密切削刀具材料？在设计刀具时应选哪个晶面作刀具的前、后面？为什么？
14. 比较直线修光刃和圆弧修光刃金刚石刀具的优缺点。
15. 试述金刚石刀具的金刚石固定方法。
16. 影响金刚石刀具精研磨质量的因素主要有哪些？
17. 为什么超精密机床大都采用空气轴承？它有哪些优点？
18. 超精密车床的总体布局有哪几种？其特点是什么？
19. 超精密机床的床身和导轨多采用哪种材料？为什么？
20. 超精密切削对微量进给装置有哪些要求？常见的有哪几种？

第3章 先进磨削加工技术

本章学习目标

★ 了解高速与超高速磨削技术的优势；明确砂轮和机床结构特点

★ 明确缓进给深切磨削的特点；了解缓进给深切磨削的应用及对机床的要求，掌握缓进给深切磨削中温升的控制方法

★ 掌握高效深切磨削原理；了解高效深切磨削对磨削系统的要求和高效深切磨床的结构特点

★ 了解精密与超精密砂带磨削的方式及特性；掌握砂带修整方法

★ 了解快速点磨削的技术特征及应用情况；掌握快速点磨削砂轮的“三点定心”特性。

本章教学要点

知识要点	能力要求	相关知识
高速与超高速磨削	了解高速与超高速磨削的优势、掌握用于高速磨削的砂轮和机床结构	高速与超高速磨削砂轮的结构、高速主轴单元、进给系统和高刚性的床身
缓进给磨削的应用； 高效深切磨削	掌握控制缓进给磨削温升的方法；高效深切磨削原理，对磨削系统的要求	缓进给磨削的特点、工件表面完整性、控制温升的方法；高效深切磨削的原理、优点及应用
精密砂带磨削方式	掌握精密砂带磨削的关键技术，了解精密砂带磨削方式及特性	精密砂带磨削方式及特性；砂带头架结构、接触轮结构；砂带修整方法
快速点磨削技术	了解快速点磨削的特点；掌握砂轮“三点定位”方式	快速点磨削的技术特征、砂轮的“三点定位”系统

导入案例

磨削加工在现代机械制造业中占有重要地位，技术发展迅速。随着技术创新与高科技产品的不断涌现，零件的加工精度和表面完整性要求越来越高，给磨削加工提出来了许多新问题。当前磨削加工技术正朝着使用超硬磨料、高效磨削、超精密磨削和磨削自动化方向发展。

高速磨削是当今先进制造领域最为引人关注的高效磨削加工技术，具有优良的加工性能，而德国Junker公司于1994年开发并取得专利的快速点磨削(Quick－point Grinding)则集成了高速磨削、CBN超硬磨料及CNC柔性加工三大先进技术，具有优良的加工性能，是高速磨削技术在高效率、高柔性和大批量生产高质量稳定性方面的又一新发展。该工艺主要用于轴、盘类零件加工，它既有数控车削的通用性和高柔性，又有更高的效率和精度，砂轮寿命长，质量非常稳定，是新一代数控车削和高速磨削的极佳结合，成为高速磨削的主要技术形式之一。德国目前在这项新技术的研究开发上处于领先地位，目前已在汽车工业、工具制造业中得到应用，尤其是在汽车零件加工领域，即发动机曲轴(图1)、凸轮轴或齿轮轴等。这些零件大都包括切入、轴颈、轴肩、偏心及螺纹磨削过程，应用此项工艺可以通过一次装夹而实现全部加工，大大提高了零件加工精度及生产率。

图1　快速点磨削发动机曲轴

3.1　高速与超高速磨削技术

高速与超高速磨削是当今先进制造领域最为引人关注的高效磨削加工技术，具有优良的加工性能。通常把砂轮线速度在30～35m/s的磨削称为普通磨削，砂轮线速度超过45m/s的称为高速磨削，速度在150～180m/s以上的称为超高速磨削。

3.1.1　高速与超高速磨削的优势

高速与超高速磨削通过提高砂轮线速度来达到提高材料磨除率和磨削质量，与普通磨削相比，其优势主要表现在以下几方面：

(1) 能提高磨削效率并可实现工件大余量的切除。砂轮线速度提高后，单位时间通过磨削区的磨粒数目成比例增加，此时如果保持每颗磨粒切削厚度与普通磨削时的切削厚度一样，则进给速度可以相应增大，提高了磨削效率，而且为实现大余量的毛坯切除创造了条件。

(2) 可明显降低磨削力，提高零件的加工精度。在材料磨除率不变的条件下，提高切削速度可以降低磨粒的切削深度，从而减小磨削力，使工艺系统受力变形减小，在加工刚性较低的工件时，易保证较高的加工精度。磨屑厚度变薄，可以改善工件表面质量及减小尺寸和形状误差。

(3) 砂轮磨损减小，提高了砂轮使用寿命。砂轮线速度提高后，随着磨屑厚度的减小，每颗磨粒所承受的磨削力减小，可减小砂轮磨损、大幅度延长砂轮寿命。

(4) 能改善工件表面完整性。由于高速与超高速磨削时传入工件的磨削热比例远低于普通磨削，因而可以不发生磨削表面热损伤，并减小工件表面的残余应力，有利于获得良好的表面物理性能和力学性能。

(5) 能实现对硬脆材料的高质量磨削。高速与超高速磨削时单位时间内参加磨削的磨粒数大大增加，单个磨粒的切削厚度极薄，陶瓷等硬脆材料不再以脆性断裂的形式产生磨屑，而是以塑性变形的形式产生磨屑。实验结果表明，当砂轮线速度达到某一值时，保持进给速度不变，则最大未变形磨屑厚度会成倍降低，甚至单颗磨粒的磨屑厚度小于1μm，使大部分磨屑以塑性去除的方式形成。

3.1.2 高速与超高速磨削技术的研究发展历程及现状

在高速与超高速磨削技术领域，欧洲处于领先地位，日本后来者居上，美国则在奋起直追。

1. 欧洲

20世纪60年代末期欧洲就开始进行高速磨削技术的研究，当时实验室磨削速度已达210～230m/s。1973年9月意大利的Famir公司在德国汉诺威国际机床展览会上，展出了砂轮圆周速度为120m/s的磨轴承内环外沟槽的高速磨床。1980年德国Bremen大学的Werner教授开创了高效深磨的概念，Bremen大学出资由德国Guhring Automation公司于1983年制造了世界上第一台高效深切磨床，功率为60kW，转速为10000r/min，砂轮线速度达209m/s。1989～1992年德国纳霍斯公司、居林自动化公司先后推出了80～160m/s的CBN磨床。20世纪90年代初，已经实现了最高砂轮线速度为350m/s的磨削实验。

目前，德国Aachen工科大学正在进行砂轮线速度为500m/s的超高速磨削实验研究。

2. 日本

日本在1990年10月第五届“日本国际机床展览会”上，推出了120m/s的高速磨床。1993年前后，使用单颗粒金刚石进行了250m/s的超高速磨削实验研究。1996年又推出了125m/s的CBN砂轮平面磨床。之后，又相继开发了160m/s以上的超高速磨床和400m/s的超高速平面磨床。

目前，日本实用的磨削速度已达到了200m/s。日本的丰田工机、三菱重工、冈本机床等公司均能生产应用CBN砂轮的超高速磨床。日本广泛使用CBN砂轮取代一般砂轮，其目的是达到加工的高效率化、省力和无人化。至2000年，日本已进行了500m/s的超高速磨削实验。Shinizu等为了获得超高磨削速度，利用改制的磨床将两根主轴并列在一起，一根作为砂轮轴，另一根作为工件主轴，并使其在磨削点切向速度相反，取得了相对磨削速度为v_s+v_w的结果。因此，砂轮和工件间的磨削线速度实际接近1000m/s。这是迄今为止公开报道的最高磨削速度。

3. 美国

美国于1969年生产出80m/s的高速无心磨床，1970～1971年本迪克斯公司和Carnegie-Mellon 大学先后研制成功 91m/s 切入式高速磨床和 125m/s 的外圆磨床。1993 年，美国的 Edgetek Machine 公司首次推出圆周速度达 203m/s 的单层 CBN 砂轮超高速磨床。1996 年美国 Connecticut 大学磨削研究与发展中心研制成功最高磨削速度达 250m/s 的无心外圆磨床。T. W. Hwang、美国马萨诸塞州立大学的 S. Malkin 等多年来一直在进行超高速磨削研究。

目前美国的高效磨削磨床很普遍，主要是应用 CBN 砂轮，可实现以 160m/s 的速度、$75mm^3/(mm \cdot s)$的磨除率，对高温合金进行高效磨削，加工后 Ra 为 1～2μm，尺寸公差为±13μm。另外采用直径为 400mm 的陶瓷 CBN 砂轮，以 150～200m/s 的速度磨削，可达到 Ra 为 0.8μm，尺寸公差为±(2.5～5)μm。

我国于 20 世纪 70 年代开始有关高速与超高速磨削技术的研究工作。先后进行了超高速磨削热传递机制、高速单颗粒磨削机理、超高速磨削温度场、磨削摩擦系数、高速钢的高速深磨、电镀 CBN 超高速砂轮设计与制造等研究，取得了可喜的研究成果。1975～1976 年，试制成功了 MS132 型 80m/s 外圆磨床和 MBSA1332 型 80m/s 半自动高速外圆磨床，磨削效率达到了车削和铣削的生产率。2000 年湖南大学在中国数控机床展览会(CCMT′2000)上，推出了线速度为 120m/s 的数控凸轮轴磨床。多年来，东北大学和湖南大学等一直在开展超高速磨削技术的研究，并先后研制出圆周速度为 200m/s 的超高速实验磨床和 314m/s 的超高速平面磨削实验台。

3.1.3 高速与超高速磨削用砂轮

高速与超高速磨削用砂轮的设计和制造与磨削效果密切相关。高速与超高速磨削时，砂轮的高速回转产生很大的离心力，因此要求高速与超高速磨削用砂轮应具有高的动平衡精度和抗裂性、良好的阻尼特性、高的刚度和良好的导热性，而且其机械强度必须能承受高速与超高速磨削时的切削力等。

1. *高速与超高速磨削砂轮的结构*

高速与超高速磨削砂轮与普通砂轮不同，其结构形式由磨料层、过渡层和基体三部分组成。磨料层由超硬磨料、结合剂及填料组成，是砂轮进行磨削加工的部分。过渡层由结合剂和其他材料组成，将磨料层牢固地把持在基体上，以保证磨料层被充分使用。近年来，有些生产厂家取消了过渡层，直接将磨料层把持在基体上。基体是砂轮的基本形体，起支承磨料层的作用。通过法兰、夹具将砂轮牢固地装夹在机床上。高速磨削砂轮基体除要求有足够的强度以承受巨大的离心力外，还要有高的弹性模量与密度比和低的热膨胀系数。基体材料随结合剂而异：树脂结合剂砂轮一般采用铝、铝合金或电木；陶瓷结合剂砂轮一般采用陶瓷材料；金属结合剂砂轮一般采用钢或铜合金材料。

高速与超高速磨削砂轮可分为单层超硬磨料砂轮和多层可修整磨料砂轮两大类。

1) 单层超硬磨料砂轮

单层超硬磨料砂轮有电镀和高温钎焊两种类型，它们是利用电镀或钎焊工艺将经特殊加工、尺寸均匀和细小的单层超硬磨料，采用镍、钴(电镀)或铜(钎焊)等作基质金属(起粘接作用)，使超硬磨料固结到经精密加工成的一定尺寸和几何形状的基体表面上而成。这种砂轮与传统的多层超硬磨料砂轮相比，具有制造设备和工艺简单、使用寿命长、型面精度高、容屑空间大、允许的线速度高、无需修整等优良性能，所以在高速和超高速磨削中占据了无可争议的主导地位。

电镀砂轮由于镀层金属能紧密包镶在磨粒周围，机械包嵌作用强，因此可使超硬磨粒的40％～45％裸露在镀层金属的外面，为磨屑提供了充足的空间，其磨屑酷似微小铣削切屑，磨削时砂轮非常锋利，磨削力小，有很高的材料磨除率。例如，用直径为ϕ203mm的电镀超硬磨料砂轮，以53～160m/s的线速度湿式磨削718铬镍铁合金，材料磨除率高达7cm^3/(mm·min)。但随着电镀砂轮在生产中的大量应用，它对环境造成的污染也逐渐引起了人们的关注：在载荷较大的高效磨削中，为了降低磨削温度需大量使用磨削液；另外电镀砂轮在制备过程中使用的电镀液也会造成环境污染，这必将大大限制它的推广应用。

单层高温钎焊砂轮的研究始于20世纪90年代。高温钎焊砂轮因界面上发生溶解、扩散、化合之类的作用，从根本上改善磨料、结合剂(钎焊冶金材料)和基体三者间的结合强度，使砂轮寿命大大提高，砂轮工作线速度可达300～500m/s以上。据报道，美国Norton公司用金属活性大的铜将CBN磨粒钎焊在基体上，其结合强度可达1.55MPa。由于结合强度高，磨料结合层厚度只要维持在磨粒高度30％～40％即可把持住磨粒，可使磨粒突出高度达60％～70％(图3.1)，大大增加了容屑空间，使磨粒获得更理想的锋利形貌，砂轮不易堵塞，因此在与电镀砂轮相同的加工条件下，其磨削力、功率消耗与磨削温度均更低，使磨削过程可少用(甚至不用)磨削液，从而可减少磨削液排放对环境造成的污染；另外钎焊砂轮的制造过程基本上不会对环境造成任何污染，所以钎焊砂轮是今后高速与超高速磨削首选的磨削工具。

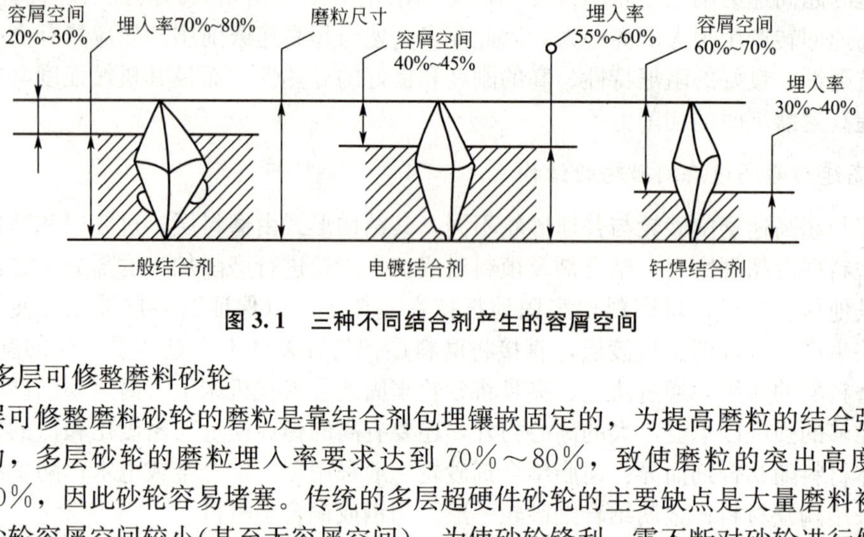

图3.1　三种不同结合剂产生的容屑空间

2）多层可修整磨料砂轮

多层可修整磨料砂轮的磨粒是靠结合剂包埋镶嵌固定的，为提高磨粒的结合强度、增大把持力，多层砂轮的磨粒埋入率要求达到70％～80％，致使磨粒的突出高度只有其20％～30％，因此砂轮容易堵塞。传统的多层超硬件砂轮的主要缺点是大量磨料被结合剂包埋，砂轮容屑空间较小(甚至无容屑空间)，为使砂轮锋利，需不断对砂轮进行修整。在磨削加工过程中，随着磨粒的钝化，砂轮极易堵塞，导致磨削力上升，一方面造成磨粒破碎或整颗脱落(自锐)，浪费大量磨料；另一方面增大磨削功耗，被加工零件表面烧伤，零件报废，造成不必要的浪费。为降低磨削温度、减少磨削烧伤，只能在磨削过程中大量使用磨削液，而这又会加重环境污染，大大降低磨削加工的绿色程度。

2. 高速与超高速磨削砂轮的磨料

磨料是构成砂轮的主要原料，在磨削过程中对工件起切削作用，应具有高的硬度和适当的脆性。高速与超高速磨削砂轮的磨料主要是立方氮化硼、金刚石及一些新型磨料。其中，立方氮化硼和金刚石被称为超硬磨料。由于金刚石易和铁族元素产生化学反应，故适于磨削硬质合金及非金属硬脆材料；立方氮化硼砂轮则适于磨削硬而韧的黑色金属材料及高温硬度高、热传导率低的黑色金属材料。这两种超硬磨料在适应面上的互补性使得它们构成的砂轮的可加工范围覆盖到了各种高硬、高脆、高强韧材料在内的几乎全部被加工材料。

新型磨料主要有微晶氧化铝磨料、CDA磨料、ABN800和ABN600磨料。微晶氧化铝磨料(Seeded Gel，SG)是美国Norton公司推出的很有应用前景的专利产品，它由亚微米级的刚玉晶体，采用溶胶-凝胶工艺合成并经烧结制成。SG磨料的磨削性能介于刚玉与CBN之间，价格适中。与普通刚玉磨料相比，SG磨料不但硬度高、自锐性好，用其制作的砂轮具有耐磨性好、磨削热少、使用寿命长、磨除率高和磨削质量好等优点。和CBN磨料相比，不仅成本低，而且对磨削机床无任何特殊要求，砂轮易修整，价格适中。近年该公司又推出SG磨料的第二代产品——TG(Targa)磨料。据称该磨料的材料磨除率为刚玉的2倍，寿命为刚玉的7倍。

CDA是De Beers公司推出的人造金刚石磨粒新品种，它具有微刃破碎的自锐作用，可以提高磨削比、降低磨削功率消耗。与多晶金刚石磨粒RDA比较，CDA可提高磨削效率50%～60%。

ABN800和ABN600是De Beers公司开发的CBN磨料新品种，具有较高的抗压强度和热稳定性。用ABN800磨料制作的砂轮比其他CBN砂轮磨削时产生的磨削力小、功率消耗少、加工质量好、使用寿命长，更适合高生产率磨削。ABN600磨料适于磨削高碳合金钢及制造强把持力的金属结合剂砂轮。

3. 多层超硬磨料砂轮的结合剂

多层超硬磨料砂轮有陶瓷、树脂和金属三种结合剂，其中陶瓷结合剂具有多孔性，比树脂砂轮耐用，但性脆，韧性及弹性较差，不能承受侧面弯矩力，不适于在恶劣的冲击或重载荷条件下工作。还有一种新型的多气孔陶瓷结合剂CBN砂轮，可以通过人为诱发的孔隙来增强天然的多孔性，这种砂轮将引入更多的磨削液和便于排屑，从而既可磨削高硬度也可磨削中等硬度的铁质材料。在高速磨削中陶瓷结合剂的超硬磨料砂轮用得较多。

树脂结合剂对磨料的结合强度较弱，磨削时自锐性好，不易堵塞，磨削效率高、磨削力小、磨削温度低。树脂结合剂超硬磨料砂轮主要用于要求磨削效率高、表面粗糙度值较低的场合。其不足是耐磨性较差、砂轮磨损较大，不适合重负荷磨削。

金属结合剂应用较广的有青铜基和铸铁基结合剂。青铜基结合剂刚性好、强度高、耐磨性好、使用寿命长、形状保持性好，能承受较大的载荷，但自锐性差、易堵塞、发热、修整较困难，青铜基砂轮主要用于玻璃、陶瓷等非金属硬脆材料的磨削。铸铁基结合剂强度高、不易破损、耐磨性好、具有良好的整形修锐性，铸铁基砂轮适于磨削各种硬脆材料。

4. 高速砂轮的优化设计

当砂轮线速度由普通磨削速度的30m/s提高到150m/s，即线速度增加5倍时，由于砂轮的应力与速度的平方成正比，所以150m/s的高速砂轮所具有的强度必须相当于普通

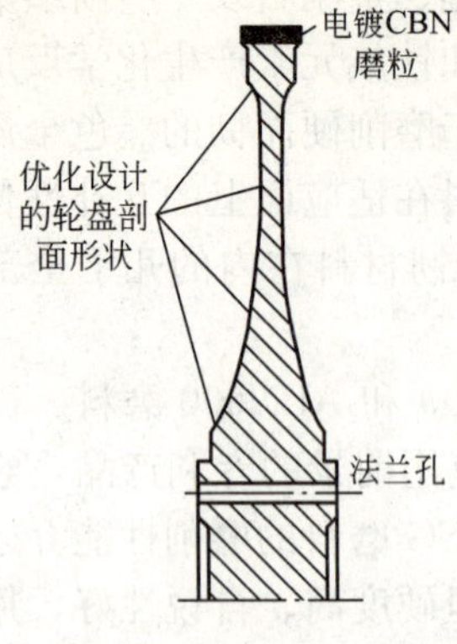

图 3.2　超高速砂轮基体优化后的截面形状

砂轮强度的 25 倍，若低于该值，高速磨削就可能导致砂轮破裂。所以要实现高速与超高速磨削，首先必须解决的问题是砂轮在磨削时的安全性，而安全性很大程度上依赖于砂轮基体的强度，对磨料层强度、基体与磨料层的结合强度也有很高要求。

为了保证砂轮在高速与超高速运转条件下承受巨大离心力而不破碎，砂轮基体材料及形状必须依据机床性能、使用要求、加工对象等进行综合优化设计。图 3.2 所示为采用有限元法运用 ANSYS 优化设计的超高速砂轮铝合金基体的截面形状。

3.1.4　高速与超高速磨削机床

高速与超高速磨削机床除具有普通磨床的一般功能外，还应具有如下特点：①良好的动态特性；②超高速条件下砂轮的紧固和高强度；③高安全性；④高的运动精度；⑤高的热稳定性；⑥高速砂轮的动平衡性。

1. 高速主轴单元

高速磨床主轴单元的性能在很大程度上决定高速磨床的磨削加工的极限，因而，为实现高速磨削加工，高速主轴单元往往要求很高。主轴的高速化要求主轴有足够的刚度和回转精度、热稳定性好、可靠、功耗低、寿命长等。高性能内装式电动机设计和制造技术、电主轴的损耗和温升抑制技术、大功率高速闭环矢量控制技术、高精度主轴定位控制技术、高速轴承及其润滑散热冷却技术、在线测试及动平衡技术、主轴系统的润滑和冷却等是高速主轴结构单元研究的关键技术。

主轴轴承可采用陶瓷滚动轴承、磁悬浮轴承、空气静压轴承或液体动静压轴承等。日本东北大学开发的 CNC 超高速平面磨床，采用陶瓷滚动轴承，主轴转速达 30000r/min。日本东芝机械公司在 ASV40 加工中心上用改进的气浮轴承，在大功率下实现 30000r/min 主轴转速。德国 Kapp 公司采用磁悬浮轴承主轴转速达 60000r/min。德国 GMN 公司的磁悬浮轴承主轴转速最高达 100000r/min 以上。此外，液体动静压轴承也已逐渐应用于高速主轴单元。

2. 进给系统

进给系统是评价高速与超高速磨床性能的重要指标之一。随着高速与超高速加工的发展，国内外都普遍采用了直线伺服电动机直接驱动技术，有效避免了传统的滚珠丝杠传动中的反向间隙、弹性变形、摩擦磨损和刚度不足等缺陷，可获得高精度的高速移动并具有极好的稳定性。如德国西门子公司的直线电动机最大进给速度可达 200m/min，其最大推力可达 6600N，最大位移距离为 504mm。

3. 高刚性的床身

为了提高高速磨床的刚度，目前国内外多采用人造花岗岩来制造机床的床身和立柱，也有的将立柱和底座整体铸造而成，还有的采用在钢板焊接件内腔中填充阻尼材料来提高其抗振性。

4. 冷却系统

高速与超高速磨削时，磨削温度会急剧上升，这使工件的磨削表面极易出现烧伤和裂纹，耐磨损性能降低，耐疲劳性变差，降低了砂轮的寿命和工作可靠性。另外，在高速回转砂轮周围形成的高速回转气流层，在磨削区前端形成高压“楔形”屏障，会阻挡磨削液的有效注入，大大降低了冷却效果。因此，采用恰当的磨削液注入方法，增加磨削液进入磨削区的有效部分，提高冷却和润滑效果，对于改善工件质量、减少砂轮磨损极其重要。为实现对磨削区的冷却，冲走磨屑，磨削液的注入必须有足够大的动能，以冲破砂轮周围的高速气流，使磨削液抵达磨削区，故与普通磨削相比，磨削液的流量、压力均成倍增加。人们研究了多种磨削液注入方式，如高压喷射法、空气挡板辅助截断气流法、砂轮内冷却法和开槽砂轮法等，采用新颖的磨削液注入方式和特殊设计的鞋形喷嘴，将有效地去除空气障膜层的影响，使磨削液能最大限度进入磨削。此外，为了保证高速高效磨削的表面质量，提高磨削液的利用率，减少磨削液中残留杂质对加工质量及机床系统的不良影响，必须采用一套高效高过滤精度的磨削液过滤系统。

3.2 缓进给深切磨削

缓进给深切磨削也称作缓进给强力磨削，是一种高效的磨削加工工艺方法，它以较大的切深(a_p=1～30mm)和很小的工件进给速度(v_w=3～300mm/min，普通磨削 v_w=200～2500mm/min)磨削工件，通过增大砂轮切削深度来增加磨屑长度，以获得高磨除率(高出普通磨削5倍以上)。该方法在平面磨削中占有主导地位，主要用在磨削沟槽和成形表面。近些年来，德、英、美、日和瑞士等国开发了一系列专用缓进给成形磨床，特别是滚珠丝杠和直线电动机技术的应用更加促进了缓进给深切磨削技术的实用化。

3.2.1 缓进给深切磨削的特点

与普通磨削相比，缓进给深切磨削具有如下特点：

(1) 加工效率高。由于磨削深度大增，砂轮与工件的接触弧长度增加(接触弧长度达几厘米，普通磨削仅几毫米)，同时参加切削的磨粒数增多，因此可以直接磨削出要求的工件形状，使粗、精加工合并，大大提高了加工效率。

(2) 砂轮冲击损伤小，工件形状精度稳定。由于缓进给和行程次数减少，减轻了砂轮与工件边缘的冲撞次数和冲撞程度，延长了砂轮的使用寿命，也减小了机床振动及加工表面波纹度。

(3) 扩大了磨削工艺范围。由于切削深度大，可对毛坯一次加工成形，故可有效解决一些难加工材料加工问题，如燃气轮机叶片成形表面加工，高温合金、不锈钢、高速钢型面或沟槽的磨削等，其效率比铣削高20多倍。用CBN砂轮缓进给磨削真空泵转子槽，不仅比铣削效率高，而且加工质量好，成本节约40%左右。

(4) 磨削力大、磨削温度高。由于切削深度大，同时参加工作的磨粒数增多，磨削力就要增大；切屑长并在磨削区严重变形，易堵塞砂轮。因此缓进给磨削加工时必须充分供给大量切削液，以降低磨削温度，保证磨削表面质量。

(5) 工件精度稳定，加工精度高。由于砂轮上的磨粒是缓慢地逐步切入工件材料，可大大改善磨削条件，减少磨削振动。加工砂轮与工件接触弧长，可使磨削振动衰减，减少颤振，使工件表面波纹及表面应力减少，不易产生磨削裂纹。因此，工件的精度比较稳定，加工精度高，型面磨削精度可达 2～5μm，表面粗糙度一般可达 $Ra=0.63\mu$m，有的可达 $Ra=0.16\mu$m。

3.2.2 对缓进给深切磨床的要求

基于缓进给深切磨削技术的特点，在进行缓进给深切磨床设计时，应重点关注下述几个主要技术问题：

(1) 机床必须具有足够大的主轴传动功率和刚度，电动机功率一般在 10kW 以上。

(2) 砂轮主轴系统的精度要高。由于缓进给深切磨削多用于成形磨削，主轴的轴向窜动和径向跳动将会在工件上产生形状误差。此外，在考虑主轴系统的结构时，应使主轴的热变形尽量小，并且应使主轴热变形后是向后伸长，以保持砂轮成形面的轴向位置不变。

(3) 缓进给机构采用机械传动，工作台纵向进给速度为 20～500mm/min，要求平稳无爬行现象，应设有快速返程装置。

(4) 机床的总体刚度要好，热变形小，能承受比传统磨削大得多的磨削力。

(5) 要具有良好的冷却、冲洗和过滤系统。缓进给深切磨削的磨屑薄而长，易于堵塞和粘附于砂轮的表面，加之砂轮与工件的接触弧长，磨削液难于进入磨削区，易使工件表面烧伤。为有效抑制温升，确保磨削区的磨削液充分供给，应合理选择供液和冷却装置，采用高压大流量供液方式。磨削后有大量的磨屑、脱落的磨粒与冷却液混合在一起，为及时清理冷却液中的这些杂质，应采用粗精两次过滤装置。

(6) 采用先进的 CNC 控制系统，具有快速数据处理能力和高功能化特性，能实现高速插补和程序段处理，以及有效的超前处理能力。

3.2.3 缓进给深切磨削中工件表面完整性

1. *表面粗糙度*

缓进给深切磨削砂轮与工件接触弧长度 l_c 大，速度比($q=v_s/v_w$)大，单颗磨粒承受的磨削力小，随磨削时间 t_a 延长，砂轮磨损不严重，砂轮形貌变化小，因而零件表面粗糙度变化较缓慢，初磨状态取决于砂轮修整状况，速度比增大，粗糙度值下降。

2. *磨削表面烧伤*

缓进给深切磨削的磨削温度虽不高，但因磨削深度 a_p 大，砂轮与工件接触面积大，当磨削液的注入压力及流量不足、冲洗压力低及砂轮选择不当时，也会在接触区发生不同程度的烧伤。C. R. Shaft 研究认为发生烧伤时，法向磨削力增大，切向磨削力减少。这种现象的产生是由于磨削液由核状沸腾向薄膜沸腾跃迁所致。磨削液在较高温度下成核状沸腾时，气泡增长，热量向气泡表面散发，磨削液散热系数急剧增大。在薄膜沸腾时，工件表面完全被一层薄的蒸膜所覆盖，热传递至磨削液只能经过薄膜按传导对流及辐射方式进行，导热能力急剧下降。因缓进给磨削的磨削能大，热流量增大。增大的热流量将传递给磨削液及工件。初期，热流传给磨削液的部分远比传入工件的要多。当比磨削能显著增大时，在接触弧中某一点的温度急剧上升，就可使接触区的磨削液从核状沸腾转变为薄膜沸腾，该点的热流传给磨削液的量急剧减少，使工件上该点温度达到烧伤温度，导致工件出现烧伤点。另外，温度急剧上升时，形成的热膨胀会明显增大。热膨胀量增大，当大于有效磨削深度时，则使磨削力增大。工件上某点温度一旦超过烧伤温度，热膨胀就会对磨削力有显著影响。在缓进给深切磨削中，即使比磨削能及传入工件的热量不变，在磨削液减少情况下，也可出现烧伤，磨削温度急剧升高，法向磨削力增大。

3. 残余应力

缓进给深切磨削所形成的工件表面残余应力是挤光效应、压粗效应、热效应及热比容变化效应等综合作用的结果。挤光效应作用占主导，残余应力主要是塑性变形引起的。基本上是压应力。增大磨削深度及工件速度，均使单颗磨粒的磨削厚度增加，加剧压粗效应大于挤光效应，同时热效应也增加，磨削深度的影响显著，所以磨削深度、工件速度增加，都使残余应力增大。

3.2.4 缓进给深切磨削中温升的控制

为有效控制缓进给深切磨削中的温升，避免工件表面磨削烧伤，可采取下列措施：

(1) 采用高压、大流量磨削液进行冷却、冲洗砂轮。

(2) 选用超软大气孔组织砂轮，可以减少砂轮与工件的实际接触面积，保持磨粒处于锋利状态，砂轮通过大气孔将磨削液带入磨削区，并在离心力作用下磨削液进入磨削区，进行热交换后，又被气孔带出磨削区，使磨削区温度下降。

(3) 选用开槽砂轮，以减少砂轮与工件的接触面积，磨削液通过槽内压入磨削区，并改变磨削液流动方向，提高冷却效果，降低磨削温度。如日本研发的一种 ϕ205mm×5mm 电镀砂轮开出 120 条 2mm 宽的槽，其磨削性能良好，尤其在深切氮化硅陶瓷时效果更佳。

3.2.5 缓进给深切磨削的应用

缓进给深切磨削适用于加工各种型面和沟槽，特别是能有效地磨削难切削材料的各种成形表面，其主要的应用场合如下：

(1) 缓进给深切磨削的加工效率和铣、拉、刨、车等常规加工方式一样，但公差范围更小，几乎不出现毛刺，可取代上述加工方式。

(2) 陶瓷、金属陶瓷复合材料、晶须加强材料以及高温超级合金之类的新一代材料的磨削加工。新型材料一般都具有硬脆、耐磨、耐热等特点，聚合型材料都是晶须加强材料，对这些材料来讲，采用缓进给深切磨削是绝对需要的加工手段，且不会出现棱角崩裂、表面龟裂以及皮下损伤等现象。例如，喷气飞机发动机中使用的超级合金工件的加工；陶瓷合金、陶瓷和玻璃制成的汽车和光学元件的加工；陶瓷制成的刀具、磨具、轴承、精密机床床身、发动机以及工程装饰陶瓷等的磨削加工。

(3) 用于高硬度的铸铁、淬硬钢以及铁基、镍基、钴基高温合金材料和其他难加工材料的加工。

(4) 用于加工纤维增强型复合材料或纤维增强型金属材料，可避免铣削、拉削或车削加工容易造成的纤维撕裂，并由此造成材料强度和表面质量降低等不良后果。

(5) 加工钛、镁类活性合金材料。缓进给深切磨削产生的热量是从工件向磨屑中散发，在加工热敏性或热活性材料时不会出现循环磨削或铣削时易导致的表面热损伤现象。

(6) 超硬、脆硬材料的加工。脆硬材料的传统加工方法是由粗磨成形、精磨、研磨、抛光等工序组成，采用缓进给深切磨削的方法可省掉研磨、抛光等程序，能够获得极小的表面粗糙度数值、极高的形位精度，并且无亚表面破坏层，生产率也比传统方法提高了许多倍。

(7) 高精度空间曲面和窄深槽的加工。如飞机、汽车涡轮发动机叶片的加工，以及由难加工材料制造的航空零件上有各种各样高精度的型槽，特别是发动机涡轮叶片根部高精度齿槽和窄深直槽的加工，采用电镀 CBN 砂轮缓进给深切磨削能有效解决这一难题。

3.3　高效深切磨削

3.3.1　概述

高效深切磨削(HEDG)工艺是 20 世纪 80 年代由德国居林公司研制开发成功的，目前德国、日本及美国等国家在高效深切磨削技术领域居领先地位。高效深切磨削是集砂轮高速度(100～250m/s)、高进给速度(0.5～10m/min)和大切深(0.1～30mm)为一体的高效率磨削技术，可直观地看成是缓进给磨削和超高速磨削的结合。与普通磨削不同的是高效深切磨削可以通过一个磨削行程，完成过去由车、铣、磨等多个工序组成的粗精加工过程，获得远高于普通磨削加工的金属去除率(磨除率比普通磨削高 100～1000 倍)，表面质量也可达到普通磨削水平。由于它使用比缓进给磨削快得多的进给速度，生产效率大幅度提高。后来又进一步在 CBN 砂轮基础上开发出 200～300m/s 的超高速深磨磨床。采用陶瓷结合剂砂轮以 120m/s 的速度磨削，比磨削率可达 500～1000m^3/(mm·s)，比车削和铣削高 5 倍以上。高效深切磨削真正使磨削实现了优质与高效的结合，被誉为磨削发展的高峰，越来越多地受到工业发达国家的重视。

德国 Aachen、Bremen 大学研究人员在高效深切磨削的研究方面也取得了世界公认的高水平成果，并积极在铝合金、钛合金、高温合金等难加工材料方面进行高效深切磨削的有益探讨。Aachen 大学通过实验得出，在保持磨削阻力不变条件下，砂轮线速度由 180m/s 提高到 340m/s 时，磨削效率可提高 3 倍。英国用盘形 CBN 砂轮对低合金 $51CrV_4$ 钢进行了 140m/s 的高效深磨实验研究，材料去除率超过 400mm^3/(mm·s)。

高效深切磨削磨除率极高，特别适于进行沟槽零件的全磨削深度单行程磨削。此项技术已成功地用于丝杠、螺杆、齿轮、转子槽、工具沟槽等以磨代铣加工。如德国的 Guhring Automation 公司开发了 FD613 超高速高效深切平面磨床和 RB625 高速高效外圆磨床，使用 CBN 砂轮以 150m/s 速度磨削宽 1～10mm、深 30mm 的转子槽时，工作台进给速度达 3000mm/min；美国 Edgetck 机床公司开发的三轴、四轴和五轴 CNC 高效深切磨削机床，采用 CBN 成形砂轮，可实现对淬火钢的高效深磨；德国 KAPP 公司应用高效深切磨削技术加工叶片泵转子上的深槽，电镀 CBN 砂轮线速度达 300m/s，磨除率达 140mm^3/(mm·s)，将淬火后的工件 10 只一次装夹磨削，平均每个工件加工时间约需 10s，槽宽精度可保证在 21μm 以内，一个砂轮可加工 1300 个工件；在 125m/s 沟槽磨床上，磨削深 20mm 的钻头沟槽可一次完成，金属磨除率达 500mm^3/(mm·s)。高效成形磨削作为高效深磨的一种也得到广泛应用，并可借助 CBN 系统和 CBN 成形砂轮完成更复杂型面的加工，表面质量可与普通磨削媲美。

3.3.2　高效深切磨削原理

在高效深切磨削中，由于高的工件进给速度，磨削热进入工件的深度比缓进给磨削要浅，大量磨削热集中在砂轮与工件的接触层(即砂轮与工件接触面的表层)，导致该层温度上升、受热软化，而该层在加工中作为磨屑被快速而且连续的去除，从而带走大量的磨削热。再加上磨削液在高效深切磨削条件下高的导热性，带走大量的磨削热。因此，在高磨除率条件下，工件的磨削温度较低。所以在高效深切磨削中工件进给速度是最重要的，只有采用高的工作台速度，才能将工件表面保持在一个不会产生热损伤的温度上。砂轮可以称为一个热源，工件进给速度高才能较快地磨出表面，使大部分能量传给碎屑和磨削液，并很快从接触区带走。如图 3.3 所示，当砂轮线速度达到 100m/s 以后再继续提高时，磨削温度反而下降，直至线速度达到 150m/s 时，其温度大致与 60m/s 时一样。

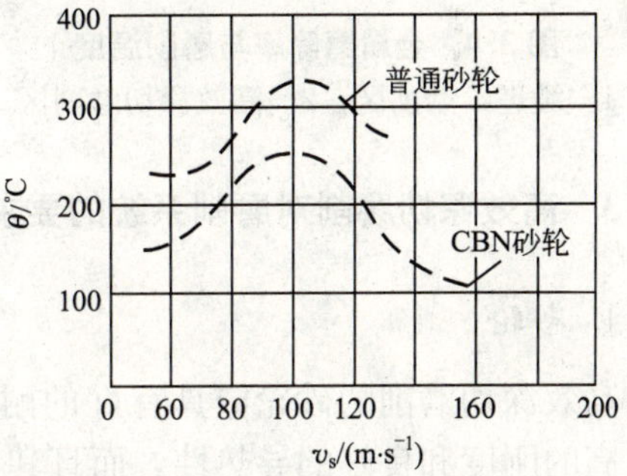

图 3.3　砂轮速度 v_s 与磨削温度的关系

去除接触层所需时间可用下述公式计算。设平均磨深度 $a_p=6$mm，金属磨除率为 $Z'_w=100\text{mm}^3/(\text{mm}\cdot\text{s})$，砂轮线速度 $v_s=100$m/s，砂轮直径 $d_w=400$mm，则磨削区接触弧长 l_c 为

$$l_c=\sqrt{a_p a_w}=\sqrt{6\times400}=49\text{mm}$$

接触层当量厚度 a_{gc} 为

$$a_{gc}=\frac{a_p v_w}{v_s}=\frac{Z'_w}{v_s}=0.001\text{mm}$$

因此 1mm 宽的接触层的体积 V_w 为

$$V_w=l_c a_{gc}=0.049\text{mm}^3/\text{mm}$$

因此接触层的体积 V_w 与金属磨除率 Z'_w 之比等于去除某个接触层所需时间 t_c 为

$$t_c=\frac{V_w}{Z'_w}=\frac{0.049\text{mm}^3/\text{mm}}{100\text{mm}^3/(\text{mm}\cdot\text{s})}=0.49\text{ms}$$

在其他参数一定时，金属磨除率 $Z'_w=100\text{mm}^3/(\text{mm}\cdot\text{s})$ 时，磨除接触层所需的时间仅为 0.49ms。在这样短的时间内热量流向工件的可能性很小，接触层产生的热量主要存留于切屑之中而被带走。热量通过接触层进入工件主要取决于两个因素：一是接触层厚度，二是温度。接触层体积、温度和材料的比热三者之积即为接触层的热能。

在砂轮线速度增大到某点，接触层的温度达到最高点，这时容易生成切屑。超过这点，砂轮线速度再增大，接触层高温切屑形成加快，不再导致摩擦力增加。接触层达到平衡温度(约 1000～1800℃)后，其热量加速向外扩散。但砂轮线速度增加，接触层厚度减少，保持了接触层平衡温度不变。接触层厚度越小，伴随着高温被加工零件所吸收的能量越小，即接触层越薄，磨削后接触层下边一层温度越低于平衡温度。接触层下边一层的温度在增大之前，接触层被切除，所以磨削后表面层温度低，避开了烧伤温度。

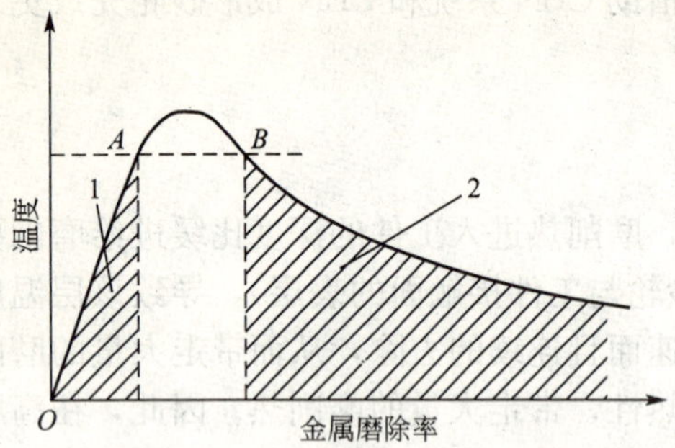

图 3.4　金属磨除率与磨削温度

1—缓进给磨削区；2—高效深切磨削区

提高金属单位磨除率不会导致磨削力和能量增加。高效深切磨削所消耗的能量比缓进给磨削低得多，不足缓进给磨削所消耗能量的10%。原因是高效深切磨削工件进给速度大，未变形切屑变厚，生成切屑所消耗的能量显著减少。

图 3.4 为金属磨除率对磨削表面区温度的影响。实验已表明，在缓进给磨削和高效深切磨削范围之间，存在一个温度较高的区域(图中A点和B点之间的区域)，在该区域工件表面容易发生烧伤。

3.3.3　高效深切磨削对磨削系统的要求

1. 砂轮

高效深切磨削的砂轮应具有好的耐磨性、高的动平衡精度和抗裂性、良好的阻尼特性、高的刚度和良好的导热性，而且其机械强度必须能承受高速、超高速磨削时的切削力等。磨削钢铁材料一般使用 CBN 磨料，粒度在 60～80 号为宜。在欧洲，高效深切磨削用砂轮主要以单层电镀砂轮为主，日本则以金属结合剂、陶瓷结合剂居多，也有的采用电镀结合剂砂轮。

为了保证砂轮在整个使用寿命中保持锋利，砂轮的结构需有利于磨粒分裂。砂轮修整是决定磨削质量的关键因素之一，不同的修整方法具有不同的特点，因而应用中需综合考虑加工条件、工件材料、砂轮材料等因素，以选择最佳修整方案。

砂轮平衡是获得高的工件表面质量及砂轮寿命的前提，对高速旋转下的高效深切磨削砂轮必须在工作转速下进行分级动平衡。Aachen 工科大学研制的液压自动砂轮平衡系统可在主轴 3×10^4 r/min 转速下自动平衡，使主轴振幅小于 0.011μm。

2. 高速主轴单元

高效深切磨削用主轴单元的性能，在很大程度上决定了高速磨床所能达到的最高磨削速度极限。因而，为实现高速高效磨削，对砂轮驱动和轴承转速往往要求很高。主轴的高速化要求主轴有足够的刚度，回转精度高，热稳定性好，可靠，功耗低，寿命长等。要满足这些要求，主轴的制造及动平衡，主轴的支撑(轴承)，主轴系统的润滑和冷却，系统的刚性等是很重要的。为减小由于磨削速度的提高而增加的动态力，要求砂轮主轴及主轴电动机系统运行极其精确，且振动极小。目前，日本和美国的高效深切磨床主轴系统中采用动静压轴承居多，而欧洲则多采用陶瓷球混合轴承。同时日本和欧洲的部分高效深切磨床主轴系统还使用了磁悬浮轴承。

3. 机床结构

高效深切加工不但要求机床有很高的主轴转速和功率，而且同时要求机床工作台有很高的进给速度和运动加速度。还需尽可能组合多种磨削功能，实现在一台磨床上能完成所有的磨削工序。此外还要求机床有高动态精度、高阻尼、高抗振性和热稳定性，高度自动化和可靠的磨削过程。磨床支承构件是砂轮架、头架、尾架、工作台等部件的支撑基础件，要求它有良好的静刚度、动刚度及热刚度。

4. 冷却系统

高速磨削时，气流屏障阻碍了磨削液有效地进入磨削区，还可能存在薄膜沸腾的影响。因此，对高效深切磨削的冷却系统提出了更高的要求。采用恰当的注入方法，增加磨削液进入磨削区的有效部分，提高冷却和润滑效果，对于改善工件质量和减少砂轮磨损是极其重要的。在高速条件下，为了实现对磨削区的冷却，冲走切屑，喷注的磨削液必须有足够大的动能，以冲破砂轮周围的高速气流，使磨削液抵达磨削区。故与普通磨削相比，磨削液的流量、压力均成倍增加。此外，为了保证高速高效磨削的表面质量，提高磨削液的利用率，减少磨削液中残留杂质对加工质量及机床系统的不良影响，必须采用一套高效高过滤精度的磨削液过滤装置。

3.4 精密和超精密砂带磨削技术

3.4.1 概述

砂带磨削是一种高精度、高效率、低成本的新磨削方法，能获得高的加工精度和表面质量，有“万能磨削”和“冷态磨削”之称。在现代工业中，砂带磨削技术已被当作是与砂轮磨削同等重要的一种不可缺少的加工方法。作为一门新技术，因其加工效率高，应用范围广，适应性强，使用成本低，操作安全方便等特点，在国外得到广泛应用。砂带磨削的生产率，比铣削高 10 倍，比砂轮磨削高 4～10 倍。砂带磨削广泛地应用于各种材料的磨削和抛光中，特别适用于加工大型薄板、带材、长径比很大的薄壁孔和外圆，目前砂带磨削技术正随着砂带制造质量的提高和品种的发展而不断地发展。在世界上工业发达的国家如美、英、日、德等国，砂带磨削机床及砂带生产与日俱增，我国也对此项研究越来越重视，吸引了越来越多的大学、科研机构、工矿企业研究应用这一先进工艺。

3.4.2 砂带磨削特点

由于砂带本身的构成特点和使用方式不同，使砂带磨削不论是在磨削加工机理方面，还是其综合磨削性能方面，都有别于砂轮磨削，这主要表现在：

(1) 砂带磨削除了具有砂轮同样的滑擦、耕犁和切削作用外，还有磨粒对工件表面的挤压作用，并使之产生塑性变形、冷硬层变化和表层撕裂，以及由于摩擦使接触点温度升高，而引起的热塑性流动等综合作用。所以，从这点来看，砂带磨削同时具有磨削、研磨和抛光的多重作用。而这也正是砂带磨削表面质量好的原因。另一方面，由于砂带的这种弹性磨削特点，还使砂带在磨削区域内与工件接触的长度比砂轮大，同时参加磨削的磨粒数目多，单颗磨粒所受载荷小，且均匀，磨粒破损小，

(2) 经过精选的针状磨粒采用先进的“静电植砂法”，使磨粒均匀直立于基底、且锋口向上、定向整齐排列，等高性好，容屑间隙大，接触面小，具有较好的切削性能。应用这一多刀多刃的切削工具进行磨削加工，生产效率高。

(3) 砂带磨削时接触面小，摩擦发热少，可以有效地减少工件变形及烧伤，加工精度高，砂带在磨削时是柔性接触，具有较好的磨削、研磨和抛光等多重作用，再加上磨削系统振动小，磨削速度稳定使得表面加工质量粗糙度值小，残余应力状态好，工件的粗糙度值可达 $Ra=0.05\sim0.01\mu m$，且表面粗糙度值均匀，加工表面质量高。

(4) 砂带磨削可以用于平面、外圆、内圆磨削、复杂的异形面加工。除了有各种通用、专用设备外，设计一个砂带磨头能方便地装于车床和铣床等常规现成设备上，不仅能使这些机床功能大为扩展，而且能解决一些难加工零件如超长、超大型轴类、平面零件、不规则表面等的精密加工，砂带磨削工艺灵活性大，适应性强。

3.4.3 精密和超精密砂带磨削方式

砂带磨削方式分为开式砂带磨削和闭式砂带磨削两大类，精密和超精密砂带磨削常用开式砂带磨削方式，即：采用成卷砂带，由电动机经减速机构通过卷带轮带动砂带作极缓慢的移动，砂带绕过接触轮并以一定压力与工件被加工表面接触，工件回转，砂带头架或工作台作纵向及横向进给，从而实现对工件进行磨削。这种方式磨削质量稳定，磨削效果好，但效率不如闭式砂带磨削，多用于精密和超精密磨削，图 3.5(a)所示为开式外圆磨削。

闭式砂带磨削是采用无接头或有接头的环形砂带，通过张紧轮撑紧，由电动机通过接触轮带动砂带高速回转，同时工件作同向(或逆向)回转，砂带头架或工作台作纵向及横向进给运动，从而实现对工件的磨削加工。这种方式加工效率高，但噪声大，易发热，适用于粗、半精和精加工，图 3.5(b)所示为闭式外圆磨削。

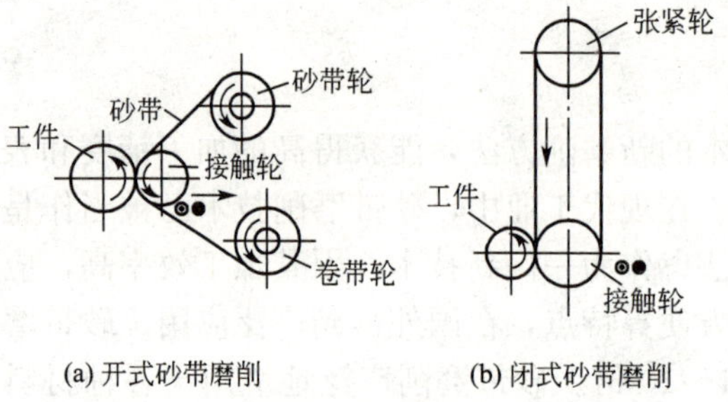

图 3.5 精密砂带磨削方式

3.4.4 精密砂带磨床和砂带头架

砂带磨床是根据工件形状，以相应的接触形式，用高速运动的砂带对工件表面进行磨削和抛光的机床，已发展成高效、精加工设备，一般分为外圆砂带磨床、内圆砂带磨床、无心砂带磨床、平面砂带磨床、宽砂带磨床和专用砂带磨床等，其关键部件是砂带头架。精密磨削用的砂带磨削头架主要由卷带轮、接触轮、砂带轮、电动机、基座等构成。

近年来，出现了砂带振动磨削，它是将开式砂带磨削和振动叠加起来形成的一种复合加工。一般振动是叠加在接触轮的轴向方向，其振动的主要作用是：

(1) 在开式砂带磨削中振动可以弥补工件不能高速运动时的效率下降，使加工效率大大提高。

(2) 振动的叠加可以形成复杂而又不重复的磨削轨迹，形成网状纹路，有利于降低表面粗糙度值，得到很低的粗糙度值加工表面。

(3) 由于振动的作用，可以采用干式磨削，加工表面不易出现划痕，对加工软材料非常有利。

(4) 对于宽砂带，沿接触轮轴向振动可使砂带不跑偏和磨损均匀。图 3.6 是一种磨削外圆或平面的开式砂带振动磨削头架，由电动式激振器通过一特殊联轴节带动接触轮作沿其轴向的振动，激振器由低频信号发生器和功率放大器控制，频率、振幅和激振力均可无级调整。卷带轮的正反转由直流力矩电动机经减速器带动，可视砂带需用移动速度而无级调速；砂带轮轴上的碟形弹簧机构所产生的摩擦阻尼使砂带在移动中保持撑紧；移动油压缸经杠杆使接触轮移向(或离开)工件，并保持一定的接触压力。移动速度和压力大小由液压调整。卷状砂带装在砂带轮上，通过斜面撑紧机构，由三条滑块撑紧，只要拧紧或松开带锥面的螺母，便可方便装上或卸下砂带。

接触轮是砂带头架上最重要的关键零件，其基本结构如图 3.7 示，轮毂和外缘由不同材料制成，一般轮毂用钢铁制造，外缘视磨削要求不同，可选用钢、铜、橡胶等材料。接触轮的主要参数有外缘材料、硬度、表面形状及尺寸等。

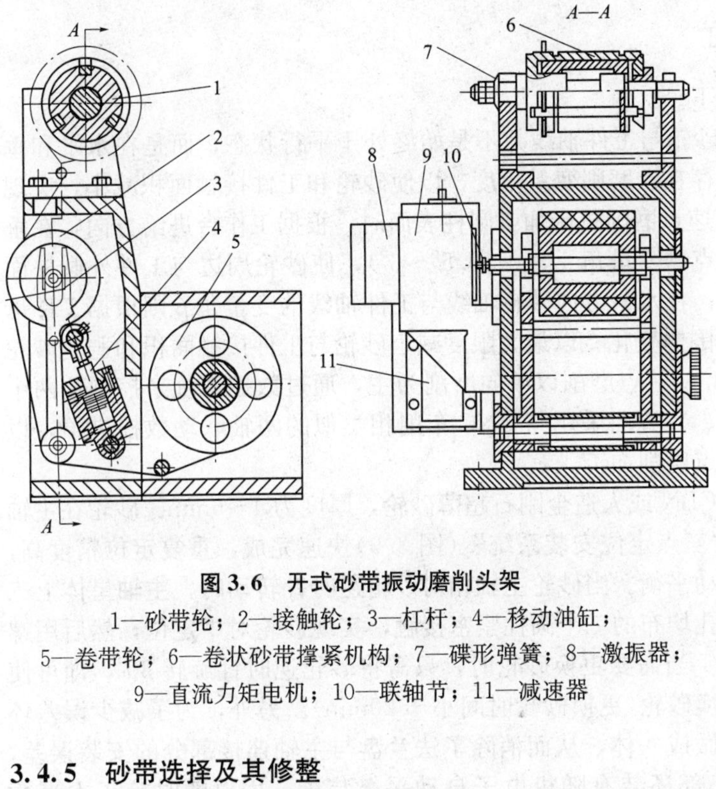

图 3.6　开式砂带振动磨削头架

1—砂带轮；2—接触轮；3—杠杆；4—移动油缸；
5—卷带轮；6—卷状砂带撑紧机构；7—碟形弹簧；8—激振器；
9—直流力矩电机；10—联轴节；11—减速器

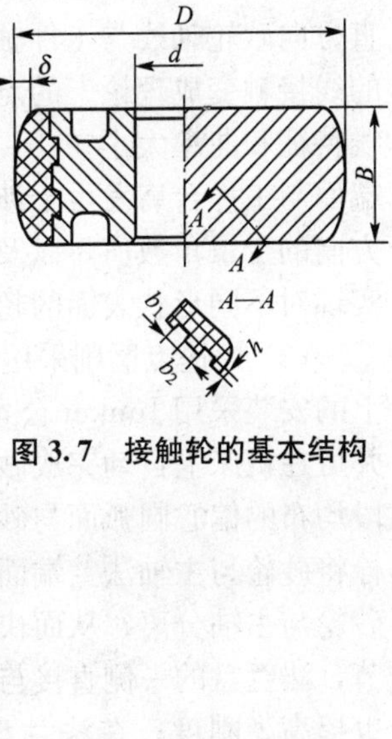

图 3.7　接触轮的基本结构

3.4.5　砂带选择及其修整

根据被加工材料、加工精度和表面粗糙度要求等来选择砂带，其中包括磨料种类、粒度、基底材料等。在精密和超精密磨削时，为保证加工质量，新砂带在使用前，可进行一次修整，主要改善磨粒的等高性，避免少数凸出的磨粒划伤工件表面，使砂带一开始就进入正常磨损的最佳阶段，这对提高加工表面质量十分有效，修整方法如下：

(1) 滚压法。使砂轮通过一对有相对间隙的淬火钢制平滑滚轮。砂轮受压将凸出磨粒压平而获得等高性。要求高时，可经过不同间隙的多对滚轮滚压。

(2) 对磨法。用一细粒度砂带与欲用的新砂带对磨，将其凸出磨粒修整掉。此法也可用两条新砂带对磨来修整。对磨时要求接触压力很小，不会使砂带钝化或磨粒脱落。

(3) 预磨法。将新砂带使用一段时间后，待砂带处于正常磨损的最佳阶段时备用。这种方法有时不易掌握，要求预磨后的砂带清洁，磨粒间空间不得粘有切屑等杂物。

3.5　快速点磨削技术简介

快速点磨削(Quick Point Grinding)是由德国 Junker 公司于 1994 年开发的新型超高速磨削技术，主要用于轴类零件的加工。它集成了超高速磨削、CBN 超硬磨料及 CNC 柔性加工三大先进技术，具有优良的加工性能，是超高速磨削技术在高效磨削、高柔性和大批量生产高质量稳定性方面的又一新发展。这一新技术已在国外汽车工业、工具制造业中得到应用。我国部分汽车制造企业目前也针对特定零件引进了这一工艺和相应设备，并取得了明显的效益。

3.5.1　快速点磨削的技术特征

快速点磨削的技术特征如下。

(1) 在磨削工件外圆时，砂轮与工件轴线并不是始终处于平行状态，而是在水平和垂直两个方向旋转一定角度，即存在点磨削变量角度，以使砂轮和工件接触面积减小，实现“点磨削”。Junker 公司的超高速点磨削机床加工圆柱表面时，根据工作台进给方向，在垂直方向砂轮轴线与工件轴线的点磨变量角 α 为 $\pm(0.5°\sim6°)$，使砂轮周边与工件外圆柱面的线接触变成理论上的点接触；在水平方向砂轮轴线与工件轴线的变量角 β 则根据工件母线特征和曲率大小在 0～30°范围内变化，以最大限度减小砂轮与工件接触面积和避免砂轮端面与工件台肩发生干涉(图 3.8)。点磨削以单向磨削为主，通过数控系统来控制这两个方向的变量角数值，以及在 X、Y 方向采用与 CNC 车削相类似的两轴联动数控进给，以实现对不同形状表面的超高速点磨削加工。

(2) 快速点磨削采用单层 CBN 或人造金刚石超薄砂轮，厚度为 4～6mm。砂轮在主轴上的安装采用 Junker 公司的“三点定位安装系统”(图 3.9)快速完成，重复定位精度高，并可在机床上自动完成砂轮的动平衡。当砂轮主轴相对砂轮逆时针转动时，主轴星体上三段均布的偏心圆弧面与砂轮内孔均布的三个圆柱紧密接触，实现砂轮对中定位，然后用螺栓将砂轮与主轴法兰端面锁紧。当需要更换砂轮时，只需将砂轮逆时针旋转 30°，即可使砂轮与主轴分离，从而快速更换砂轮(更换砂轮时间小于 20min)。另外，为了减少误差环节，法兰盘的一侧直接与主轴做成一体，从而消除了法兰盘与主轴连接部分的安装误差，也提高了刚度；在法兰盘的心部还装有随机电子自动平衡装置，用以随时校正不平衡因素。

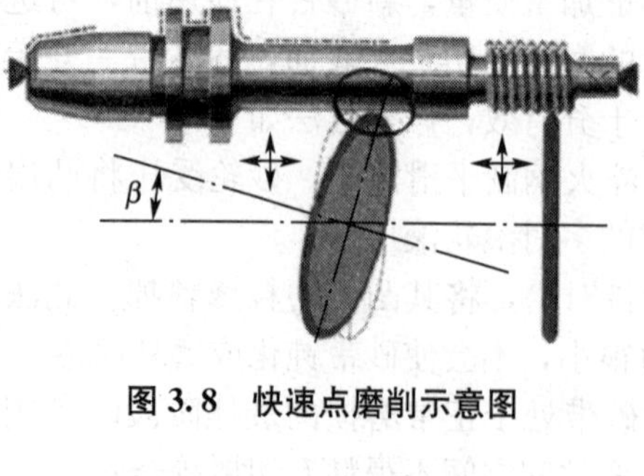

图 3.8　快速点磨削示意图

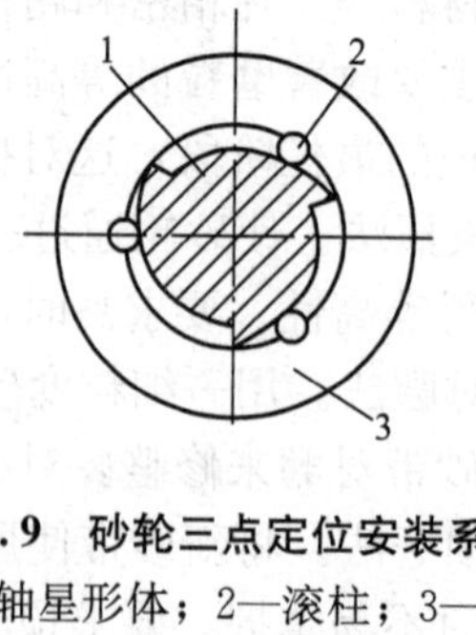

图 3.9　砂轮三点定位安装系统

1—主轴星形体；2—滚柱；3—砂轮

(3) 砂轮线速度可达100～160m/s。为获得高磨除率，同时不使砂轮产生过大的离心力而发生破坏，工件也以高速相对旋转，并与砂轮转向相同，(Junker公司点磨机床最高可达12000r/min)。因此接触点处的实际磨削速度应是砂轮和工件两者速度的叠加，可超过200m/s。

(4) 与一般磨削方式不同，由于砂轮倾斜，故形成“后角”，在磨削外圆时，材料去除主要是靠砂轮侧边完成，而周边仅起光磨作用。因此，砂轮圆周磨损极慢，使用寿命长(最长可达一年)，磨削比可达16000～60000，一片砂轮可磨去数吨钢，生产率比普通磨削提高6倍。

(5) 砂轮与工件接触面积小，磨削力大大降低，磨削热少，同时砂轮薄，冷却效果好，因此磨削温度大为降低，甚至可以实现“冷态”加工，提高了加工精度和表面质量。

(6) 由于磨削力极小，靠顶尖摩擦力即能方便夹紧工件，使点磨削机床上取消了头架、卡盘或拨头等装置，机床变得十分轻巧。

(7) 由于采用CNC实现复杂表面磨削，一次安装后可完成工件外圆、锥面、曲面、螺纹、台肩和沟槽等所有外形加工。还可以使车磨工序合并，进一步提高加工效率。

(8) Junker公司数控快速点磨削机床采用了多项专利技术，如砂轮三点定位安装系统、砂轮主轴动平衡自动控制系统、精密导轨系统及砂轮在线修整技术等，以保证机床的加工性能。

3.5.2 快速点磨削的应用情况

快速点磨削是目前超高速磨削最先进的技术形式之一。德国目前在这项新技术的研究开发上处于领先地位。目前已在国外汽车工业、工具制造业中得到应用，尤其是在汽车零件加工领域，如凸轮轴或齿轮轴(图3.10、3.11)等。磨削凸轮轴时，一次装夹可磨削凸轮型面、主轴轴颈、止推轴颈侧肩面和凸轮调整座面外径，尺寸精度达到IT6，$Ra\leqslant 0.8\mu m$，与传统工艺相比，大大提高了零件加工精度及生产率。在齿轮加工、机床制造、纺织与印刷机械制造、陶瓷加工和电子工业中也有广阔应用前景。我国部分汽车制造企业目前也引进了多台快速点磨削设备，用于轴类零件圆柱表面及沟槽的磨削加工。如一汽-大众汽车有限公司采用快速点磨削工艺磨削EA113五气门系列发动机凸轮轴，砂轮转速为4300r/min，砂轮修整一次可磨削3000件，极大提高了生产率及加工质量，效益显著。但由于国外对此项技术的垄断，国内企业并没有真正掌握其关键工艺技术，不能做到新工艺的开发，应用领域还很小。国内目前还不能配套生产砂轮及相关附件，全部设备依赖于进口。而国外对快速点磨削机理、规律、磨削质量控制及点磨削工艺等深入系统的理论与实验研究及相关技术信息也鲜见报道。因此该项新工艺的许多关键技术及理论、新的应用领域有待于进一步开发和研究。

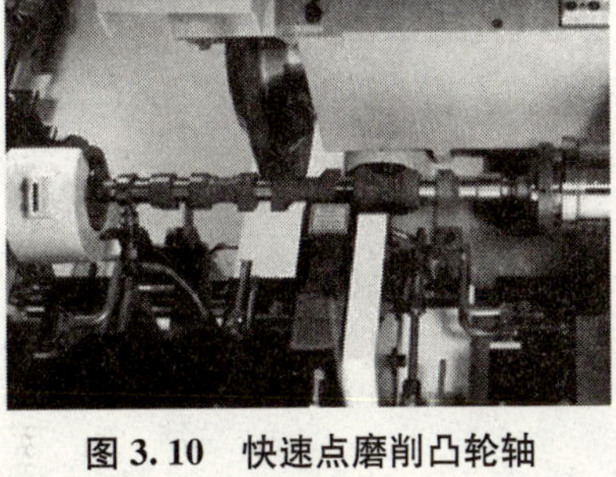

图3.10 快速点磨削凸轮轴

图3.11 快速点磨削齿轮轴

思 考 题

1. 高速与超高速磨削的优势主要表现在哪几方面?

2. 为什么高速与超高速磨削可减少工件磨削烧伤和裂纹的产生?

3. 为什么在超硬磨料砂轮的结构中一般由磨料层、过渡层和基体三个部分组成?过渡层起什么作用?

4. 多层超硬磨料砂轮的结合剂主要有哪几种?各适用于什么场合?

5. 与电镀砂轮相比较,钎焊砂轮有何优势?

6. 什么是缓进给深切磨削?有何特点?如何避免缓进给深切磨削工件表面磨削烧伤?

7. 什么是高效深切磨削?与缓进给深切磨削有什么不同?

8. 为什么砂带磨削效率高、工件表面质量好?

9. 精密砂带磨削常用哪种磨削方式?有何特点?

10. 快速点磨削工件外圆时,是如何实现砂轮与工件“点接触”的?

11. 快速点磨削技术是如何实现快速更换砂轮、减少安装误差的?

12. 试述快速点磨削技术的主要技术特征。

第4章 特种加工技术

本章学习目标

★ 掌握电火花加工的原理、特点及应用
★ 掌握激光加工的原理、特点、加工设备及应用
★ 掌握电子束和离子束加工的原理、特点及应用

本章教学要点

知识要点	能力要求	相关知识
电火花加工	掌握电火花加工的原理、特点及应用	电火花加工的三个连续阶段，加工优点及局限性，电火花成形加工技术，电火花线切割加工技术的
激光加工	掌握激光加工的原理、特点及应用	激光加工设备的组成、激光打孔、激光切割、激光焊接的应用原理，激光加工优点
电子束加工	掌握电子束加工的原理、特点及应用	分为“热效应”和“非热效应”加工；明确电子束加工装置的作用及电子束热效应和化学效应的利用
离子束加工	掌握离子束加工的原理、特点及应用	离子刻蚀、离子溅射沉积、离子镀膜、离子注入等

导入案例

随着科学技术的发展，在航空航天、电子、军事、生物和医学等领域所要求设备的精度越来越高，并且微型机械在这些领域的应用也越来越广泛，在这些高精度和微型设备中经常需要微米级甚至纳米级烧蚀、切割和微细小孔的加工等，这些微细加工用常规的机械加工方法是很难实现的。激光加工由于具有非接触性、高效率、加工精度高、无工具磨损等优点而成为材料微细加工的有效工具。其中，CO_2 激光和 YAG 激光是连续和长脉冲激光，主要靠聚焦形成高能量密度，从而在局部产生高温来烧蚀材料，基本上属于热加工范畴，加工精度有限。准分子激光则依靠其短波长(紫外)与材料进行光化学相互作用，其特征尺度可达到微米量级，但准分子激光器所需的气体是腐蚀性的，难以操控，而且，高强紫外激光对加工系统的光学元件容易造成损伤，因而其应用受到限制。随着对激光领域的深入研究，激光脉冲的时域宽度被压缩得越来越短，超短激光技术(脉宽为飞秒或皮秒量级)的研究也已达到了较为成熟的阶段，脉宽从纳秒(10^{-9}s)量级到皮秒(10^{-12})量级直至飞秒(10^{-15}s)量级，使激光进行微米级甚至更小尺寸的加工成为可能。

同长脉冲相比，超短脉冲激光具有高能量密度、热载荷可控、蚀除过程的非热属性以及小的热穿透深度、聚焦直径可达到几个微米的优点，从而开创了一种崭新、有效、清洁的微米级的材料蚀除方式。它可应用于材料表面的微细加工，如微小孔钻削、3D 微细制造、薄膜沉积；外科手术中组织的切除；质谱观测中有机分子或离子的形成等。图 1 分别采用纳秒及皮秒激光在钢板上打孔，图 1(a)采用纳秒激光加工，材料的熔化现象严重，孔内表面凸凹不平，且孔周也存在再沉积现象；图 1(b)采用飞秒激光加工，孔的表面质量非常高。图 1(c)和(d)为飞秒激光加工的图标和齿轮。

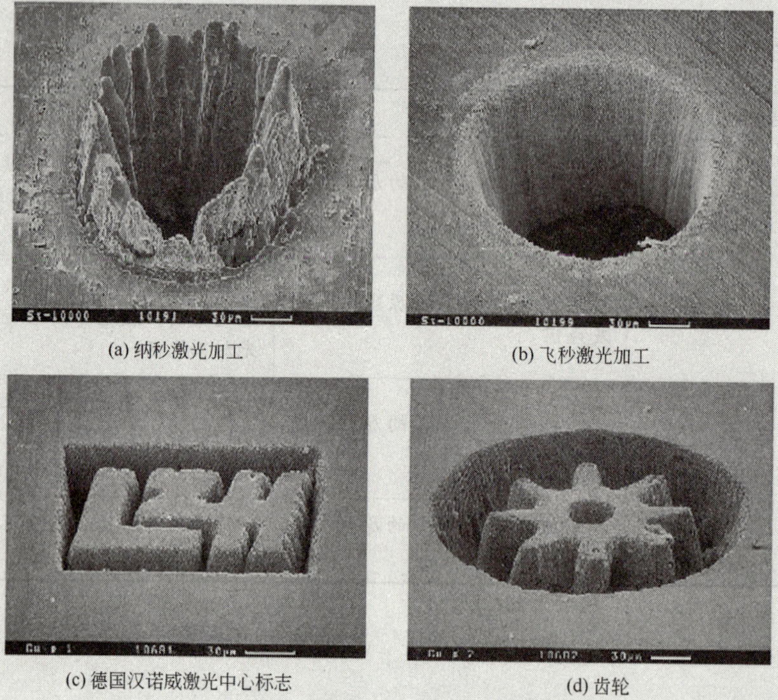

(a) 纳秒激光加工　(b) 飞秒激光加工

(c) 德国汉诺威激光中心标志　(d) 齿轮

图 1　激光加工

电火花加工、电化学加工、高能束加工、等离子弧加工、超声加工、化学加工等、均属于特种加技术，与传统机械加工方法相比，最大的优点是加工材料范围广，可以加工任何强度、硬度、韧性、脆性的金属或非金属材料。此外，利用特种加工技术还可解决各种特殊复杂表面及超精、光精表面的加工问题。目前，特种加工技术已成为机械制造技术中不可缺少的一个组成部分。

本章主要讲述应用较广泛的电火花成形加工技术、电火花线切割加工、电解加工(电化学加工)、激光加工、电子束加工、离子束加工等技术。

4.1 电火花加工

电火花加工(Electrical Discharge Machining，EDM)也称放电加工、电蚀加工，是一种在绝缘的液体介质中，利用工具电极与工件电极间脉冲性火花放电来蚀除导电材料的方法。在特种加工中，电火花加工的应用最为广泛，尤其在模具制造业、航空航天等领域有着极为重要的地位。

4.1.1 电火花加工原理

电火花加工与传统的切削加工完全不同，其加工原理如图 4.1 所示。加工时，将工具电极 2 与工件 5 置于具有一定绝缘强度的工作液(液体介质)6 中 (常用煤油或矿物油或去离子水)，并分别与脉冲电源 1 的正、负极相连接。机床的自动进给调节装置 3 使工具电极和工件之间保持适当的放电间隙 4(0.01～0.5mm)。当脉冲电压加到两极之间且达到间隙中介质的击穿电压时，两极间最近点的液体介质被击穿，产生短时间、高能量的火花放电。由于放电区域很小，放电时间极短，所以能量高度集中，放电区域的温度瞬时可达 10000℃以上。工件表面的金属局部被熔化、甚至汽化。灼热的金属蒸气具有很大的压力，引起剧烈的爆炸，将熔融的金属抛出，金属微粒被液体介质冷却并迅速从间隙中冲走，从而在工件与工具表面形成一个小凹坑。第一次脉冲放电结束之后，经过很短的间隔时间(即脉冲间隔 t_0)，第二个脉冲电压又加到两极上，在极间最近点击穿放电，电蚀出一个小

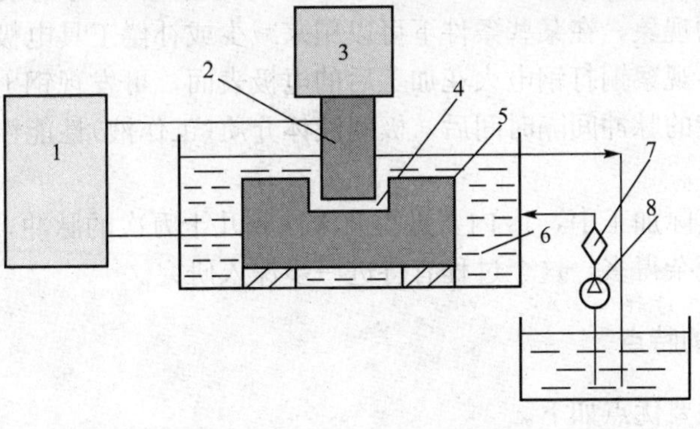

图 4.1　电火花加工原理图

1—直流脉冲电源；2—工具电极；3—自动进给调节装置；4—放电间隙；
5—工件；6—工作液(液体介质)；7—过滤器；8—工作液泵

凹坑。如此周而复始高频率地循环下去，工具电极不断地向工件进给，得到由无数小凹坑组成的加工表面，工具的形状最终被复制在工件上。

简而言之，电火花加工的物理过程如果对单个脉冲放电过程加以研究，一般可以分为三个连续阶段：即电离-击穿阶段、放电-热蚀阶段、消电离-抛出阶段，三个阶段彼此独立，但又相互联系，现分别叙述如下。

1. 电离-击穿阶段

将相距一定距离的工件电极和工具电极置于绝缘液体介质中，当脉冲电压加到两极上时，在两极之间就建立起一个电场，场强为 E。当 E 增大到一定值时，绝缘液体介质分子就将产生极化而被电离击穿，这样在两极之间就形成了低阻值的放电通道。

2. 放电-热蚀阶段

介质击穿和形成放电通道后，由于电场和加热的双重作用，将有大量的电子从阴极发射出来，通过放电通道到阳极，同时通道中的正离子也奔向阴极，使电流剧增，由于带电粒子的高速运动、相互碰撞，使通道中的温度可高达 10000℃以上，瞬时压力达 10^7 Pa 左右，此过程进行得很快，会造成局部电极材料迅速熔化和周围介质液体部分气化。在非常短时间内的体积膨胀，就会有一种爆炸功能，即产生爆炸力将熔化和气化了的金属抛离电极表面，与此同时，通道周围的工作介质也变热、气化，形成气泡区，并逐渐向外扩展，这就是放电-热蚀阶段。

3. 消电离-抛出阶段

当脉冲电流终止时，通道将迅速收缩而消失，这时通道中的带电粒子将迅速中和而急速减少，这一过程称为消电离过程。此时热源虽已消失，但由于气泡外围扩张运动着的液体具有惯性，气泡还将继续扩展到最大尺寸，泡内压力降低到低于环境压力，而过热的熔化金属则在低压下急剧蒸发，连同已熔化金属一起抛离电极表面，在电极上形成了凹坑。熔化和气化了的金属被抛射至附近的介质中冷却，形成加工屑，这就是消电离-抛出阶段。

此时熔化和气化了的金属在抛离电极表面时，会向四周飞溅，除绝大部分被抛入介质中，收缩成小颗粒外，还有一小部分飞溅、镀覆、吸附在相对的电极表面，这种相互飞溅、镀覆以及吸附的现象，在某些条件下可以用来减少或补偿工具电极在加工过程中的损耗。在实际生产中，观察铜打钢电火花加工后的电极表面，可发现钢上粘有铜，铜上粘有钢的痕迹。经过一定的脉冲间隔时间后，极间液体介质(工作液)性能恢复，为第二次脉冲放电准备了条件。

分析可知，在实际加工中，1s 内要进行几千次到几十万次的脉冲，这时重复放电过程就要比单脉冲放电复杂得多，这个过程有待进一步深入研究。

4.1.2 电火花加工的特点

电火花加工的主要优点如下。

(1) 加工时，工具电极与工件材料不接触，两者之间宏观作用力极小。工具电极材料不需比工件材料硬，目前工具电极材料多采用紫铜或石墨，因此工具电极较容易制造。

(2) 能加工任何导电的难切削的材料。由于电火花加工是靠脉冲放电的电热作用蚀除工件材料的，便于加工用普通的机械加工方法难以加工或无法加工的特殊材料和复杂形状的工件。不受材料硬度影响，不受热处理状况影响，与工件的机械性能关系不大。

(3) 加工时无明显机械力，适用于低刚度工件和微细结构的加工。

(4) 脉冲放电持续时间极短，放电时产生的热量传导扩散范围小，放电又是浸没在工作液中进行的，因此，对整个工件而言，在加工过程中几乎不受热的影响。

(5) 脉冲参数可依据需要调节，可在同一台机床上进行粗加工、半精加工和精加工。

电火花加工也有其一定的局限性。

(1) 它主要用于加工金属等导电材料，在一定条件下，才能对半导体和非导电材料进行加工。

(2) 在一般情况下，电火花加工的加工速度要低于切削加工。因此，合理的加工工艺路线应当是：凡可用刀具加工的，尽量采用常规机械切削加工去除大部分加工余量，仅将刀具难以进行切削的局部留下，采用电火花加工工艺补充加工。但最近的研究成果表明，采用特殊水基不燃性工作液进行电火花加工，其生产率甚至不亚于切削加工。

(3) 放电过程有部分能量消耗在工具电极上，导致电极损耗，影响成形精度。

(4) 工作液的净化和加工中产生的烟雾污染处理比较麻烦。

4.1.3 电火花加工的基本规律

1. 电火花加工必须具备的条件

电火花加工必须具备的条件如下。

(1) 要求电极材料导电，损耗小，易加工。常用材料包括紫铜、石墨、铸铁、钢、黄铜等，其中石墨最常用。

(2) 火花放电必须在一定绝缘强度($10^3 \sim 10^7 \Omega \cdot m$)的液体介质中进行，其主要功能为压缩放电通道区域，提高放电能量密度，加速蚀物排出。常用的工作液有煤油、机油、去离子水、乳化液等。

(3) 必须采用脉冲电源，以形成瞬时的脉冲式放电。每次放电时间极短，使放电产生的热量来不及传输出去，而集中于微小区域。

(4) 必须采用自动进给调节装置，保证工具电极与工件电极间微小的放电间隙(0.01～0.05mm)，以维持适宜的火花放电状态。

(5) 在相邻两次脉冲放电的间隔时间内电极间的介质必须及时消电离，避免在同一点上持续放电而形成集中的稳定电弧。

2. 影响电火花加工的主要因素

1) 极性效应

电火花加工时，即使加工相同材料，两电极被腐蚀的量也是不同的。其中一个电极比另一个电极的蚀除量大，这种现象叫做极性效应。如果两电极材料不同，则极性效应更加明显。

在国内，把工件与脉冲电源正极相接的加工称为“正极性”加工，反之为“负极性”加工。

产生极性效应的原因是很复杂的，现只作一简单的解释：在放电过程中，电子奔向阳极(正极)，正离子奔向阴极(负极)，分别碰撞正极与负极，产生电蚀。如采用短脉宽(放电延续时间较短，小于 50μs)时，由于电子质量轻、惯性小，很快能获得高速度而去碰撞正极，因此阳极的蚀除量大于阴极，这时工件应接正极；如采用长脉宽(放电延续时间较长，大于 300μs)时，由于放电时间增加，这时就能使离子获得较高的速度，由于正离子的质量大，碰撞负极的动能较大，因此阴极的蚀除量大于阳极，这时工件应接负极。因此，控制脉冲宽度可以控制两极蚀除量的大小。

由此可得出结论：当采用短脉冲精加工时，应选用正极性加工，当采用长脉冲粗加工时，应选用负极性加工，可以得到较高的加工速度和较低的电极损耗。应当特别指出的是，当电极和工件均为钢，即“钢打钢”时，无论是粗加工还是精加工，工件均应和负极相接，即采用负极性加工。

2）覆盖效应

在加工过程中，一个电极的电蚀产物转移到另一电极上，形成一定厚度的覆盖层，这种现象叫覆盖效应。利用覆盖效应可以降低电极损耗。但只有负极性加工才有利于覆盖效应。

3）加工速度

加工速度高时，工具电极的损耗会增大。在电火花实际加工过程中，粗加工采用长脉冲时间和高放电电流，既实现了速度高，又实现了损耗小的目的，缓解了加工速度和工具电极损耗的矛盾。但是，在精加工时，为了实现小能量加工，必须大大压缩脉冲放电时间及脉冲放电电流，大幅度降低了加工速度。

4）放电间隙

放电间隙不均匀，加工中容易产生加工斜度及圆角，影响成形加工的精度，因此要求放电间隙为恒定值。另外，间隙大小对加工精度也有影响，尤其是复杂形状的加工表面，其棱角部位电场强度分布不均，间隙越大，影响也越大。但间隙也不能过小，间隙过小会造成单个脉冲能量小，加工效率低，排屑不畅而使得加工不稳定，加工精度反而降低。因此，从减小加工误差以提高仿形精度的角度考虑，精加工时放电间隙一般为 0.01mm 左右，而粗加工时可达 0.3～0.5mm。

5）放电产物排除

电火花加工只有在放电产物的产生和排除速度达到平衡的条件下才能顺利进行。一旦这种平衡遭到破坏，电火花加工就不可能进行。放电产物的产生和排除这一对矛盾的关键在于“排除”。也就是说，在电火花加工中，解决的方法不应以牺牲加工速度去适应排除，而应积极开创排除的条件以适应加工速度。以此为目的，必须对放电产物的产生与排除达到平衡的原因有充分认识。排除速度不适应产生速度的原因首先与工艺条件有关。例如，在成形加工中，型孔太深，放电面积过小或过大；又如线切割加工中，工件太厚，电极丝直径太小等。此外，还和加工脉冲参数有关。例如，采用较小脉冲能量进行中、精加工，放电间隙较小，排屑困难。也会影响产物的排除。最后，加工面形状复杂，使排屑路径不畅通。上述原因造成的矛盾，不仅使加工稳定性变差，脉冲利用率变低，加工速度变慢，甚至可能达到无法继续加工的地步。目前，针对此问题常用的处理办法有：①人工排屑排气，可以在工具电极上预钻若干小孔，以开辟排屑路径。还可以采用工具电极周期提升，来弥补放电产物产生与排除之间的不平衡；②采用强迫冲油或抽油的方式促进产物的排除；③加速工作液的循环过滤；④提高脉冲空载电压，加大放电间隙以改善排屑条件；⑤两电极之间存在相对运动（如成形加工中的旋转头、平动头，线切割加工中的走丝），具有改善间隙排屑性能的作用；⑥利用超声振动(或其他措施)与电火花加工的复合作用，对改善排屑条件有明显帮助。

4.1.4 电火花加工的应用

由于电火花加工具有传统切削加工无法比拟的优点，其应用领域日益扩大，已成为先进制造技术中不可缺少的重要补充工艺手段之一，目前广泛应用于各类精密模具制造、航天、航空、电子、电器、精密微细机械零件的加工，以及汽车、仪器仪表、轻工等众多行业中，主要解决难加工材料(超硬、超软、脆性材料等)及复杂形状零件的加工难题。其加工范围已达到小至几十微米的小轴、孔、缝，大到几米的超大型模具和零件。按工艺过程中工具与工件相对运动的特点和用途不同，电火花加工可大体分为：电火花成形加工、电火花线切割加工、电火花磨削加工、电火花展成加工、非金属电火花加工和电火花表面强化等。

1. 电火花成形加工

该方法是通过工具电极相对于工件作进给运动，将工件电极的形状和尺寸复制在工件上，从而加工出所需要的零件，其工作原理如图 4.1 电火花成形加工主要包括电火花型腔加工和穿孔加工两种。

1) 电火花型腔加工

电火花型腔加工主要用于加工各类热锻模、压铸模、挤压模、塑料模和胶木模的型腔。型腔加工比较困难，首先因为均是盲孔加工，金属蚀除量大，工作液循环和电蚀产物排除条件差，工具电极损耗后无法靠进给补偿；其次加工面积变化大，加工过程中电规准(电火花加工过程中一组电参数，如电压、电流、电容等)调节范围较大，并由于型腔复杂，电极损耗不均匀，对加工精度影响很大，因此型腔加工生产率低，保证质量有一定的困难。

2) 电火花穿孔加工

电火花穿孔加工是指贯通的二维型孔的加工，是电火花加工中应用最广的一种，常加工的型孔有圆孔、方孔、多边形孔、异形孔、曲线孔、小孔及微孔等。例如，冷冲模、拉丝模、挤压模、喷嘴、喷丝头上的各种型孔和小孔。

穿孔的尺寸精度主要靠工具电极的尺寸和火花放电的间隙来保证。工具电极材料一般为 T10A、Crl2、GCrl5 等。电极的截面轮廓尺寸要比预定加工的型孔尺寸均匀地缩小一个加工间隙，其尺寸精度要比工件高一级，表面粗糙度值要比工件的小，一般精度不低于 IT7，表面粗糙度 R_a 值小于 1.25μm，且直线度、平面度和平行度在 100mm 的长度上不大于 0.01mm。放电间隙的大小由加工中采用的电规准决定。为了提高生产率，常采用粗规准蚀除大量金属，再用精规准保证加工质量。为此，可将穿孔加工中的工具电极制成阶梯形，先由头部进行粗加工，接着改用精规准由后部进行精加工。近年来，为了解决小孔加工中电极截面小、易变形、孔的深径比大、排屑困难等问题，在电火花穿孔加工中发展了高速小孔加工，取得良好的社会经济效益。

2. 电火花线切割加工

电火花线切割加工(Wire cut Electrical Discharge Machining，WEDM)是利用一根连续移动的钼丝或铜丝(Φ0.02mm～Φ0.3mm)作工具电极，在工件与电极丝间通以脉冲电流，靠火花放电对工件进行切割加工，其工作原理如图 4.2 所示，工件上预先打好穿丝孔，电极丝穿过该孔后，经导轮由储丝筒带动做正、反向交替移动；机床工作台带动工件在水平面内作 X、Y 两个方向的移动，可切割出二维图形。同时，丝架可作小角度摆动切割出斜面。

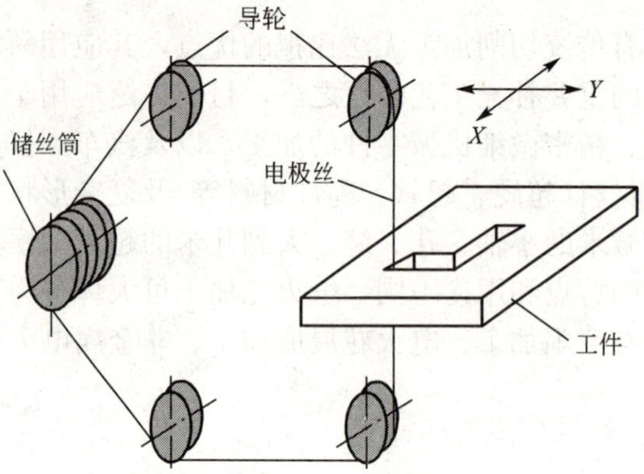

图 4.2　电火花线切割原理图

电火花线切割加工按电极移动的速度大小分为高速走丝和低速走丝线切割。我国普遍采用高速走丝线切割，近年来正在发展低速走丝线切割。这两种线切割方法的主要区别见表 4-1。

表 4-1　高速走丝和低速走丝线切割的区别

线切割分类	电极	走丝速度/($m \cdot s^{-1}$)	运动方式	加工精度	工作液	应用
高速走丝	高强度钼丝	8～10	往复运动	低	皂化工作液	国内
低速走丝	铜丝	<0.2	单向运动	高	去离子水	国外

目前，国内外绝大多数数控电火花线切割机床都采用了不同水平的微机数控系统，基本上实现了电火花线切割数控化，并在精密零件加工和模具制造方面得到了广泛应用，主要应用于以下几个方面：

(1) 模具加工。适用于各种形状的冲模加工。调整不同的间隙补偿量，只需一次编程就可以切割凸模、凸模固定板、凹模及卸料板等。还可加工挤压模、粉末冶金模、弯曲模、塑压模等，也可加工带锥度的模具。

(2) 电火花成形加工的电极加工。一般穿孔加工用的电极、带锥度型腔加工用的电极及微小复杂形状的电极用线切割加工特别经济。

(3) 零件加工。在试制新产品时，用线切割可在坯料上直接割出零件，可大大缩短制造周期，降低成本，另外修改设计，变更加工程序比较方便等。

4.1.5　电火花加工机床简介

1. 电火花成形加工机床

尽管数控电火花成形加工机床由于功能的差异，在布局和外观上有很大差别，但其基本组成类似，均由床身、脉冲电源、数控装置、工作液循环系统、伺服进给系统等组成。

图4.3所示为杭州盛鸿大业数控有限公司生产的电火花成形加工机床，型号为SH-450ZNC。机床采用固定工作台的形式，避免因工作台面荷重而影响加工精度。

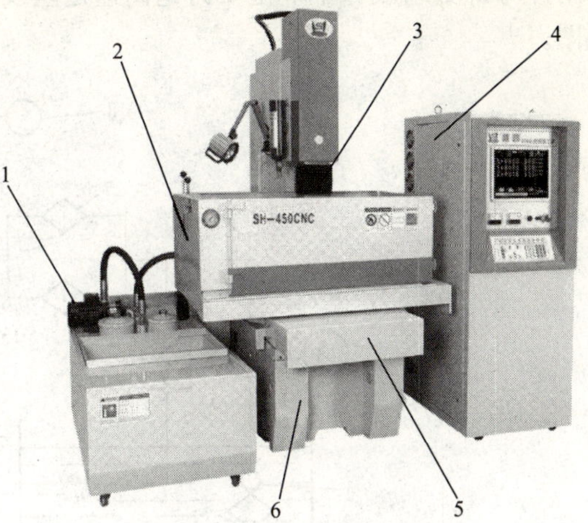

图4.3 电火花成形加工机床结构

1—工作液循环系统；2—工作台及工作液箱；3—主轴头；4—数控装置；5—伺服进给系统；6—床身

(1) 机床主体：用来安装工具电极和工件电极，并调整它们之间的相对位置，包括床身、立柱、主轴头、工作台等。工作台主要用来支承和装夹工件。

(2) 脉冲电源：加在放电间隙上的电压必须是以脉冲形式放电的，否则，放电将成为连续电弧。脉冲电源的作用是把普通交流电转换成频率较高的单向脉冲电的装置。脉冲电源对电火花加工的生产率、表面质量、加工速度、加工过程的稳定性和工具电极损耗等技术经济指标有很大的影响。脉冲电源应满足的要求有：①脉冲参数应能简单方便地进行调整，以适应各种材料、各种加工要求的需要；②尽可能小的电极损耗，这是保证成形精度的重要条件之一；③加工表面粗糙度应能满足使用要求；④有足够的输出功率，满足生产线的加工速度要求；⑤电源性能稳定、可靠、价位合理，便于维修。现在普及型(经济型)的电火花加工机床都采用高低压复合的晶体管脉冲电源，中、高档的电火花加工机床都采用微机数字化控制的脉冲电源，而且内部存有电火花加工规准数据库，可以通过微机设置和调用各档粗、中、精加工规准参数。

(3) 工作液循环系统：由工作液箱、泵、管、过滤器等组成，目的是为加工区提供较为纯净的液体工作介质。

目前，国内外电火花加工所用工作液主要成分是煤油，因为它的表面张力小，绝缘性能和渗透力好；但缺点是加工过程中会散发出呛人的油烟，故在大功率加工时，常用燃点较高的机械油或在煤油中加入一定比例的机械油。

图4.4为工作液循环系统油路图，它既能冲油又能抽油。其工作过程是：储油箱的工作液首先经过粗过滤器1、单向阀2、吸入液压泵3，这时高压油经过不同形式的精过滤器7输向机床工作液槽，溢流安全阀5控制系统的压力不超过400kPa，快速进油控制阀10供快速补油用，待油注满油箱时，可及时调节冲油选择阀13，由压力调节阀9来控制工作液循环方式及压力，当冲油选择阀13在冲油位置时，补油冲油都不通，这时油杯中油的压力由压力调节阀9控制。当冲油选择阀13在抽油位置时，补油和抽油两路都通，这时压力工作液穿过射流抽吸管12，利用流体速度产生负压，达到实现抽油的目的。

(4) 伺服进给系统：自动调节两极间隙和工具电极的进给速度，维持合理的放电间隙。目前，伺服进给系统普遍采用步进电动机、直流电动机或交流伺服电动机作为执行件。

2. 电火花线切割加工机床

电火花线切割加工设备主要由机床本体、脉冲电源、控制系统、工作液循环系统和机床附件等部分组成。本节主要讨论高速走丝线切割。图 4.5 为高速走丝线切割加工设备组成图。

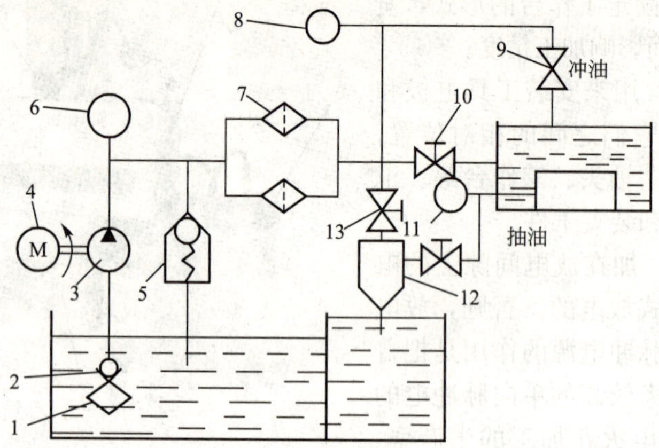

图 4.4　工作液循环系统油路图

1—粗过滤器；2—单向阀；3—吸入液压泵；4—电动机；5—溢流安全阀；
6—压力表；7—精过滤器；8—冲油压力表；9—压力调节阀；
10—快速进控制油阀；11—抽油压力表；12—射流抽吸管；13—冲油选择阀

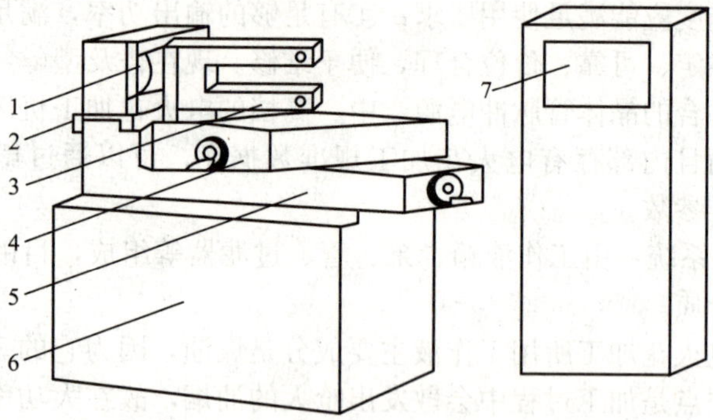

图 4.5　高速走丝线切割机床结构简图

1—储丝筒；2—走丝溜板；3—丝架；4—上工作台；
5—下工作台；6—床身；7—脉充电源及微机控制柜

1）机床本体

机床本体由床身、工作台、走丝机构、丝架等几部分组成。

(1) 床身部分。床身通常采用箱式结构，一般为铸件，应具有足够的强度和刚度。工作台、走丝机构及丝架等支承和固定在床身上。床身内部安置电源和工作液箱，有时也可安置在床身外。

(2) 工作台。工作台用于装夹工件。工作台分上下两层，分别与 X、Y 向丝杠相连，由两个步进电机分别驱动，实现工件在水平面内作 X、Y 两个方向的移动。

(3) 走丝机构。走丝系统使电极丝以一定的速度运动并保持一定的张力。在高速走丝线切割机床上一定长度的电极丝平整地卷绕在储丝筒上。采用恒张力装置维持恒定的丝张力，以提高切割加工精度。走丝速度为8～10m/s。在运动过程中，电极丝有丝架支撑着，并依靠导轮保持电极丝与工件台垂直或倾斜一定的几何角度(锥度切割时)。

(4) 锥度切割装置。为了切割有落料的冲模和某些有锥度(斜度)的内外表面，有些线切割机床具有锥度切割功能。偏移式丝架及双坐标联动装置分别为高速走丝线切割机床及慢走丝线切割机床上广泛采用的实现锥度切割的方法。

2) 脉冲电源

脉冲电源的作用是把普通的交流电转换成高频率的单向脉冲电压。电火花线切割加工受加工表面粗糙度和电极丝允许承受电流的限制，所采用的脉宽较窄，单个脉冲能量、平均电流一般也较小，所以线切割加工总是采用正极性加工。

加工用脉冲电源的形式种类很多，如晶体管矩形波脉冲电源、高频分组脉冲电源、并联电容型脉冲电源和低损耗电源等。在高速走丝线切割机床中常用的为高频分组脉冲电源。

3) 工作液循环系统

工作液起绝缘、排屑、冷却的作用。工作液循环装置一般由工作液泵、工作液箱、过滤器、流量控制阀等组成。对于高速走丝机床通常采用浇注式供液方式，工作液为专用乳化液，如DX-1、DX-2等；对于低速走丝机床，除了采用浇注式供液方式外，现也有采用浸泡式供液方式，大多数的低速走丝机床采用去离子水工作液。

4.2 激光加工

激光加工属于高能束加工，是利用被聚焦到加工部位上的高能量密度射束，对工件材料进行去除加工的特种加工方法。

激光加工(Laser Beam Machining，LBM)是20世纪60年代发展起来的一种新兴加工方法，它是利用光能经过透镜聚焦后达到一定的能量密度，依靠光热效应、光机械效应等来加工各种材料。由于激光加工不需要加工工具，而且加工速度快、表面变形小，可以加工各种材料，受到了人们的极大重视，尤其是随着近年来超短激光技术的发展，实现了利用激光进行微米级甚至纳米级结构的加工，使得激光加工技术不仅可用于打孔、切割、焊接、电子器件微调、热处理以及信息存储等，而且成为航空航天、电子、军事、生物和医学等领域微细加工的有效工具。

4.2.1 激光加工的原理与特点

1. 激光的概念

1) 普通光

光是一定波长范围内的电磁波，它有波长、频率、波速等。人们能看见的光称可见光，它的波长为0.4～0.76μm，波长大于0.76μm的称红外光线，小于0.4μm的称紫外光或紫外线。

普通光源的发光如日光、灯光等，就是一种由大量的原子向任意方向无规律地自发辐射的光波。这些光波波长和相位都杂乱无章，持续时间极短，不能作为加工材料的工具。

2）原子的发光

原子是由原子核和绕原子核转动的电子所组成。电子以一定轨道绕原子核转动，趋于平衡状态，原子中就储存着一定的能量，从能级角度来看，这种状态的原子是处于基态(基本状态)。如果设法改变电子与核之间的距离(增大或减少)，这样原子的内能也随之改变(可能增大或减小)。当用一种光照射原子，也就是外界传给原子一定的能量，使原子的内能增加，外层的电子的轨道半径增大，这时原子就处于高能级状态，也就是原子被激发到高能级，这状态称为激发态或高能态。

基态能量为 E_1，激发后为 E_2、E_3，都为高能态，这时原子是处于不稳定状态，总想回到基态，原子从高能态回落到低能级的过程称为“跃迁”。因此，在基态时，原子中电子运动状态可以长时间存在下去，而在激发状态的原子，一般总想回落到基态，所以在高能级的原子停留时间一般都较短，即寿命很短，常在 0.01μs，但有些原子有较长寿命，这时能级称为亚稳态能级，如激光器中的氮原子、二氧化碳分子以及固体激光材料中的铬或钕离子等都具有亚稳态能级，这些亚稳态能级的存在是形成激光的重要条件。

处在高能级(E_2、E_3)的原子，即使没有任何外界的激励，也总是自发地跃迁到低能级(E_1)，并且发射一个频率为 ν，能量 $h_\nu = E_2 - E_1$ 的光子，这个过程叫自发辐射，其示意图如图 4.6(a)所示。这种自发辐射会发光，如日光灯、氙灯等光源都是由于自发辐射而发光的。物质的发光，除自发辐射外，还存在一种受激辐射，即当一束光入射到一具有大量激发态原子的系统中，在高能级上的粒子 E_2 受到光子 h_ν 的激发，会从高能级 E_2 跳到(跃迁)到低能级 E_1 上，这时将会辐射出与激发它的光相同性质的光，会使发光加强，可认为相当于把入射光放大，这种发光过程称为受激辐射，其示意图如图 4.6(b)所示。

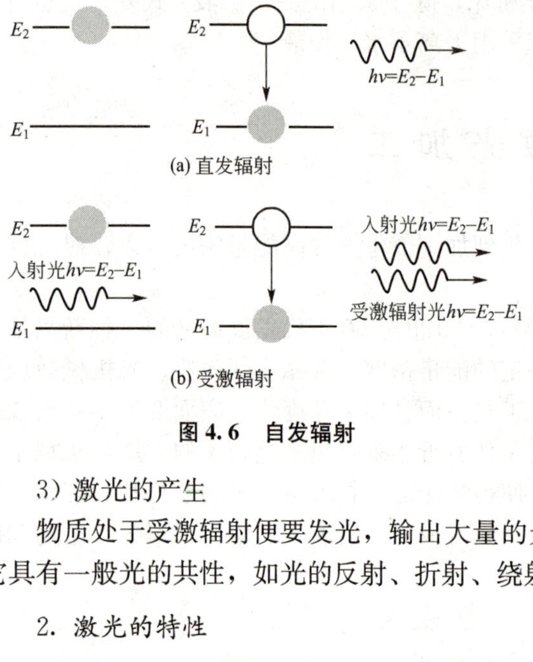

图 4.6　自发辐射

3）激光的产生

物质处于受激辐射便要发光，输出大量的光能，这就是激光，因此激光也是一种光，它具有一般光的共性，如光的反射、折射、绕射以及光的干涉等，但也有它的特性。

2. 激光的特性

激光与普通光相比，具有下列几个特性：

(1) 单色性好。单色性是指光的波长(或者频率)为一确定的数值。如果一个光源发射的光波所包含的波长范围越窄，那它的颜色就越单纯，即光源的单色性越好。激光单色性很好。

(2) 亮度最强。光源的亮度是一个光波在单位时间内，单位面积和单位立体角辐射的能量。由于激光发光时间最短，发光面积和发光立体角又最小，所以激光器是当今世界上最亮的人造光源，如红宝石脉冲激光器的发光亮度比太阳表面的亮度高出 200 多亿倍。

(3) 方向性好。激光器的发射角比普通光源的发射角要小得多，激光几乎只沿着一个方向传播，其发射角仅为0.1°左右，因此激光的方向性好，可以经过透镜聚集成很小的斑点(直径可小于10μm，与光波长相近)，这样聚焦后在焦点附近的温度可高达数万度，可熔化、气化任何材料。

3. 激光加工的工作原理

现以固体激光器为例介绍激光加工的工作原理，图4.7为固体激光器的工作原理图。激光器的作用是把电能转变成光能，产生所需要的激光束。激光器主要由工作物质、激励能源、谐振腔、聚光器等四部分组成。

(1) 工作物质。工作物质是固体激光器的核心，可以是固体，如红宝石、钕玻璃及钇铝石榴石等，也可以是气体，如二氧化碳。

(2) 激励能源。其主体为一个光泵，即脉冲氙灯或氪灯。当工作物质受到光泵的激发后，吸收具有特定波长的光，在一定条件下可导致工作物质中的亚稳态粒子数大于低能级粒子数，这种现象称为粒子数反转。

(3) 谐振腔。由面对面置于激光器两端的一块全反射镜，一块部分反射镜组成。其作用在于使受激光子沿输出轴方向多次反复反射，加强和改善激光的输出。部分反射镜还可使光大部分被反射、少量被透射出去。

(4) 聚光器。可把光泵发出的光能聚集在工作物质上，常采用圆柱形和椭圆柱形两种类型的聚光器(图4.7(a))。其内壁一般要抛光到粗糙度 $Ra=0.025\mu m$，并镶银膜或金膜。

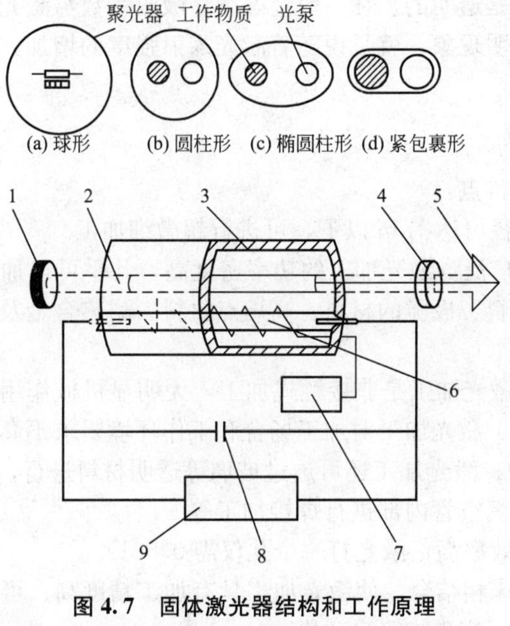

图4.7 固体激光器结构和工作原理

1—全反射镜；2—工作物质；3—聚光器；4—部分反射镜；5—激光；
6—光泵；7—触发电路；8—储能电容；9—高压充电电源

当激光的工作物质受到光泵的激发后，吸收具有特定波长的光，在一定条件下出现粒子数反转的现象。此时一旦有少量激发粒子自发辐射发出光子，即可感应所有其他激发粒子产生受激幅射跃迁，实现光放大，并通过全反射镜和部分反射镜组成的谐振腔的反馈作用产生振荡，由部分反射镜的一端输出激光，通过透镜将激光束聚焦形成高能光束，照射到待加工工件的表面上，即可进行加工。

4. 激光与材料的相互作用

激光入射到材料表面时，一部分被材料表面反射，一部分被材料吸收，另一部分通过材料透射。在这一激光传播过程中，满足能量守恒定律。研究激光与材料相互作用过程中的能量变化，其目的是为了说明激光加工时激光将能量传递给各种物质的机理。其能量公式如下：

$$E_0=E_{反射}+E_{吸收}+E_{通过} \tag{4-1}$$

式中，E_0 为入射到材料表面的激光能量；$E_{反射}$ 为被材料反射的能量；$E_{吸收}$ 为被材料吸收的能量；$E_{通过}$ 为激光透过材料后仍保留的能量。

式(4-1)可转化为

$$1=\frac{E_{反射}}{E_0}+\frac{E_{吸收}}{E_0}+\frac{E_{通过}}{E_0}=R+\alpha+T \tag{4-2}$$

式中，R 为反射系数；α 为吸收系数；T 为透射系数。

对激光不透明的材料，其透过率为零，则

$$1=R+\alpha \tag{4-3}$$

一般来讲，材料对激光的吸收由吸收系数决定，而吸收系数除取决于材料的种类、特性、温度、表面状态(有无涂层)外，还与激光波长有关。例如，GaAs 常作为激光加工中的激光器窗口镜或外光路中的透镜，它对可见光是不透明的，但对 CO_2 激光器或 YAG 激光器输出的红外激光又是透明的。在一般情况下，吸收系数与激光强度无关，但有时会出现反常现象。即自变透明现象，就是说随着激光入射强度的增加，吸收系数变小，从而透射加强。

5. 激光加工的特点

激光加工具有以下特点：

(1) 激光束光斑直径可达 1μm 以下，可进行超微细加工。

(2) 加工材料范围广泛。激光加工的功率密度高，几乎可以加工任何金属与非金属材料，如高硬度难加工材料、极脆的材料、高熔点材料、耐热合金及陶瓷、宝石、金刚石等硬脆材料均可加工。

(3) 加工性能好。激光加工是非接触式加工，无明显机械作用力，加工变形小，易保证较高加工精度。另外，激光加工对加工场合和工作环境要求不高，不需要真空环境，也不用对 X 射线进行防护；激光加工还可透过玻璃等透明材料进行，可以方便地在某些特殊工况下进行加工，如在真空管内部进行焊接加工等。

(4) 加工速度快、效率高，激光打一个孔仅需 0.001s。

(5) 与现代数控机床相结合，使激光加工具有加工精度高、可控性好、程序简单、省料及污染少等特点，易于实现加工自动化。

(6) 无污染。

4.2.2 激光加工设备

1. 激光加工机的组成部分

激光加工的基本设备主要由激光器、电源、光学系统及机械系统四大部分组成。

(1) 激光器是激光加工的重要设备，其作用是将电能转变为光能，产生激光束。

(2) 电源为激光提供加工所需要的能量及控制功能，包括电压控制、储能电容组、时间控制及触发器等。

(3) 光学系统包括激光聚焦系统和观察瞄准系统，前者可将光束聚焦，后者能观察和调整激光束的焦点位置，并将加工位置显示在投影仪上。

(4) 机械系统主要包括床身、能在三坐标范围内移动的工作台及机电控制系统等。随着电子技术的发展，目前已采用计算机来控制工作台的移动，实现激光加工的数控操作。

2. 激光加工常用激光器

按工作物质的种类不同，激光器可分为固体激光器、气体激光器、液体激光器、半导体激光器以及自由电子激光器等，常用的激光器主要包括固体激光器和气体激光器。固体激光器常用的工作物质有红宝石、钕玻璃和掺钕钇铝石榴石三种。近年来，钛蓝宝石也成为工作介质被应用于飞秒激光器中。

1) 固体激光器

(1) 红宝石激光器。红宝石是掺有浓度为 0.05%Cr^{3+} 的 Al_2O_3 晶体，发射 $\lambda=0.69\mu m$ 的红光，它易于获得相干性好的单模输出，稳定性好。红宝石激光器在激光加工发展初期用得较多，现在大多已被钕玻璃激光器和掺钕钇铝石榴石激光器所代替。

(2) 钕玻璃激光器。钕玻璃是掺有少量氧化钕(Nd_2O_3)的非晶体硅酸盐玻璃，发射 $\lambda=1.06\mu m$ 的红外激光。钕玻璃激光器特别适用于精密微细加工。其缺点是钕玻璃导热性差，必须有合适的冷却装置。它一般以脉冲方式工作，工作频率几次每秒，广泛用于打孔、切割与焊接等工作。

(3) 掺钕钇铝石榴石(YAG)激光器。掺钕钇铝石榴石是在钇铝石榴石 $Y_3Al_5O_{12}$ 晶体中掺 1.5%左右的钕而成，也发射 $1.06\mu m$ 波长的红外激光。钇铝石榴石激光器可以脉冲方式工作，也可以连续方式工作。尽管其价格比钕玻璃贵，但由于性能优越，因而广泛用于打孔、切割、焊接、微调等工作中。

(4) 掺钛蓝宝石飞秒激光器。采用钛蓝宝石作为增益介质，输出光脉冲的持续时间最短可至 5fs，激光中心波长位于近红外波段(~800nm)，单个脉冲能量可达焦耳量级，脉冲峰值功率可达 GW(10^9W)或 TW(10^{12}W)，脉冲功率密度可达 $10^{15}\sim10^{18}W/cm^2$，甚至更高。具有如此极高峰值强度和极短持续时间的光脉冲与物质相互作用时，高能量迅速沉积在小作用区域内，避免了激光线性吸收、能量转移和扩散等的影响，使飞秒激光加工成为具有超高精度、超高空间分辨率和超高广泛性的非热熔冷处理过程，从而在根本上改变了激光与物质相互作用的机制，开创了激光加工的崭新领域。

2) 气体激光器

气体激光器不靠光泵激励，而是通过高压电源激发工作物质，实现粒子数反转分布。因其效率高、寿命长、连续输出功率大，所以广泛用于切割、焊接、热处理等加工中。其中，以二氧化碳气体为工作物质的二氧化碳激光器是目前工业应用中功率最大、种类最多、较常用的一种气体激光器。连续输出功率可达万瓦，输出最强的激光波长为 $10.6\mu m$，效率可以高达 30%。

3. 激光辐照下靶材的蚀除机制

激光辐照下，固体表面会喷射出粒子或团簇，产生蚀除。其中，脉冲激光最常用。材料表面的微细加工，如微小孔钻削、3D微细制造、薄膜沉积、外科手术中组织的切除等采用脉冲激光蚀除是众多加工技术中最经济、最有效的方法之一。

脉冲激光诱导的蚀除过程很复杂，主要由于激光辐照作用下激发粒子的产生、热化、相变和/或光化学反应、等离子体的形成等过程发生在极短时间、极小范围内，且材料的光学属性和热力学属性发生相当大的改变。仅仅通过实验分析来阐明是很困难的，需结合分子动力学方法从微观上揭示其本质。

大量的分子动力学研究结果表明：受激光辐照参数(波长，激光强度，脉宽等)、材料的热和光学属性、加工条件、环境的强烈影响，脉冲激光蚀除动力学和蚀除机制的不同，主要取决于脉宽和激光波长。蚀除机制可分为光热效应、光机械效应、光化学效应三种。当脉宽 $\tau_p < \tau_{th} \sim L_p^2/D_T$ 时，光热效应起主导作用。其中，τ_{th} 为被吸收光能通过热传导向靶材内部扩散的时间，D_T 为靶材的热扩散系数，L_p 为激光穿透深度或吸热区的深度。此时脉宽较长，一般为纳秒量级或更长。在激光辐照下，靶材表面吸收足够多的光能并转化为热能，使吸热区发生过热，达到动力学稳定极限。吸热区经历了热、熔化、沸腾、爆炸性蒸发或相爆炸等过程，最终从材料表面喷射出去，蚀除产物主要由蒸发的粒子组成。当脉宽 $\max\{\tau_p, \tau_{e-ph}\} \leqslant \tau_s \sim L_p/C_s$ 时，激光诱导的热弹性应力及光机械效应变得明显起来，光机械效应起主导作用。其中，τ_{e-ph} 为能量从激发热电子向晶格传输的特征时间，τ_s 为吸热区的力学平衡时间，C_s 为声速。此时脉宽较小，一般为飞秒或皮秒量级，称之为超短脉冲。超短脉冲作用下，光能快速沉积于靶材表面微小区域内，来不及扩散从而产生高的热弹性应力。当此应力超过了靶材的抗拉强度时，靶材局部断裂而发生蚀除，蚀除产物中常包含一个或多个大的团簇及少量蒸发的粒子，分别是光机械效应和光热效应的结果，具体过程如图 4.8 所示。此外，当采用波长较短的紫外激光辐照靶材表面时，靶材通过线性吸收大能量的单个光子就可直接切断其中的分子或原子结合键，发生光化学反应，在表面生成等离子体，其具体过程如图 4.9 所示。紫外激光蚀除是一种冷加工，主要效应是光化学效应，而不是热效应。由于其中的热扩散影响较小，光束容易聚焦，加工精确度也得到了相应的提高。

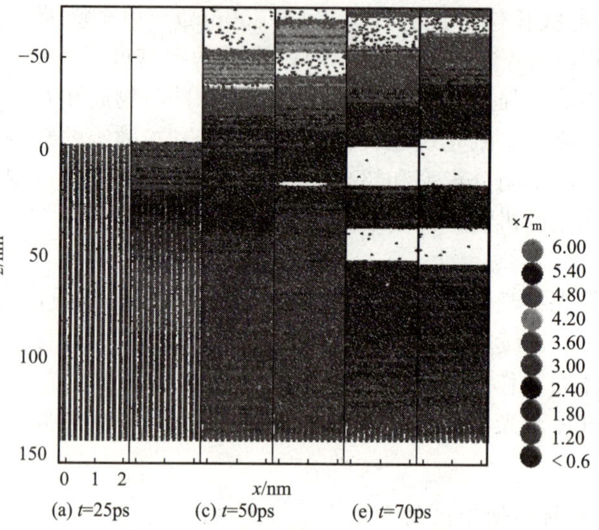

图 4.8 Cu 的蚀除瞬态图(λ=800nm，脉宽 120fs，光机械效应)

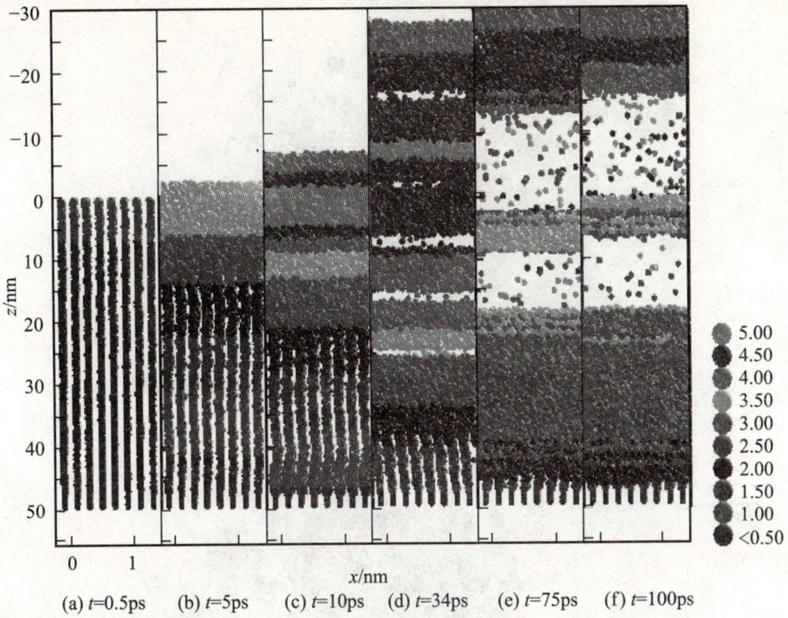

图 4.9　Ni 的蚀除瞬态图(λ=248nm，脉宽 500fs，光机械和光化学效应)

4.2.3　激光加工的应用

激光加工的应用范围很广，目前已成熟的激光加工有激光打孔、激光切割、激光焊接、激光热处理等。

1. 激光打孔

激光打孔是激光加工的主要应用领域之一，主要用于小孔、窄缝的微细加工。目前已用于火箭发动机和柴油机的燃料喷嘴、飞机机翼、宝石轴承、硬质合金等金属和非金属材料的打孔。特别对坚硬材料也可进行微小孔加工，已成功用于集成电路陶瓷衬套和手术针的小孔加工。

激光打孔与其他打孔方法相比，具有很多优点：

(1) 加工孔径可小至几微米，而一般机械钻孔只能加工直径大于几十微米的孔。

(2) 可加工精度高、深径比大的微小孔，深径比可达到 1～100。

(3) 可加工各种异型孔。在硬脆材料，如陶瓷上加工各种微小的盲孔和方孔等异型孔。

(4) 加工范围广。能在所有金属和非金属材料上打孔。

(5) 加工效率高。激光打孔适合于自动化连续打孔。

近年来，超短激光脉冲(皮秒及飞秒)已成为微型孔精密加工的重要工具。由于其具有高功率密度、热载荷可控、蚀除过程的非热属性及小的热穿透深度等优点，加工过程中不仅可减少材料损伤及热应力，而且可获得很高的加工精度。图 4.10 对比了分别采用飞秒、皮秒、纳秒激光在钢片上打孔的质量。结果显示飞秒激光加工的金属表面没有熔化的痕迹，孔的边缘清洁、光滑，所获表面质量最好。

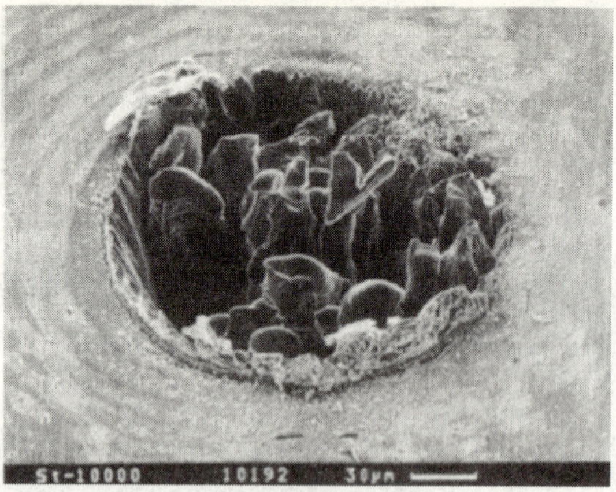

(a) 纳秒激光

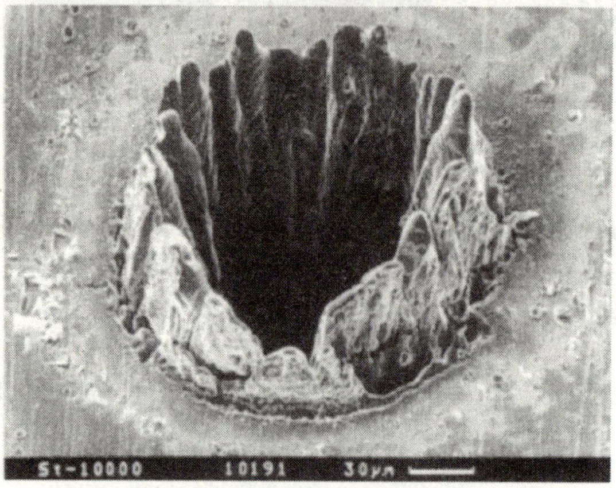

(b) 皮秒激光

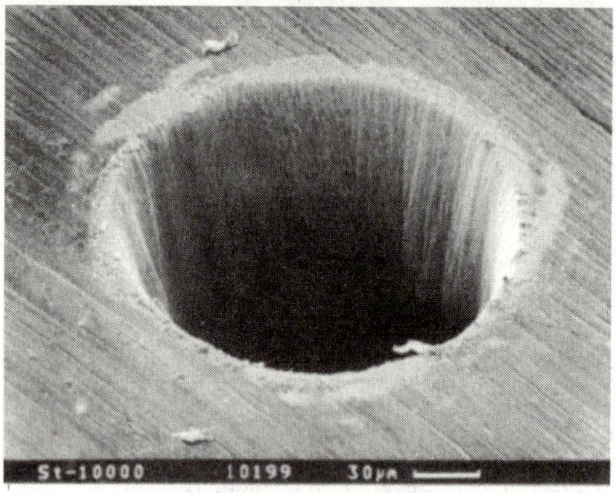

(c) 飞秒激光

图 4.10　脉冲激光蚀除孔

2. 激光切割

激光切割的原理与激光打孔基本相同。不同的是激光切割时工件与激光束要相对移动。在生产实践中，一般都是工件移动。

激光切割速度一般超过机械切割，切割速度较快。由于激光对被切割材料几乎不产生机械冲击和压力，它不仅可用于切割金属、非金属、无机物、皮革和布匹之类的有机物，而且尤其适用于玻璃、陶瓷和半导体等既硬又脆材料的切割。切割厚度对金属材料可达10mm以上；对非金属材料可达几十毫米。切缝窄，一般为0.1～0.5mm。热影响区小，省材料、成本低。图4.11为激光切割不锈钢板。

图4.11　激光切割不锈钢板

3. 激光焊接

1）激光焊接的基本原理

利用功率密度很高(10^5～10^7W/cm^2，传统电弧焊10^2～10^4W/cm^2)的激光束聚焦工件表面，使辐射作用区的金属烧熔粘合而形成焊接接头。激光焊接一般无需焊料和焊剂，只需将工件的加工区域"热熔"在一起就可以。

根据所采用的激光功率密度的不同，激光焊接可分为传导焊和深熔焊两种，图4.12(a)为热导焊，是在低功率密度为10^5～10^6W/cm^{2}的激光辐照下，工件表面材料吸收少量光能，光能转变为热能，以热传导形式向内部传播，使材料表面熔化，所形成的焊缝近似半圆形，深宽比为3∶1；图4.12(b)为深熔焊，此时能量密度很高(10^7W/cm^2)，靶材表面吸收了大量光能，光能转变为热能，温度急剧升高使工件表面瞬时汽化，在激光束中心处形成匙孔。此时加工区域可分为等离子云、熔融材料、匙孔、焊接深度四部分，其中等离子云是在焊接过程中，蒸发气体发生电离释放出电子而形成的，焊缝深宽比可达12∶1。

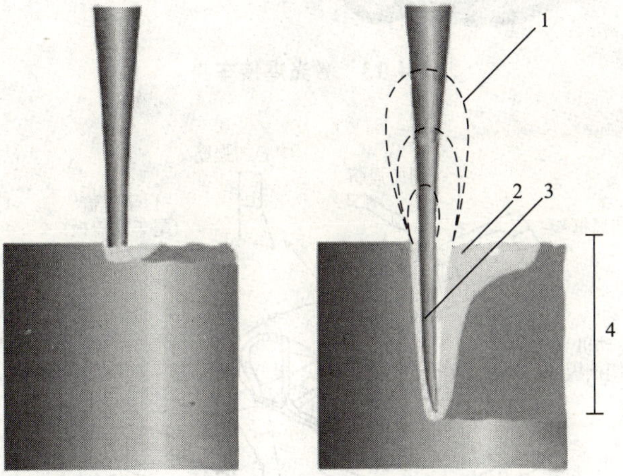

图4.12　激光焊接示意图

1—等离子云；2—熔融材料；3—题孔；4—焊区深度

2）激光焊接的特点及应用

激光焊接具有诸多的优点，其最大优点是焊接过程迅速，不但生产效率高，而且被焊材料不易氧化，热影响区及变形很小。激光焊接无焊渣，也不需要去除工件的氧化膜。

激光焊接可实现同种材料、不同种材料甚至于金属与非金属材料的焊接，甚至可以透过玻璃对真空管内的零件进行焊接。激光焊接特别适合于微型精密焊接及对热敏感性很强的晶体管元件的焊接。激光焊接还为高熔点及氧化迅速的材料的焊接提供了新的工艺方法。例如，用陶瓷作基体的集成电路，由于陶瓷熔点很高，又不宜施加压力，采用其他焊接方法很困难，而使用激光焊接则比较方便。图 4.13 为激光焊接车身，图 4.14 为轿车车身剪切板的激光焊接示意图。在轿车车身和底板的激光焊接中，可根据轿车车身复杂形状采用激光拼焊技术，使不同形状、材质、厚度，甚至不同覆层的钢板在生产中实现成形工艺性和结构强度的最佳组合。这不仅优化了轿车用的钢板用材，减轻了轿车重量，而且简化了冲压工艺，提高了材料的利用率，节省了费用，易于实现柔性化生产。汽车焊接范围为轿车车身(包括上、下盖板、侧围板、车门等)和轿车底板。例如，日本的丰田，美国的德韦尔、通用，德国的奥迪和瑞典的沃尔沃等汽车公司都在轿车车身生产线上采用了激光拼焊技术。

图 4.13　激光焊接车身

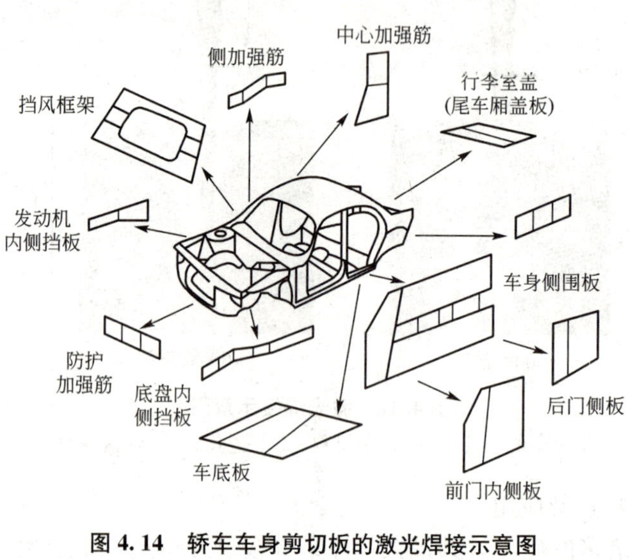

图 4.14　轿车车身剪切板的激光焊接示意图

4. 激光表面处理

激光表面处理是高能量密度表面处理技术中的一种主要手段，其目的是通过改变表面层的成分和显微结构，以提高表面性能，适应基体材料的需要。近年来发展了相变硬化、快速熔凝、合金化、熔覆等一系列处理工艺，应用于汽车、冶金、机床、刀具、模具、轻工、军工等领域，并显示出越来越广泛的工业应用前景。激光表面处理所用的激光器主要为大功率 CO_2 激光器和半导体激光器等，图 4.15 为半导体激光器对工件表面进行硬化处理。

图 4.15　工件表面的激光硬化

4.3　电子束和离子束加工

电子和离子均为带电物质，在电磁场的作用下可以聚焦成束，形成电子束和离子束。电子束加工(Electron Beam Machining，EBM)和离子束加工(Ion Beam Machining，IBM)均属高能束加工，是近年来得到较大发展的新兴特种加工技术。它们在精密微细加工方面，尤其在微电子学领域中得到较多的应用。电子束加工主要用于焊接、打孔、表面处理、镀膜、物理气相沉积、雕刻、切割及电子束曝光等，其中以电子束焊接、打孔、物理气相沉积，以及电子束表面处理等在工业上的应用最为广泛。离子束加工主要用于离子刻蚀、离子镀膜和离子注入等加工。近期发展起来的亚微米加工和纳米加工等微细加工技术，主要是采用电子束加工和离子束加工。

4.3.1　电子束加工

1. 电子束加工原理及特点

电子束加工是一种完全不同于传统机械加工的新工艺，一般在真空中进行，按其加工原理可分为“热效应”和“非热效应”加工。“热效应”电子束加工是利用聚焦后能量密度极高(10^6～10^9W/cm^2)的电子束，以极高的速度(加速电压为 50V 时，电子速度可达 1.6×10^5km/s)，在极短的时间(几分之一微秒)内，冲击到工件表面的极小面积上，使被冲击部分的材料达到几千摄氏度以上的高温，从而引起材料的局部熔化和气化，实现材料去除、连接或改性的目的。“非热效应”电子束加工利用能量密度极低的电子束来产生化学反应，即利用电子轰击使有机膜层产生聚合作用。目前已经比较成熟地应用于工业生产的是“热效应”电子束加工。

电子束加工具有以下特点：

(1) 利用微细聚焦实现精密微细加工；

(2) 非接触式加工，不会产生应力和变形；

(3) 加工速度很快，能量使用率可高达90%；

(4) 加工过程可自动化；

(5) 在真空腔中进行，污染少，材料加工表面不氧化；

(6) 电子束加工需要一整套专用设备和真空系统，价格较贵。

2. 电子束加工装置

电子束加工装置主要由电子枪、真空系统、控制系统和电源等部分组成，其基本结构如图4.16所示。

1) 电子枪

电子枪是获得电子束的装置。它包括电子发射阴极、控制栅极和加速阳极等。阴极经电流加热发射带负电荷的电子，电子高速飞向带高电位的阳极，在飞向阳极的过程中，经过加速极加速，又通过电磁透镜把电子束聚焦成很小的束斑。

发射阴极一般用钨或钽制成，小功率时为丝状，大功率时为块状，加热状态下发射大量电子。控制栅极为中间有孔的圆筒形，其上加以较阴极为负的偏压，既能控制电子束的强弱，又有初步的聚焦作用。加速阳极通常接地，而阴极为很高的负电压，所以能驱使电子加速。

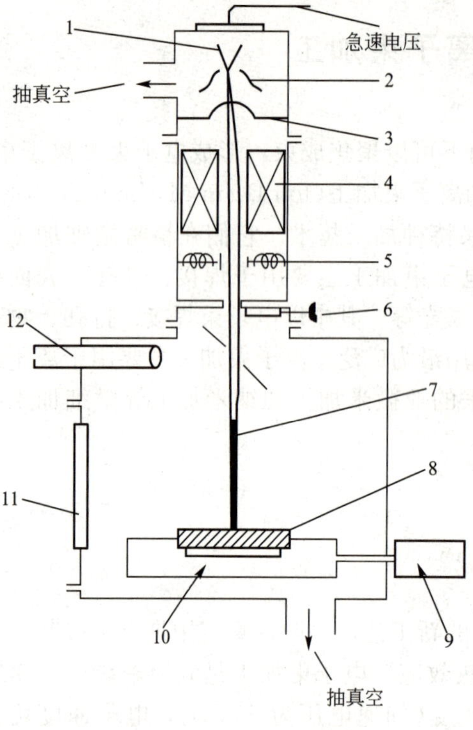

图4.16　电子束加工装置

1—阴极；2—控制栅极；3—加速阳极；4—束流聚焦控制装置；5—束流位置控制装置；6—截止阀；7—电子束；8—工件；9—驱动电机；10—移动工作台；11—观察窗；12—观察镜

2) 真空系统

为保证电子的高速运动，防止被加工表面氧化及抽出加工时产生的金属蒸气，真空室内必须保持$1.33\times10^{-4}\sim1.33\times10^{-2}$Pa的高真空度。真空系统一般由机械旋转泵和油扩散泵或涡轮分子泵两级组成，先用机械旋转泵把真空室抽至1.4～0.14Pa，然后由油扩散泵或涡轮分子泵抽至高度真空。

3) 控制系统

电子束加工装置的控制系统包括束流聚焦控制、束流位置控制、束流强度控制以及工作台位移控制等。

(1) 束流聚焦控制可获得小的电子束聚焦半径，以提高电子束的能量密度，它基本决定着加工点的孔径或缝宽。聚焦方法有两种：一种是利用高压静电场使电子流聚焦成细束；另一种是利用电磁透镜的磁场聚焦。后者比较安全可靠。所谓电磁透镜，实际上为一电磁线圈，通电后它产生的轴向磁场与电子束中心线平行，径向磁场则与中心线垂直。根据左手定则，电子束在前进运动中切割径向磁场时将产生圆周运动，而在圆周运动时在轴向磁场中又将产生径向运动，所以实际上每个电子的合成运动为一半径越来越小的空间螺旋线而聚焦交于一点。根据电子光学的原理，为了消除像差和获得更细的焦点，常再进行第二次聚焦。

(2) 束流位置控制是为了改变电子束的方向，常用电磁偏转来控制电子束焦点的位置。如果使偏转电压或电流按一定程序变化，电子束焦点便按预定的轨迹运动。另外，常在束流强度控制极上加上比阴极电位更低的负偏压实现束流强度控制。

(3) 束流强度控制是为了使电子流得到更大的运动速度，常在阴极上加上50～150kV的负高压。电子束加工时，为防止热量扩散至工件的非加工区域，常使电子束间歇脉冲性地运动(脉冲延时为一微秒至数十微秒)，因此加速电压也常是间歇脉冲性的。

(4) 工作台位移控制用来控制加工过程中工作台的位置。因为电子束的偏转距离只能在数毫米之内，过大将增加像差和影响线性。因此，在大面积加工时需要用伺服电动机控制工作台移动，并与电子束的偏转相配合。

4) 电源

电子束加工装置对电源的稳定性要求较高，常用稳压设备，要求电源电压波动范围不得超过百分之几。这是因为电子束聚焦以及阴极的发射强度与电压波动有着密切关系。

3. 电子束加工的应用

1) 电子束热效应的利用

采用功率密度为10^6～10^9 W/cm^{2}的电子束辐照材料表面时，电子束的动能转化成热能，使击中点的材料产生熔化、蒸发，这就是利用电子束热效应来实现对材料的加工。电子束热效应加工主要包括：

(1) 电子束精微加工，可完成金属、非金属等材料的打孔、切缝和刻槽等工艺，且生产率极高。用电子束代替电火花，打孔速度可提高30倍。

(2) 电子束焊接，是利用高能电子束轰击焊件表面，使焊件接头处的金属熔解和汽化以实现牢固结合。其具有可焊材料范围广，热变形小，焊缝强度高，焊接速度快等优点。

(3) 电子束镀膜，可蒸镀金属膜和介质膜。

(4) 电子束熔炼，包括难熔金属的精炼、合金材料的制造以及超纯单晶体的拉制等。

(5) 电子束热处理，可使金属表面升温而不熔化，以实现对金属材料的局部热处理，以及离子注入后半导体材料的退火等。采用其可获得常规热处理所不能达到的硬度及0.3～0.8mm的超厚硬化层。并且，电子束高达90%的电热转换效率远远大于激光7%～10%的光热转换效率，故电子束热处理工艺很有发展前景。

2) 电子束化学效应的利用

电子束化学效应是利用电子束代替常规的紫外线照射抗蚀剂以实现曝光，其中包括：

(1) 扫描电子束曝光，以计算机控制的电子束按所需图形进行扫描曝光。其特点是图形变换的灵活性好，分辨率高。

(2) 投影电子束曝光，这是一种大面积曝光法，由光电阴极产生大面积平行电子束进行曝光。其特点是效率高，利用此法可以在几平方毫米的硅片上安排十万个晶体管或类似元件。

(3) 软X射线曝光，软X射线由电子束产生，是一种间接利用电子束的投影曝光法。

电子束曝光利用电子束对电致抗蚀剂产生化学作用，因此，电子束的能量应能使材料曝光而又不产生熔化或热变形，否则，会影响曝光精度，甚至导致工件报废。

4.3.2　离子束加工

1. 离子加工的加工原理、应用及工艺特点

1）加工原理及应用

离子束加工是在真空条件下，将氩(Ar)、氪(Kr)、氙(Xe)等惰性气体通过离子源产生的离子束进行加速、聚焦，而后撞击工件表面，引起材料的变形、破坏和分离。离子束加工是依靠高速离子束的微观机械撞击动能，将工件表面的原子击出，因此加工时被加工表面层不产生热量，这一点与电子束靠动能转化为热能来进行加工截然不同。

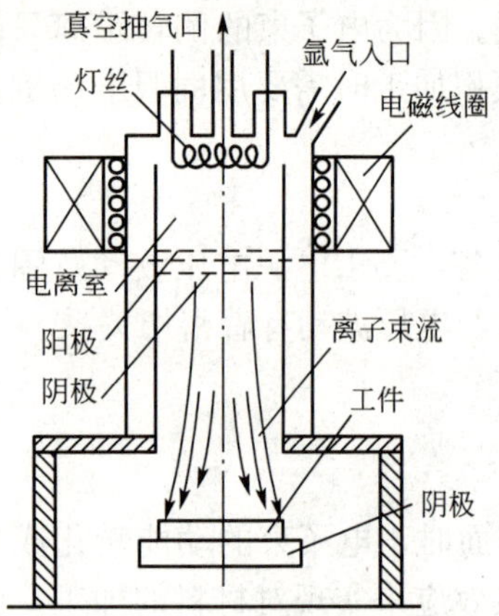

图 4.17　离子束加工原理

图 4.17 为离子束加工原理图。惰性气体氩气由入口注入电离室。灼热的灯丝发射电子，电子在阳极的吸引和电磁线圈的偏转作用下，向下高速做螺旋运动。氩气在高速电子的撞击下被电离成离子。阳极和阴极各有数百个上下位置对齐、直径为 0.3mm 的小孔，形成数百条较准直的离子束，均匀分布在直径为 50mm 的圆面积上。通过调整加速电压，可以得到不同速度的离子束，以实现不同的加工。

离子束射到材料表面时会产生撞击效应、溅射效应和注入效应，此为离子束加工的物理基础。当一定动能的离子射到材料(靶材)表面时，可以将靶材表面的原子击出，这就是离子的撞击效应。如果将工件直接作为离子轰击的靶材，工件表面就会受到离子刻蚀。如果将工件放置在靶材附近，由离子轰击靶材，靶材原子溅射至工件表面，使工件表面镀上一层薄膜。如果离子能量足够大时，射到靶材的离子就会钻进靶材表面，这就是离子的注入效应。因此，离子束加工按照其所利用的物理效应和目的的不同，可以分为四类，即离子刻蚀、离子溅射沉积、离子镀及离子注入，如图 4.18 所示。前两种属于成形加工，后两种属于特殊表面层制备。

(1) 离子刻蚀。基于离子束的撞击效应。它是由能量为 0.5～5keV(leV 即一个电子伏，是一个电子在真空中通过 1V 电位差加速所获得的能量，也可用焦耳(J)来表示，$1eV=1.6\times10^{-19}J$)、直径为十分之几纳米的氩离子轰击工件，将工件表层的原子逐个剥离。这种加工本质上属于一种原子尺度上的切削加工，所以也称为离子铣削。

离子刻蚀是近代发展起来的纳米级加工工艺，可达到很高的分辨率，在表面抛光、图形刻蚀等超精密、超微量加工中应用广泛。如用离子束轰击已被机械磨光的玻璃时，玻璃表面极为光滑，透明度也显著提高。离子束刻蚀可以加工各种材料，如金属、半导体、橡胶、塑料、陶瓷等。

(2) 离子溅射沉积。离子溅射沉积本质上是一种镀膜加工。它也是采用 0.5～5keV 氩离子轰击靶材，并将靶材上的原子击出，淀积在靶材附近的工件上，使工件表面镀上一层膜。离子溅射沉积适用于合金膜和化合物膜等的镀制。如在高速钢刀具上镀氮化钛(TiN)硬质膜，可以显著提高刀具的寿命；在齿轮的齿面和轴承上，镀制二硫化钼(M_oS_2)润滑膜，摩擦系数可减至 0.04。

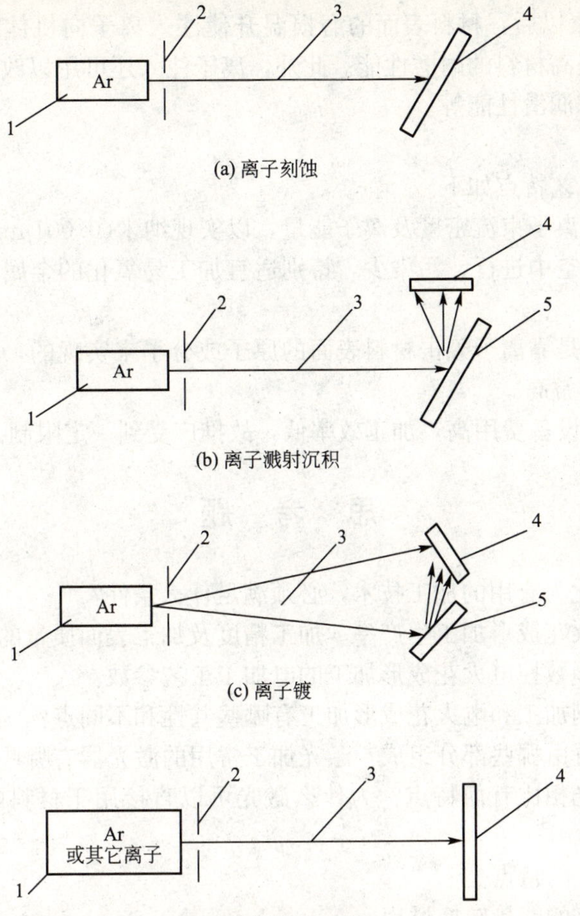

(a) 离子刻蚀

(b) 离子溅射沉积

(c) 离子镀

(d) 离子注入

图 4.18 离子束加工

1—离子源；2—吸极(吸收电子，引出离子)；3—离子束；4—工件；5—靶材

(3) 离子镀膜。离子镀膜也属于一种镀膜加工。它将 0.5～5keV 的氩离子分成两束，同时轰击靶材和工件表面。此时，工件不仅接受离子的轰击，以增强膜材与工件基材之间的结合力，还同时接受靶材溅射来的原子，进行离子镀。

离子镀的可镀材料相当广泛，各种金属或非金属材料、合金、化合物、某些合成材料、半导体材料、高熔点材料均可镀覆。离子镀技术已广泛用于镀制耐磨膜、耐热膜、耐蚀膜、润滑膜和装饰膜等。如在手表带、表壳、装饰品、餐具等表面镀制 TiN、TaN、TaC 等膜层，不仅美观，而且耐磨、耐蚀。

(4) 离子注入。离子注入是采用 5～500keV 能量的离子束，直接轰击被加工材料，把所需元素的离子注入工件表层，从而达到改变材料化学成分的目的。可以根据不同的目的选用不同的注入离子，如磷、硼、碳、氮等，以实现材料的表面改性处理，从而改变工件表面层的机械物理性能。

离子注入主要用于半导体器件和大面积集成电路的制作。如将磷(P)或硼(B)等“杂质”注入单晶硅中规定的区域及深度后，可以得到不同导电型的 P 型或 N 型及 P－N 结。

另外，离子注入表面改性也是离子注入加工技术应用的另一个重要领域。如在低碳钢中注入 N、B、Mo 等元素以后，材料表面的磨损温升使注入离子向机体扩散，不断在表面形成硬化层，从而可提高材料的耐磨性能。此外，离子注入还可用以改变金属表面的耐腐蚀性能、抗疲劳性能和润滑性能等。

2）工艺特点

离子束加工的工艺特点如下。

（1）可精确控制离子束流密度及离子能量，以实现纳米(0.001μm)级的加工精度。

（2）加工在高真空中进行，污染少，特别适宜加工易氧化的金属、合金材料和高纯度半导体材料。

（3）离子束加工是靠离子轰击材料表面的原子或分子来实现的，其加工应力、热变形等极小，表面质量非常高。

（4）离子束加工设备费用高，加工效率低，故推广受到一定限制。

思　考　题

1. 火花放电转化为有用的加工技术，必须满足什么条件？
2. 影响数控电火花成形加工生产率、加工精度及加工表面质量的工艺因素有哪些？
3. 如何合理选择数控电火花成形加工的电加工工艺参数？
4. 电火花线切割加工和电火花成形加工有哪些共性和不同点？
5. 激光加工装置由哪些部分组成？激光加工常用的激光器有哪些？
6. 激光和普通光相比有何特点？为什么激光可以直接用于材料的蚀除加工，而普通光则不能？
7. 试述激光加工的特点。
8. 试述激光加工的能量转换过程。
9. 激光加工是如何蚀除材料的？
10. 何为电子束加工？试说明电子束加工的特点与应用。
11. 电子束加工装置由哪几部分组成？
12. 离子束加工的物理基础是什么？离子束加工有哪些方法？有何应用？
13. 电子束加工、离子束加工和激光加工相比各自的适用范围如何？三者各有什么优缺点？
14. 电子束和离子束加工在原理和应用范围上各有何异同？

第5章 微机械及微细加工技术

本章学习目标

★ 掌握微机械与微细加工的定义及加工技术
★ 掌握微细切削加工技术的原理、特点及应用
★ 掌握硅微细加工技术
★ 了解LIGA技术的特点及工艺过程
★ 了解纳米焊接技术的原理及应用

本章教学要点

知识要点	能力要求	相关知识
微机械与微细加工	掌握微机械与微细加工的概念	微机械加工技术的关键技术
微细切削加工	掌握微细切削加工技术	微细车削、微细冲压、微细铣削、微细钻削加工技术
硅微细加工	掌握体硅微细加工和表面硅微细加工	光刻、腐蚀技术
LIGA技术	了解LIGA技术的特点及工艺过程	三维立体微细加工技术
纳米焊接技术	了解纳米焊接技术的发展	超声波纳米焊接过程

导入案例

随着微/纳米技术的不断发展，以本身形状尺寸微小或操作尺度极小为特征的微机械已成为人们在微观领域认识和改造客观世界的一种高新技术。微机械由于具有能够在狭小空间内进行作业，而且又不扰乱工作环境和对象的特点，在航空航天、精密仪器、生物医学等领域有着广阔的应用潜力，且是实现纳米技术的重要环节，因而受到人们的高度重视，被列为21世纪关键技术之首。图1为微机械陀螺仪，是测量运动物体角速度的微型惯性器件，可用于导航、平台稳定、汽车安全系统、遥控直升机、车装卫星天线设备、工业机器人、3D虚拟实境、船只电子磁针误差补偿有关倾斜(角速度)感应设备。

图1　微机械陀螺仪

微型机器人可以从事大型机器人无法完成的收集信息及智能操作等多项工作。图2中可立于指甲盖上的微型机器人，只有昆虫那样大小，甚至是更微小的结构。此微机械机器人，可以模仿小型生物体，如蜘蛛、蜜蜂和蜻蜓，进行监视和运送传感器。另外，拇指大小的iPod存储器可以存储二十亿字节，并将数字信号处理器、功率放大器组合在一起，价格只有40美元，在电子战领域将得到广泛应用。此外，情报收集材料可以放在任何实际物体的内部或表面，就像Rice大学的研究人员将工程蛋白质粘附在癌细胞上那样。可以想象，让微机械蜘蛛携带并“喷出”含有发射接收机的无线电“涂料”，并使它们粘附在对方的雷达天线上，这样我们就能知道雷达在什么位置，并能对它“讲话”，让雷达关闭，而不再需要大功率的干扰机对它实施干扰了。

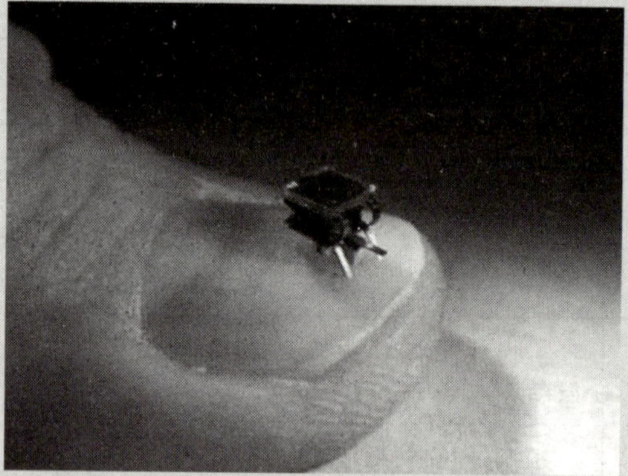

图2　微型机器人

在微机械领域中，通常采用微米级、亚微米级乃至纳米级的微细加工，微细加工技术是实现产品零部件微型化的最基本技术。近年来，国内外微细加工技术在制造业、IC工业、半导体器件以及光刻技术等应用研究方面取得了很大的成就。图3为采用金刚石车刀微细车削的微米级零件，其表面质量非常高。

图 4 为微细车削的非球面挤压模具，其尺寸仅为 70μm×15μm。

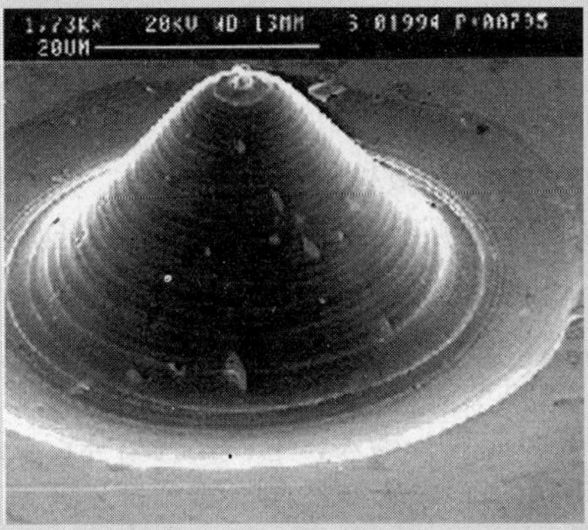

图 3　微细车削的微米级零件

图 4　微细车削的非球面挤压模具

5.1　微机械与微细加工概论

5.1.1　微机械

微机械在美国被称作微型机电系统(micro electro mechanical system，MEMS)，在日本被称作微机器(micromachine)，而在欧洲则被称作微系统(microsystem)。此概念是由诺贝尔物理奖获得者 Richard Feynman 于 1959 年首先提出的，可概括为批量制作的，集微型机构、微型传感器、微型执行器以及信号处理和控制电路，甚至外围接口、通信电路和电源等于一体的微型器件或系统。

微机械按其尺寸特征可以分为：微小机械(1～10mm)；微机械(1μm～1mm)；纳米机械(1nm～1μm)。因其具有体积小、质量轻；性能稳定、可靠性高；能耗低、灵敏度和工作效率高；易于实现多功能化、智能化及大批量生产等优点，已广泛应用于工农业、信息、环境、生物医疗、国防等领域。

目前已有大量的微型机械或微型系统被研制成功。例如：加拿大开发的新型微型机器手可抓起和移动一个细胞，而不破坏这个细胞。此微型机器手可用于组装细胞到人造组织结构中，或制造微米级和纳米级的装置。德国创造了 LIGA 工艺，制成了悬臂梁、执行机构以及微型泵，微型喷嘴，湿度、流量传感器以及多种光学器件。其中的微加速度传感器，中间活动电极与两边的固定电极的间隙仅为 4μm，其力臂长度为 180μm，力臂宽为 20μm，厚度为 100μm。当被测的加速度发生变化时，由于惯性作用，中间的活动电极与固定电极的间隙发生变化，通过测量其电容的变化即可得到加速度值。该加速度计可以用于汽车气袋的控制系统，当汽车紧急刹车或发生碰撞时，它可以自动打开气袋以保护驾驶员。日本研制的数厘米见方的微型车床可加工精度达 1.5μm 的微细轴。美国斯坦福大学研究所研制的微型温度传感器能注射到肿瘤内部，可通过增高体温法治疗癌症。增高体温法即利用超声波或无线电波的能量把身体局部位置加热到 43℃以上杀死癌细胞。在这个过程中，肿瘤部位的精确温度控制尤为重要，单靠医生本身很难把握。但微型温度传感器却能巧妙地解决这个问题，它足够小并能用注射器注射到肿瘤部位，并且只在加热时停留在那里，从而可出色地完成任务。

5.1.2 微细加工技术

微细加工是指加工尺度为微米级范围的加工方式，在微机械研究领域中，它是微米级、亚微米级乃至纳米级微细加工的通称。微细加工起源于半导体制造工艺，是MEMS发展的重要基础。

从基本加工类型看，微细加工可大致分四类：分离加工，将材料的某一部分分离出去的加工方式，如分解、蒸发、溅射(可去除材料，也可增加材料)、破碎等；接合加工，同种或不同材料的复合加工或相互结合加工，如蒸镀、淀积、掺入、生长、就结等；变形加工，使材料形状发生改变的加工方式，如塑性变形加工、流体变形加工等；材料处理或改性，如一些热处理或表面改性等。

微细加工技术是指制作微机械或微型装置的加工技术，主要包括微细切削加工技术、硅微细加工技术、LIGA技术等。随着现代科学技术的迅速发展，新的高科技微细加工方法层出不穷，如聚焦离子束(FIB)微细加工技术、微/纳压印加工技术等。这些技术曾经广泛应用于大规模和超大规模集成电路的加工制作，目前在特种新型器件、电子零件及装置、机械零件及装置、表面分析、材料改性等方面也发挥着日益重要的作用。其中微细切削加工技术由于具有加工范围广，设备成本相对较低，生产效率高，相对精度高，且其相关基础技术研究成熟等特点，受到越来越多国家的高度重视，被认为是21世纪高科技的基础。

5.2 微细切削加工

微细切削是一种三维实体加工技术，可制作毫米级尺寸以下的微机械零件。常用的方法主要包括微细车削、铣削、钻削、冲压，适合所有的金属材料、塑料及工程陶瓷等。但多是单件加工，单件装配，其批量制作可通过模具加工、电铸、注塑等方法实现。

5.2.1 微细车削

微细车削加工是加工回转类微型零件的有效方法之一。对于要求微米级高精度的精密零件，从来都是把车削作为磨削、研磨加工的前工序使用，尤其对于高精度、塑性好的有色金属如铜、铝等，用磨削是难以达到预期的精度及光洁度的，只有用车削加工才能使金属零件达到最终精度要求。在这里微细车削加工就显得更为重要。

加工微型零件时要求有合理的微型化车床、状态监测系统、高速高回转精度主轴、高分辨率的伺服进给系统及刀刃足够小、硬度足够高的车刀。微细车削加工一般采用金刚石车刀。金刚石车刀是采用天然优质单晶金刚石或人造金刚石设计加工而成，其硬度、耐磨性及导热性能优越，且能刃磨得极为锋利，使用寿命长，经济效益好，可获得高精度、高光亮度表面。

日本通产省工业技术院机械工程实验室(MEL)于1996年开发了世界上第一台微型化

的机床，长32mm、宽25mm、高30.5mm，重量为100g，图5.1为该车床与硬币的比较；主轴电机额定功率1.5W，转速为1000r/min。采用该机床切削黄铜，沿进给方向的表面粗糙度值为$R_z=1.5\mu m$，加工工件的圆度为$2.5\mu m$，最小外圆直径为$60\mu m$。切削实验中的功率消耗仅为普通车床的1/500。

日本金泽大学的Zinan Lu和Takeshi Yoneyama研究了一套微细车削系统，由微细车床、控制单元、光学显微装置和监视器组成。机床长约200mm。在该系统中，采用了一套光学显微装置来观察切削状态，还配备了专用的工件装卸装置。用0.3mm的黄铜丝为毛坯，在这台机床上加工出了直径$10\mu m$的外圆柱面，还加工出了直径$120\mu m$、螺距$12.5\mu m$的丝杠。此机床的开发证实了利用切削加工技术也能加工出微米尺度的零件。

四川大学通过切削实验，设计出能加工最小直径为$7\mu m$的微细轴的金刚石车刀。轴先半精加工至$100\mu m$后，再采用人造单晶金刚石车刀车削成形。图5.2为端部直径为$7\mu m$微细轴的扫描电子显微镜图片。在车削微细轴的基础上，开展了微细螺纹车削技术的研究。图5.3给出了加工长度为$150\mu m$、直径为$36.6\mu m$、尺高为$6.7\mu m$及螺距为$10\mu m$的微细螺纹的扫描电子显微镜图片。

图5.1　微细车床

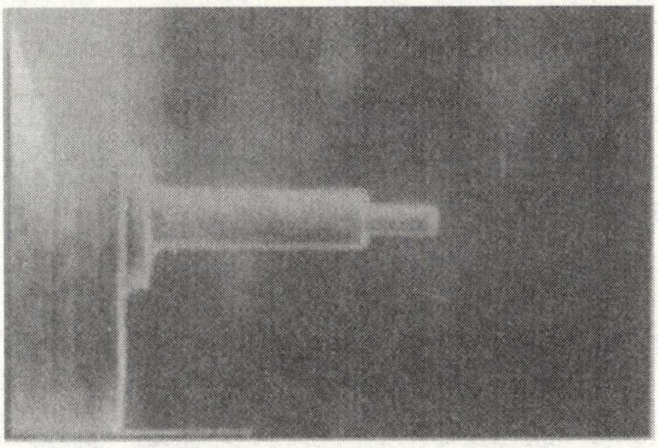

图5.2　端部直径为7μm的微细轴

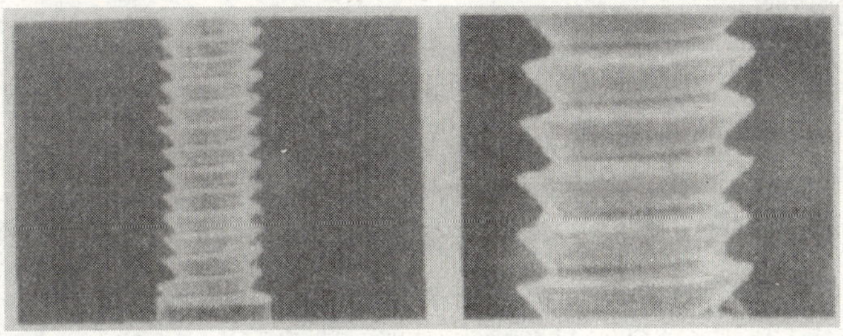

图5.3　微细螺纹

5.2.2　微细钻削

微细钻削现已成为微细孔加工的最重要工艺之一，一般用于电子、精密机械、仪器仪表等行业中直径小于0.5mm的孔的加工。

小孔的加工最早使用钻头。随着工艺方法的不断改进，相继出现了激光束、电子束、离子束和电火花等特种加工方法，但在国内外应用最广泛、实用性最强的仍是采用麻花钻的钻削。麻花钻微孔钻削存在的难点主要包括：微小钻头的刚度低；排屑困难；轴向钻削力相对较大，出口毛刺相对较高；可视性差、检测困难等。针对以上问题，目前开展了难加工材料的钻削机理；小孔钻削机床研制和微细钻头的刃磨、制造工艺；超声振动钻削等新工艺的研究等。

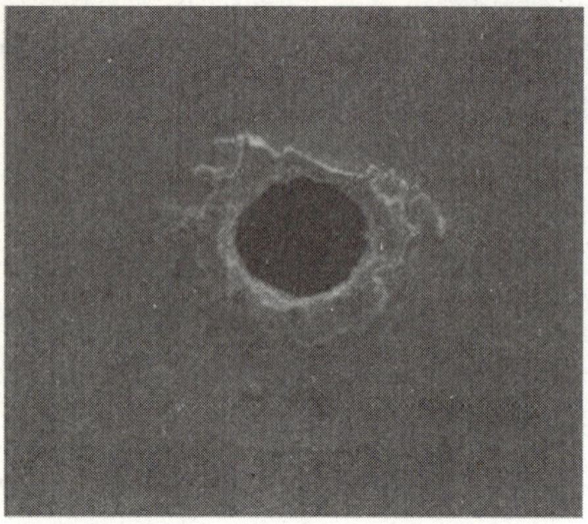

图 5.4 $\phi 19\mu m$ 微孔

目前，商业供应的微细钻头的最小直径为 50μm，要得到更细的钻头，必须借助于特种加工方法。线电极电火花磨削(WEDG)技术可以稳定地制成直径为 10μm 的钻头，最小可达 6.5μm。此技术要求钻头的制作及微孔钻削在同一台微细电火花机床上进行，以避免微细钻头从微细电火花机床上卸下来再装夹到微细钻床的主轴上，二次装夹会造成安装误差而产生偏心，影响钻头的正常工作甚至无法加工。

图 5.4 是采用金刚石车刀车削而成的 $\phi 11\mu m$ 轴做电极，在厚度为 20μm 的金箔上加工出 $\phi 19\mu m$ 微孔的扫描电子显微镜图片。

5.2.3 微细铣削

微细铣削技术因具有高精度、高效率、高柔性、能加工复杂三维形状和多种材料的特点，已成为一个非常活跃的研究热点。目前的研究主要集中在微径铣刀及微细铣床的开发上。

聚焦离子束方法适于制造微径铣刀。刀具材料为高速钢和硬质合金，最小直径可达 22μm 切削刃分为 2 刃、4 刃和 6 刃。在欧洲，采用微径立铣刀(最小直径 50μm)加工微型塑料组件的注射模具，模具硬度达 53HRC，铣削精度＜5μm，表面粗糙度 Ra＜0.2μm。美国开发了专门用于模具和硬型模具加工的新型微径铣刀，能够对石墨、钢等高硬度材料进行高速切削加工(切削速度为 30m/min，最高可达 150m/min)。

微细铣床的开发也取得了很大的进展。MEL 开发的微细铣床，长 170mm，宽 170mm，高 102mm。主轴用功率为 36W 的无刷直流伺服电机，转速约为 15600r/min。这台铣床能铣平面也能钻孔。日本 FANUC 公司和电气通信大学合作研制的车床型超精密铣床，在世界上首例用切削方法实现了自由曲面的微细加工。这种超精密切削加工技术可使用切削刀具对包括金属在内的各种可切削材料进行微细加工，而且可利用 CAD/CAM 技术实现三维数控加工，生产率高，相对精度高。图 5.5 为用该机床铣削的日语中叫做“能面”的微型脸谱。其加工数据由三坐标测量机从真实“能面”上采集，采用单刃单晶金刚石球形铣刀($R30\mu m$)，在 18K 金材料上加工出的三维自由曲面。其直径为 1mm，表面高低差为 30μm，加工后的表面粗糙度值为 $R_z 0.058\mu m$。这是光刻技术领域中的微细加工技术，是半导体平面硅

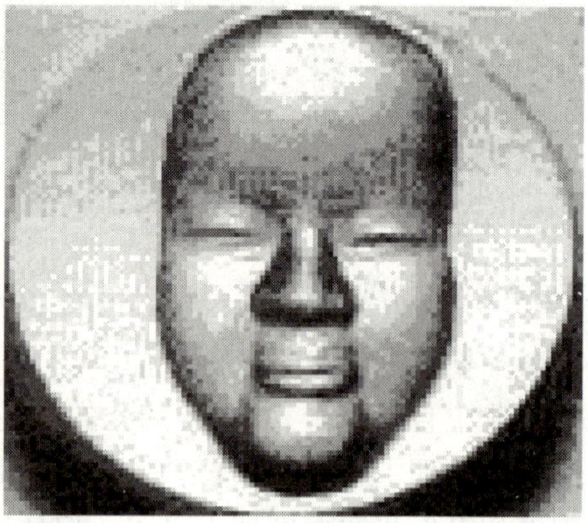

图 5.5 能面

工艺以及同步辐射X射线深度光刻、电镀工艺和铸塑工艺组成的LIGA工艺等技术所不及的。

5.2.4　微细冲压

在MEMS微器件中，常有许多带小孔的板件，板件上的小孔可用冲孔方法加工。

MEL开发的微冲压机床，长111mm，宽66mm，高170mm，装有一个100W的交流伺服电动机，可产生3kN的压力。该冲压机床带有连续的冲压模，能实现冲裁和弯板。日本东京大学生产技术研究所利用WEDG技术，制作微冲压加工的冲头和冲模，然后进行微细冲压加工，在50μm厚的聚酰胺塑料上冲出宽度为40μm的非圆截面微孔。

5.2.5　微细磨削

磨削加工主要是将砂轮和砂带表面上的磨粒近似看成微刃，整个砂轮可看成铣刀。磨削加工微器件时需注意以下问题：磨粒在高速、高压和高温作用下会变钝，且切削能力下降；磨粒可能脱落，砂轮失去外形精度；选用磨粒材料时要求耐高温高压，常用的磨粒材料有人造金刚石。Weck等采用金刚石作为磨具加工微结构，用于纤维定向排列的沟槽，如图5.6所示。

图5.6　纤维定向排列沟槽的金刚石微细磨削

5.2.6　MMP技术

MMP(Micro－Machining Process)微细加工技术是世界著名的奢侈品公司，瑞士历峰集团下属子公司BinC公司发明的一种专门用于对金属、非金属部件表面进行超精加工的全自动化处理技术。

MMP微细加工技术是一项完全创新的工艺，其技术秘诀在于能够有效地控制被加工部件表面材料去除的位置及数量而不影响材料的质地和精度，可以选择性地修正部件表面上的微粗糙度布局，即通过机械、物理及辅助化学的互动工艺程序，有选择地去除在金属部件表面上1～20μm的材料。图5.7给出了MMP对表面的处理过程，其通过有选择性地逐步去除初级粗糙度、2级粗糙度和波浪纹，可使表面质量逐步提升，并且可以在任何阶段停止处理，从而达到传统的研磨和抛光技术无法实现的特殊效果。

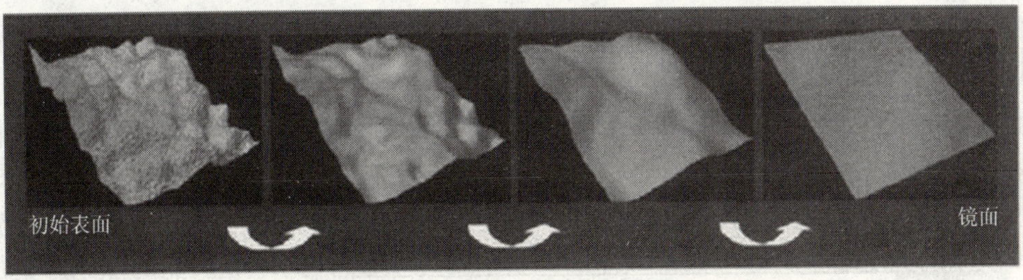

图5.7　MMP对表面的处理过程

MMP的应用可分为两种。功能型应用：有选择地去除部分粗糙度，如工具，航空等；外观型应用：彻底去除粗糙度，如首饰、手表等。图5.8为MMP技术用于手表表面处理前后的对比图。

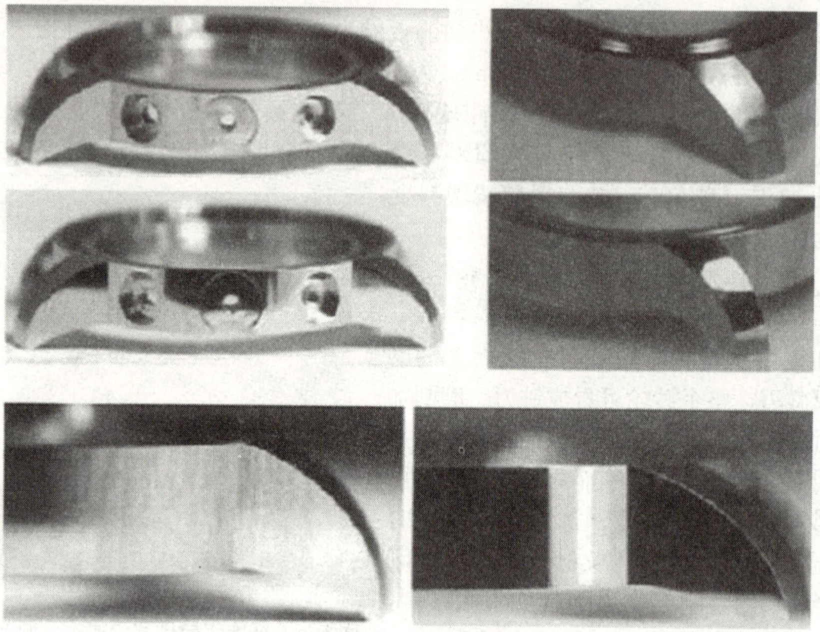

图5.8　MMP用于手表表面处理前后的对比图

5.3　硅微细加工技术

硅微细加工主要是指以硅材料为基础制作各种微机械零部件的技术，主要分为体硅微细加工和表面硅微细加工两大类。

5.3.1　体硅微细加工

体硅微细加工在微机械制造中应用最早，是以单晶硅为加工对象，主要通过光刻、腐蚀等技术在硅基上有选择性地去除部分材料，从而获得所需的微结构，如坑、凸台、带平面的孔洞等。

1. 光刻

光刻源于微电子的集成电路制造，是芯片生产的关键技术。1958年，光刻技术在半导体器件制造中首次得以成功应用，研制成平画型晶体管，从而推动了集成电路的发明和飞速发展。数十年来，集成技术不断微小型化，其中光刻技术发挥了重要作用。发展到现在图形线条的宽度缩小了3个数量级左右，目前可以实现小于1μm线宽的加工。集成度提高了6个数量级左右，已经制成包含百万个甚至千万个元器件的集成电路芯片。

光刻原理与印刷技术中的照相制版相似：在硅等基体材料上涂覆光致抗蚀剂(或称为

光刻胶），用照相复印的方法将光刻掩模上的图形印制在其上，然后进行选择性腐蚀，刻蚀出规定的图形。所用的基材有各种金属、半导体和介质材料。光致抗蚀剂俗称光刻胶或感光剂，是一种经光照后能发生交联、分解或聚合等化学反应的高分子溶液。

光刻加工主要分为两个阶段。

（1）光刻掩膜的制作：掩模的基本功能是当光束照在掩模上时，图形区和非图形区对光有不同的吸收和透过能力。理想的情况是图形区可让光完全透射过去，非图形区则将光完全吸收。目前较先进的制版技术一般采用CAD绘图，然后在计算机控制下经电子束曝光机直接制作主掩模版，或计算机控制光学图形发生器制版。为提高掩模精度，当前绘图机→图形发生器→电子束曝光的流程正成为制造工艺向前发展的主流。

（2）光刻：光刻加工的基本过程如图5.9所示。

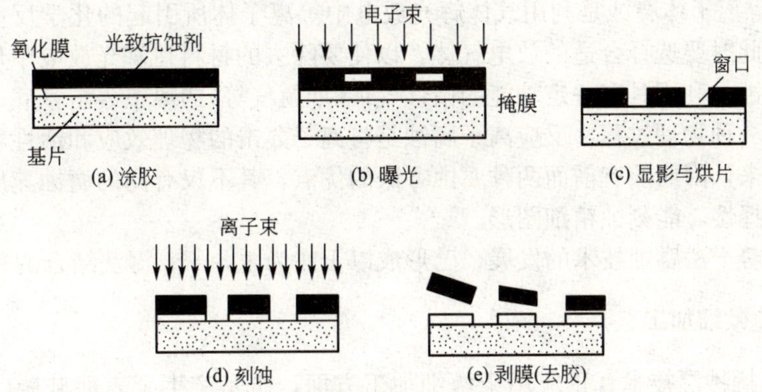

图5.9　光刻加工工作原理

（1）涂胶。在基板上沉积成膜材料，并在涂胶机上用旋转法涂敷光刻胶。

（2）曝光。曝光通常有两种方法：①由光源发出的光束，经掩膜在光刻胶上成像，称为投影曝光。②将光束聚焦形成细小束斑，通过扫描在光刻胶涂层上绘制图形，称为扫描曝光。目前，微机械光刻采用的曝光技术主要有电子束曝光技术、离子束曝光技术、X射线曝光技术、远紫外曝光技术和紫外准分子激光曝光技术等。其中，离子束曝光技术的分辨率最高，可达0.01μm；电子束曝光技术代表了最成熟的亚微米级曝光技术；紫外准分子激光曝光技术则具有最佳的经济性，成为近年来发展速度极快且实用性较强的曝光技术，已在大批量生产中保持主导地位，其极限分辨率为0.2μm。几种曝光技术的比较见表5-1。

表5-1　几种曝光技术的比较

指标	电子束	离子束	X射线	准分子激光
极限分辨率/μm	0.01	0.04	0.2	0.2
目前达到的曝光尺寸/μm	0.01(实验) 0.1(生产)	0.012(实验) 0.1(生产)	0.2(实验) 0.3(生产)	0.3(实验) 0.5(生产)
技术经济性比较	曝光较慢，设备昂贵，生产效益较差，用于产品研制和小批量生产	较高的分辨率，较高的曝光速度，掩模选材难，可用于生产	设备庞大，成本昂贵，掩模制造困难，生产应用受限制	曝光速度快，质量较好，可进行高效率加工，实用性强

(3) 显影与烘片。曝光后的光刻胶在一定的溶剂中将曝光图形显示出来，称为显影。显影后进行200～250℃的高温处理，以提高光刻胶的强度，称为烘片。

(4) 刻蚀。采用化学或物理方法，将没有光刻胶部分的氧化膜除去。常用的刻蚀方法有化学刻蚀、离子刻蚀、电解刻蚀等。

(5) 去胶。用剥膜液去除光刻胶。剥膜后需进行水洗和干燥处理。

2. 腐蚀

腐蚀常用的方法主要有湿法腐蚀和干法腐蚀两种。当腐蚀剂为液体时所进行的腐蚀称为湿法腐蚀，常用的腐蚀液有 HF－HN03 系溶液、KOH、EPW 和联氨等，加工深度可达几百微米。腐蚀剂为气体时所进行的腐蚀称为干法腐蚀，它是利用粒子轰击材料的某些部位进行选择性地腐蚀的方法，主要有等离子体腐蚀(PE)、离子腐蚀(IE)、反应离子腐蚀(RIE)等。等离子体腐蚀是利用气体辉光放电中等离子体所引起的化学反应来达到腐蚀的一种技术，此时要选择合适的放电气体，以使要除去的材料在辉光放电中形成挥发性生成物。离子腐蚀是利用具有一定功能的惰性气体(如氩气等)的离子轰击基底表面而造成刻蚀，基本上是一种物理过程。反应离子腐蚀是将离子轰击的物理效应和活性粒子的化学效应两者结合起来，因而兼有前面两种腐蚀方法的优点，其不仅有高的腐蚀速度，又有良好的方向性和选择性，能刻蚀精细图形。

目前，随着干法腐蚀技术的发展，已形成以干法为主，干、湿法结合的刻蚀工艺。

5.3.2 表面硅微细加工

1985年，牺牲层技术真正应用于微细加工方面，于是产生了表面硅微细加工。表面硅微细加工是以硅片为基体生长多层薄膜，如二氧化硅(SiO_2)、单晶硅、多晶硅、氮化硅、有机物薄膜等；采用选择性腐蚀技术，去除部分不需要的膜层，在硅平面上形成所需要的形状，甚至是可动部件，去除的部分膜层一般称为“牺牲层”，整个加工过程都在硅片表面层上进行，其核心技术是“牺牲层”技术。

该技术最大优势在于把机械结构与电子电路集成在一起，从而使微产品具有更好的性能和更高的稳定性。它可用于制作活动构件，如转子、齿轮等，还可以制造多种谐振式、电容式、应变式传感器和静电式、电磁式执行器，如微电机、谐振器等。

5.3.3 键合技术

键合技术是指通过化学和物理作用将硅片与硅片、硅片与玻璃或其他材料紧密地结合起来的方法。硅片键合往往与表面硅加工和体硅加工相结合，用在 MEMS 的加工工艺中。常见的硅片键合技术包括金硅共熔键合、硅/玻璃静电键合、硅/硅直接键合等。

1. 金硅共熔键合

采用熔点为363℃的金硅焊料作中间过渡层，置于键合的两片之间，将它们加热到稍高于金硅共熔点的温度。在这种温度下，金硅混合物将从与其键合的硅片中夺取硅原子以达到硅在金硅二相系中的饱和状态，冷却以后就形成了良好的键合。利用这种技术可以实现硅片之间的键合。

然而，金在硅中是复合中心，能使硅中的少数载流子寿命大大降低。许多微机械加工是在低温下处理的，一般硅溶解在流动的金中，而金不会渗入硅中，硅片中不会有金掺杂。这种硅-硅键合在退火以后，由于热不匹配会带来应力，在键合中要控制好温度。

2. 静电键合

静电键合技术是 1969 年由 Wallis 和 Pomeranty 首次提出，现在已经是一项成熟的工艺技术，可以将玻璃与金属、合金或半导体等材料键合在一起，不需要任何粘合剂，而且键合温度低，键合界面牢固，长期稳定性好，大量应用于 MEMS 工艺中的密封腔制备过程，可以制备压力传感器、密封器件的密封腔等。

静电键合装置如图 5.10 所示。把将要键合的硅片接电源正极，玻璃接负极，电压 500～1000V。将玻璃-硅片加热到 300～500℃。在电压作用时，玻璃中的 Na^+ 将向负极方向漂移，在紧邻硅片的玻璃表面形成耗尽层，耗尽层宽度约为几微米。耗尽层带有负电荷，硅片带正电荷，硅片和玻璃之间存在较大的静电引力，使二者紧密接触。这样外加电压就主要加在耗尽层上。通过电路中电流的变化情况可以反映出静电键合的过程。刚加上电压时，有一个较大的电流脉冲，然后电流减小，最后几乎为零，说明此时键合已经完成。

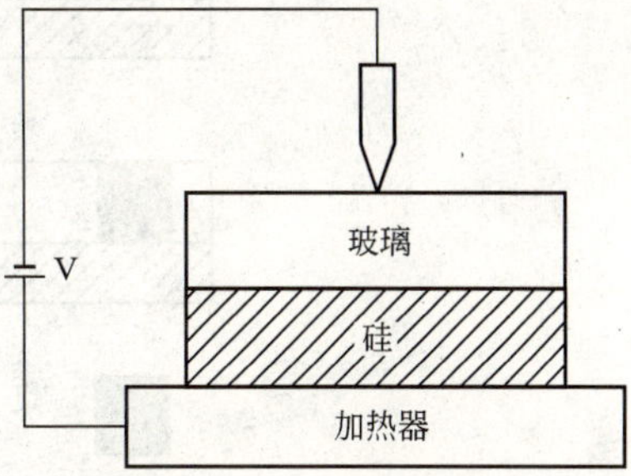

图 5.10 静电键合装置

3. 直接键合

直接键合是 Lasky 于 1985 年提出。两硅片通过高温处理可以直接键合在一起，不需要任何粘合剂和外加电场。直接键合工艺可以实现 Si－Si、Si－SiO_2、SiO_2－SiO_2 等的键合。另外，在硅片之间夹杂一层中间层，如低熔点的硼硅玻璃等，还可以实现较低温度的键合，并且也能达到一定的键合强度，这种低温键合可与硅半导体器件常规工艺兼容。

5.4 LIGA 技术

LIGA 技术是由德国卡尔斯鲁厄核研究中心于 1986 年成功开发的，是利用 X 射线光刻、电铸成形和塑料铸模等方法进行操作的非硅基微细加工技术。

LIGA 技术是一种全新的三维立体微细加工技术。其特点是可制作具有很大纵横比的复杂的三维结构。纵向尺寸可达数百微米，最小横向尺寸为 1μm。尺寸精度达亚微米级，而且有很高的垂直度、平行度和重复精度。其广泛应用于微型机械、微光学器件制作、装配和内连技术、光纤技术、微传感技术、医学和生物工程方面。从而成为 MEMS 极其重要的一种微制造技术。

LIGA 技术如图 5.11 所示，主要包括以下 3 个工艺过程。

1）深层同步辐射 X 射线光刻

将聚乙-甲基丙烯酸甲酶等作光刻胶涂在基板上，在基板上盖上已刻好图形的金属掩膜，再用 X 线使光刻胶层曝光、显影将未曝光部分溶解掉，制成光刻胶的结构图像，同步辐射 X 射线除具有普通 X 射线所具有的波长短、分辨率高、穿透力强等优点外，还具有特定的优点，主要包括：几乎是完全平行的 X 射线辐射，可进行大焦深（＞10μm）的曝光，减小了几何畸变的影响；高辐射强度，比普通 X 射线强度高两个数量级以上，便于利

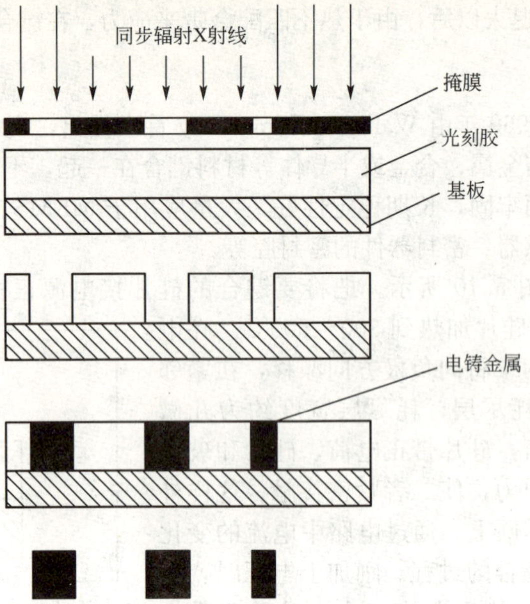

图 5.11 LIGA 工艺

用灵敏度较低，但稳定性较好的光刻胶来实现单层胶工艺；曝光时间短，生产率高。

2）电铸成形

在光刻胶结构图形的间隙处镀上镍、铜或金等金属至所需厚度，制成金属模。以金属基底作为阴极，要成形的微结构金属的供应材料（如 Ni、Ag）作为阳极进行电铸，直到电铸形成的结构刚好把光刻胶模板的型腔填满。最后将它们整个浸入剥离溶剂中，对光刻胶形成的初级模板进行腐蚀剥离，剩下的金属结构即为所需求的微结构件。

3）注塑

以金属模为母模注射塑料型芯，再将型芯电铸成金属构件。

LIGA 技术在制作很厚的微机械结构方面有着独特的优点，是一般常规的微电子工艺无法替代的，它极大地扩大了微结构的加工能力，使得原来难以实现的微机械能够制造出来。中国科学院高能物理研究所采用 LIGA 技术制备了大高宽比镍结构，如图 5.12(a)所示，其宽度为 5μm，高度为 200μm，高宽比为 40。图 5.12(b)为金属齿轮结构，结构高度为 1mm。

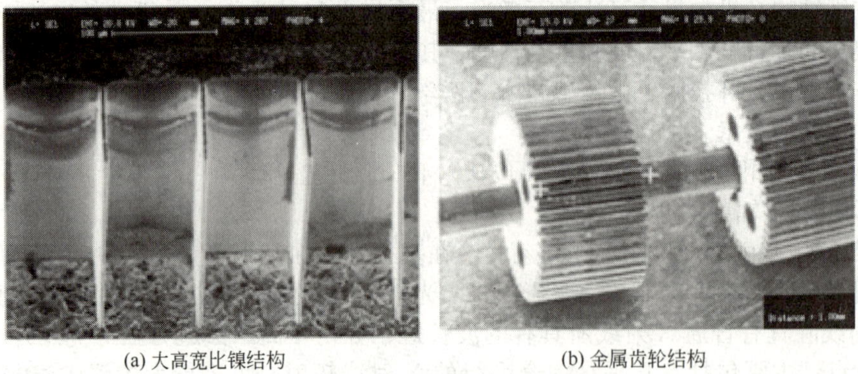

(a) 大高宽比镍结构　　(b) 金属齿轮结构

图 5.12 LIGA 制备微机械结构

但缺点是它所要求的同步辐射源比较昂贵、稀少，致使应用受到限制，难以普及。后来出现了所谓的准 LIGA 技术，它是用紫外光源代替同步辐射源，虽然不具备和 LIGA 技术相当的深度或宽深比。但是，它涉及的是常规的设备和加工技术，这些技术更容易实现。

5.5　纳米焊接技术

随着微电子器件集成度的提高，纳米电子学已成为目前研究的热点。但在以一维纳米材料为构筑模块制备纳电子器件时，存在的关键问题之一是一维纳米材料与金属电极之间不易形成可靠的电接触。这一问题将导致纳电子器件的突出性能得不到很好的体现，在很大程度上限制了纳电子器件的研制和实际应用。

上海交通大学张亚非教授课题组将超声焊接应用于一维纳米电子器件的制备中，首次提出了一种简单、快速的纳米焊接技术。通过超高频、微振幅的超声波和超硬平面压头作用下实现了微小面积上单壁碳纳米管(Single - wall carbon nanotubes，SWCNTs)与金属的焊接，使碳纳米管与金属电极之间形成了长期稳定的低接触电阻和牢固的机械连接。为电子器件进一步“瘦身”和提升性能打下了坚实的基础。图 5.13 为纳米焊接示意图。图 5.14 为 SWCNTs 与 Ti 电极的焊接前后的 SEM 图像。

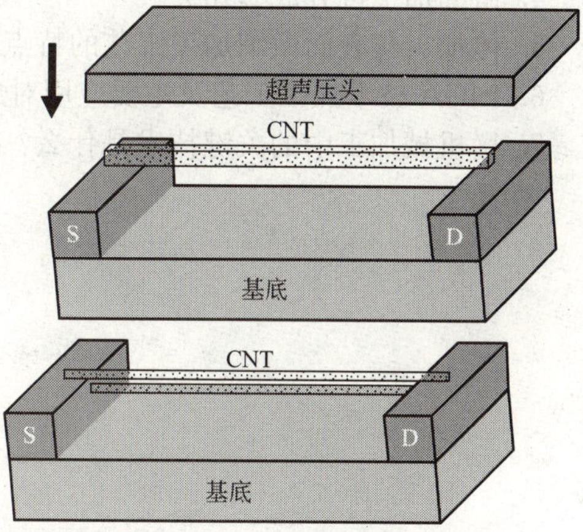

图 5.13　纳米焊接示意图

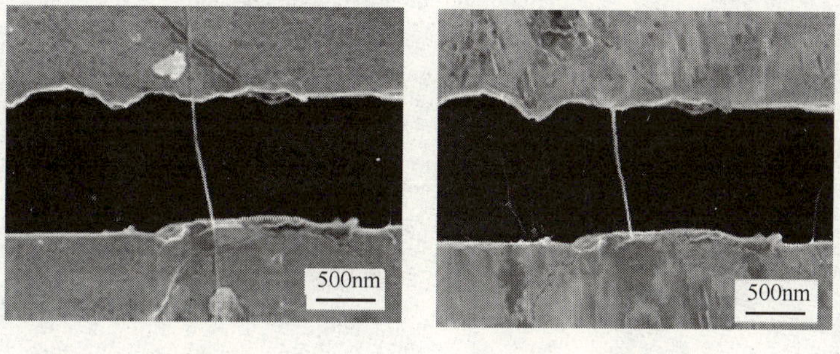

(a) 焊接前　　(b) 焊接后

图 5.14　单根碳纳米管与 Ti 电极的焊接 SEM 图像

焊接前，采用电弧放电法合成 SWCNTs，经过提纯、剪切、分散得以充分分离。而后将 SWCNTs 溶液滴在 300nm 厚，40μm 宽，40μm 长的钛电极对上，使溶液内的 SWCNTs 在电场力的作用下发生取向移动，相互平行的排布在电极对之间。采用面积为 50μm^2，表面粗糙度为 0.2nm 的 Al_2O_3 压头进行焊接，夹紧力为 78.4mN，超声震动频率为 60kHz，持续时间为 0.2s。超声能通过超声焊头被传到交界面，因此在夹紧力和超声能的共同作用下碳管尾部和电极被焊在一起。

纳米焊接技术不依赖于特殊的纳米元件或金属材料，这意味着利用这种技术可对许多种纳米材料(如 Si 纳米线、SiC 纳米线、Ga2O3 纳米带等)与金属电极(如 Pd、Ti、Au、Al 等)之间形成高性能连接。利用纳米焊接技术形成的纳米焊接位置不但接触电阻低、稳定性高、机械性能强，而且这种技术可与传统的硅 IC 工艺相兼容，易于应用到电子工业的生产工艺之中。

思　考　题

1. 微机械有哪些特点？它与微电子技术有什么关系？
2. 微机械与纳米技术有何联系？
3. 微机械微细加工与精密加工以及传统的机械加工有何不同？
4. 微细加工可分成哪几类？
5. 体加工与表面微细加工工艺的特点和主要应用对象是哪些？
6. LIGA 技术加工工艺及主要应用对象是哪些？
7. 微机械加工中的关键技术是什么？

第6章

制造自动化技术

本章学习目标

★ 了解制造自动化技术的内涵与关键技术，明确制造自动化技术发展趋势

★ 了解柔性制造系统的定义及组成，明确 FMS 的特点和柔性，掌握 FMS 的适用范围，应用情况和发展前景

★ 了解工业机器人的组成、分类、性能指标，明确机器人基本结构形式、驱动系统的基本类型及选用原则、控制系统的功能和应用与发展趋势

本章教学要点

知识要点	能力要求	相关知识
制造自动化技术概述	了解制造自动化技术的内涵与关键技术	制造自动化技术关键技术及发展趋势
柔性制造技术	明确 FMS 的特点和柔性，掌握 FMS 的适用范围	FMS 的主要部分组成及应具有的几种柔性
工业机器人	了解工业机器人的组成、分类、性能指标	机器人基本结构形式、驱动系统的基本类型及选用原则

导入案例

制造自动化技术是先进制造技术中的重要组成部分，是制造业的关键技术，对制造业的发展具有非常重要的作用，也是当今制造工程领域中涉及面广、研究十分活跃的技术，主要包含柔性制造系统、工业机器人等技术。图1为沈机集团昆明机床股份有限公司开发的FMS1600型柔性制造系统，经机械工业机床产品质量检测中心(昆明)检测，主机精度优于国家标准，可满足大、中型精密箱体类、盘套类、板类等多品种复杂零件的单件或批量生产制造，在工件一次装夹后，可完成铣、钻、镗、铰、攻丝和轮廓、空间曲面的加工。

图1　FMS1600型柔性制造系统

1920年捷克作家卡雷尔·查培克在其剧本《罗萨姆的万能机器人》中最早使用机器人一词，剧中机器人“Robot”这个词的本义是苦力，即剧作家笔下的一个具有人的外表、特征和功能的机器，是一种人造的劳力，它是最早的工业机器人的设想。1954年美国戴沃尔最早提出了工业机器人的概念，并申请了专利。而后工业机器人技术逐渐向着具有行走能力、具有多种感知能力、具有较强的对作业环境的自适应能力的方向发展。图2给出了多款机器人，可实现多种功能。

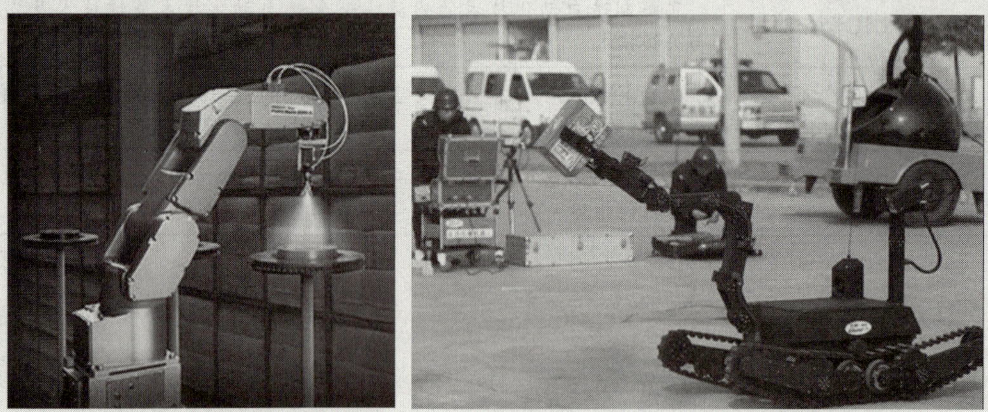

(a) 喷涂机器人　　(b) 排爆机器人

图2　机器人

(c) 装配机器人

(d) 焊接机器人

图2(续)

6.1　制造自动化技术概述

6.1.1　制造自动化技术内涵

早期制造自动化的概念是美国人D. S. Harder于1936年提出的，是指在一个生产过程中，机器之间的零件转移不用人去搬运。随着制造技术、电子技术、控制技术、计算机技术、信息技术、管理技术的发展，制造自动化技术已远远突破了传统的概念，是指在制造过程的所有环节采用自动化技术，实现制造全过程的自动化。制造自动化的广义内涵至少包括以下几个方面：

(1) 在形式方面，制造自动化有三个方面的含义，即：代替人的体力劳动，代替或辅助人的脑力劳动，制造系统中人、机器及整个系统的协调、管理、控制和优化。

(2) 在功能方面，制造自动化的功能目标是多方面的，已形成一个有机体系。此体系可用TQCSE功能目标模型描述，其中T表示时间(Time)，Q表示质量(Quality)，C表示成本(Cost)，S表示服务(Service)，E表示环境友善性(Environment)。T、Q、C、S、E是相互关联的。

(3) 在范围方面，制造自动化不仅仅涉及具体生产制造过程，而且涉及产品生命周期所有过程。

6.1.2　制造自动化技术关键技术

制造自动化技术在形式、功能、范围、学科领域等方面的广义内涵，决定了其所涉及的关键技术众多，主要有：

(1) 集成化技术。在过去制造系统中仅强调信息的集成，现在更强调“多集成”的概念，即信息集成、智能集成、串并行工作机制集成、资源集成、过程集成、技术集成及人员集成。

(2) 智能化技术。应用人工智能技术实现产品生命周期(包括产品设计、制造、发货、支持用户到产品报废等)各个环节智能化，实现生产过程(包括组织、管理、计划、调度、控制等)各个环节的智能化，并实现人与制造系统的融合及人的智能的充分发挥。

(3) 网络技术。网络技术包括硬件与软件的实现。各种通信协议及制造自动化协议、信息通信接口、系统操作控制策略等，是实现各种制造系统自动化的基础。

(4) 分布式并行处理技术。该技术实现制造系统中各种问题的协同求解，获得系统的全局最优解，进而实现系统的最优决策。

(5) 多学科、多功能综合产品开发技术。机电产品的开发设计不仅涉及机械科学的理论与知识，而且还涉及电磁学、光学、控制理论等。不仅要考虑技术因素，还必须考虑经济、心理、环境、人文及社会等方面因素。机电产品的开发要进行多目标全性能的优化设计，以追求机电产品动静特性、效率、精度、使用寿命、可靠性、制造成本与制造周期的最佳组合。

(6) 虚拟现实技术。利用虚拟现实技术、多媒体技术及计算机仿真技术，实现产品设计制造过程中的几何仿真、物理仿真、制造过程仿真，采用多种介质来存储、表达、处理多种信息，融文字、语音、图像、动画于一体，给人一种真实感及身临其境感。

(7) 人机环境系统技术。将人、机器和环境作为一个系统来研究，发挥系统的最佳效益。研究的重点是人机环境的体系结构及集成技术、人在系统中的作用及发挥、人机柔性交互技术、人机智能接口技术、清洁制造等。这些主要关键技术体现了21世纪制造技术对CAD/CAM集成系统的要求，表达了CAD/CAM集成发展的方向。

6.1.3 制造自动化技术发展趋势

近年来，制造自动化技术的研究发展迅速，其发展趋势可用“六化”简要描述：即制造敏捷化、制造网络化、制造虚拟化、制造智能化、制造全球化和制造绿色化。

1. 制造敏捷化

敏捷化是制造环境和制造过程面向21世纪制造活动的必然趋势，所包括的内容很广，如：

(1) 柔性。包括机器柔性、工艺柔性、运行柔性、扩展柔性、劳动力的柔性及知识供应链等。

(2) 重构能力。能实现快速重组重构，增强对新产品开发的快速响应能力；产品过程的快速实现、创新管理和应变管理等。

(3) 快速化的集成制造工艺。如快速原型制造就是一种快速化的CAD/CAM的集成工艺。

2. 制造网络化

制造的网络化，特别是基于Internet/Intranet的制造已成为重要的发展趋势。包括以下几个方面：制造环境内部的网络化，实现制造过程的集成；制造环境与整个制造企业的网络化，实现制造环境与企业中工程设计、管理信息系统等各子系统的集成；企业与企业间的网络化，实现企业间的资源共享、组合与优化利用；通过网络，实现异地制造等。

3. 制造虚拟化

基于数字化的虚拟化技术主要包括虚拟现实(VR)、虚拟产品开发(VPD)、虚拟制造

(VM)和虚拟企业(VE)。制造虚拟化主要指虚拟制造，又称拟实制造，是以制造技术和计算机技术支持的系统建模技术和仿真技术为基础，集现代制造工艺、计算机图形学、工程、人工智能、人工现实技术和多媒体技术等多种高新技术为一体，由多学科知识形成一种综合系统技术。它将现实制造环境及其制造过程通过建立系统模型映射到计算机及相关技术所支撑的虚拟环境中，在虚拟环境下模拟现实制造环境及其制造过程的一切活动和产品制造全过程，并对产品制造及制造系统的行为进行预测和评价。虚拟制造是实现敏捷制造的重要关键技术。

4. 制造智能化

制造智能化是制造系统在柔性化和集成化基础上进一步的发展和延伸，未来的研究重点具有自律、分布、智能、仿生、敏捷、分形等特征的新一代自动化制造系统。智能制造技术的目标在于通过人与智能机器的合作共事，去扩大、延伸和部分地取代专家在制造过程中的脑力劳动，以实现制造过程的优化。

5. 制造全球化

智能制造系统计划和敏捷制造战略的发展和实施，促进了制造业的全球化。随着“网络全球化”、“市场全球化”、“竞争全球化”、“经营全球化”的出现，全球化制造的研究和应用迅速发展，主要包括：市场的国际化，产品销售的全球网络正在形成；产品设计和开发的国际合作及产品制造的跨国化；制造企业在世界范围内的重组与集成，如动态联盟公司；制造资源的跨地区、跨国家的协调、共享和优化利用；全球制造的体系结构将会形成。

6. 制造绿色化

近几年来，提出一个新的概念：最有效地利用资源和最低限度地产生废弃物，这是当前世界上环境问题的治本之道。如何使制造业尽可能少地产生环境污染是当前环境问题研究的一个重要方面。绿色制造的概念由此产生。绿色制造是一个综合考虑环境影响和资源效率的现代制造模式，其目标是使产品从设计、制造、包装、运输、使用到报废处理的整个产品生命周期中，对环境的影响(负作用)最小，资源使用效率最高。绿色制造已成为全球可持续发展战略对制造业的具体要求和体现。绿色制造涉及产品的整个生命周期和多生命周期。对制造环境和制造过程而言，绿色制造主要涉及资源的优化利用、清洁生产和废弃物的最小化及综合利用。

“知识化”、“创新化”也已成为制造自动化技术的重要发展趋势。随着知识对经济发展重要性的加大，未来的制造业将是智力型的工业，产品的知识含量将成为竞争的基础力量和决定胜负的关键，要求制造业必须提高技术和知识含量，实施知识管理，注重知识共享，迎接“以知识为基础的产品”的新时代，创新作为知识经济的核心将成为企业生存与发展的根本。制造业必须不断提高技术创新和知识创新的能力，增强企业的市场竞争力。

6.2　柔性制造技术

6.2.1　柔性制造系统的定义及组成

柔性制造系统 FMS(Flexible Manufacturing System)的雏形源于美国马尔西(MALROSE)公司，该公司在1963年制造了世界上第一条多种柴油机零件的数控生产线。FMS

的概念由英国莫林(MOLIN)公司最早正式提出，并在1965年取得了发明专利，1967年名为“Molins System-24”（意为可24小时无人值守自动运行)的FMS正式形成。此后，世界各工业发达国家争相发展和完善这项新技术，FMS的定义更为直观，可概括为“由两台以上数控设备、物料运储和控制系统组成，通过改变软件程序适应多品种、中小批量生产自动化制造系统”。

根据以上定义，FMS的组成主要可分为四部分：

(1) 加工系统：加工系统的功能是以任意顺序自动加工各种工件，并能自动地更换工件和刀具。包括两台以上的CNC机床、加工中心或柔性制造单元(Flexible Manufacturing Cell，FMC)以及其他的加工设备，如测量机、清洗机、动平衡机和各种特种加工设备等。

(2) 工件运储系统：工件运储系统的功能是实现工件的运输和存储。由工件装卸站、自动化仓库、自功化运输小车、机器人、托盘缓冲站、托盘交换装置等组成，能对工件和原材料进行自动装卸、运输和存储。

(3) 刀具运储系统：该系统能实现FMS系统内刀具循环的优化管理。包括中央刀库、机床刀库、刀具预调站、刀具装卸站、刀具输送小车或机器人、换刀机械手等。中央刀库配备完善的刀具管理系统，可以实现刀具预调，将机床刀库与中央刀库进行批交换，可以监测系统中每一把刀具的参数、磨损情况、寿命和空间位置，还可以预报下一阶段的刀具信息等。

(4) 一套计算机控制系统：能够实现对FMS进行计划调度、运行控制、物科管理、系统监控和网络通信等。

除了上述4个基本组成部分之外，FMS还包含集中冷却润滑系统、切屑运输系统、自动清洗装置、自动去毛刺设备等附属系统，其构成如图6.1所示。

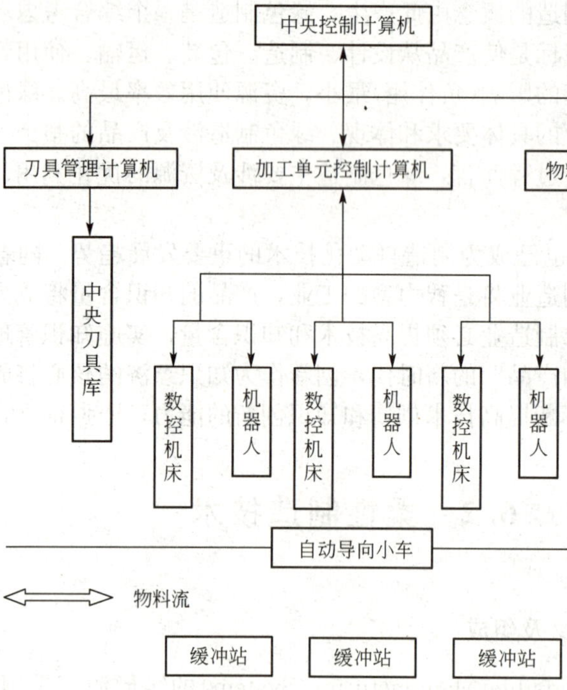

图6.1　FMS基本组成

6.2.2　FMS的特点

图6.2为一个典型的FMS柔性制造系统示意图。该系统由4台卧式加工中心、3台立式加工中心、2台平面磨床、2台自动导向小车、2台检验机器人组成，此外还包括自动仓库、托盘站和装卸站等。在装卸站，由人工将工件毛坯安装在托盘夹具上，然后由物料传送系统把毛坯连同托盘夹具输送到第一道工序的加工机床旁边，排队等候加工；一旦该加工机床空闲，就由自动上下料装置立即将工件送上机床进行加工；当每道工序加工完成后，物料传送系统便将该机床加工完成的半成品取出，并送至执行下一道工序的机床等候。如此不停地运行，直至完成最后一道加工工序为止。在这整个运作过程中，除了进行切削加工之外，若有必要还需进行清洗、检验等工序，最后将加工结束的零件入库储存。

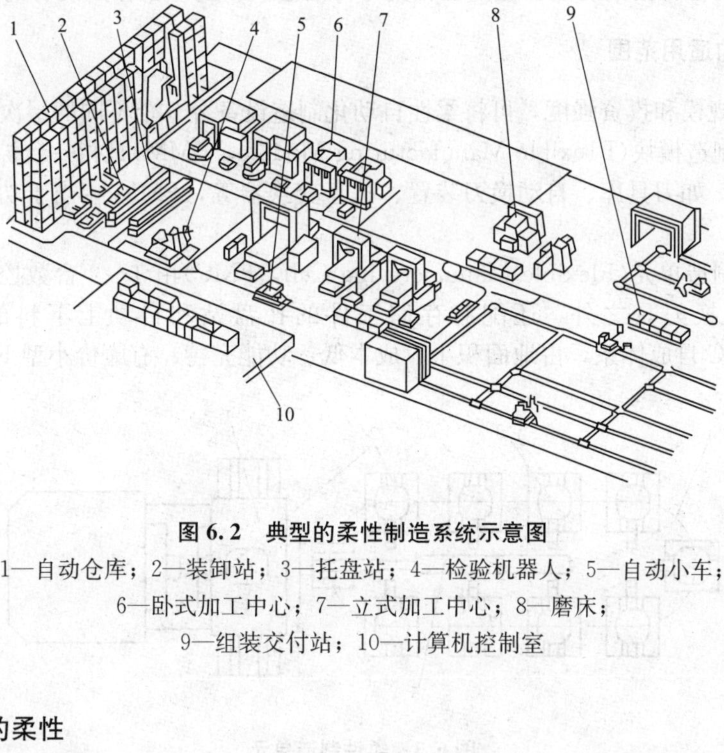

图6.2　典型的柔性制造系统示意图

1—自动仓库；2—装卸站；3—托盘站；4—检验机器人；5—自动小车；
6—卧式加工中心；7—立式加工中心；8—磨床；
9—组装交付站；10—计算机控制室

6.2.3　FMS的柔性

关于FMS的柔性，有关专家认为，一个理想的FMS应具有如下几种柔性。

(1) 设备柔性：指系统易于实现加工不同类型零件所需转换的能力。衡量指标有：更换磨损刀具的时间；为加工同一类而不同组的零件所需的换刀时间；组装新夹具所需的时间；机床实现加工不同类型零件所需的调整时间，包括刀具准备时间、零件安装定位和拆卸时间以及更换数控(NC)程序的时间。

(2) 工艺柔性：指系统能够以多种方法加工某一零件组的能力，衡量指标是系统不采用成批方式而能同时加工零件的品种数。

(3) 产品柔性：指系统能经济而迅速地转向生产新产品的能力，即转产能力，也称为反应柔性，即指为适应新环境而采取新行动的能力。衡量指标是系统从生产一种零件转向生产另一种零件所需的时间。

(4) 流程柔性：指系统处理其故障并维持其生产持续进行的能力。这种能力包含两个方面，一是零件能采用不同的工艺路线进行加工，二是能够用来完成加工某工序的机床不只配备一台。衡量指标是FMS在发生故障时的生存能力，即生产率显著下降或零件加工能继续进行。

(5) 批量柔性：指系统在不同批量下运转有利可图的能力。提高自动化水平，由于机床调整费用下降，与直接劳动有关的可变成本下降，系统的批量柔性也就随之提高。衡量指标是保证系统运转有利可图的最小批量，该批量越小，系统的柔性就越高。

(6) 扩展柔性：指系统能根据需要通过模块进行重组和扩展的能力。衡量指标是系统能扩展的规模大小。

(7) 工序柔性：指系统变换零件加工工序顺序的能力。

(8) 生产柔性：指系统能够生产各种类零件的总和。衡量指标是现有的技术水平。

6.2.4 FMS的适用范围

若按系统规模和投资强度，可将柔性自动化制造设备分5个不同的层次。

(1) 柔性制造模块(Flexible Manufacturing Module，FMM)是指一台扩展了自动化功能的数控机床，如刀具库、自动换刀装置、托盘交换器等，FMM相当于功能齐全的加工中心。

(2) 柔性制造单元(Flexible Manufacturing Cell，FMC)由1～2台数控机床组成，除了能够自动更换刀具之外，还配有存储工件的托盘站和自动上下料的工件交换台(图6.3)。FMC自成体系，占地面积小、成本低、功能完善、有廉价小型FMS之称。

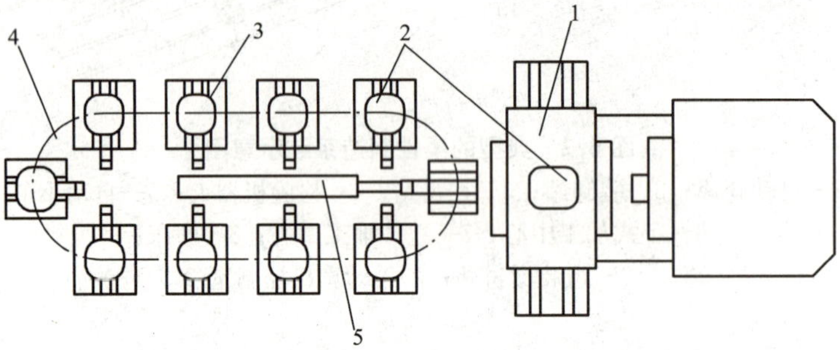

图6.3 柔性制造单元

1—加工中心；2—托盘；3—托盘站；4—环形工作台；5—工件交换台

(3) 柔性制造系统(FMS)包括2台以上的CNC、FMM或FNC，其控制与管理功能比FMC强，规模比FMC大，对数据管理与通信网络要求高。

(4) 柔性制造生产线(Flexible Manufacturing Line，FML)的加工设备在采用通用数控机床的同时，更多地采用数控组合机床，如数控专用机床、可换主轴箱机床、模块化多动力头数控机床等，工件输送线多为单线、固定、柔性较低、专用性强、生产率高，相当于数控化的自动生产线，一般用于少品种、中大批量生产。可以说，FML相当于专用FMS。

(5) 柔性制造工厂(Flexible Manufacturing Factory，FMF)是将柔性制造自动化由

FMS 扩展到全企业范围，通过计算机网络系统的有机联系，实现在全企业范围内的生产经营管理过程、设计开发过程、加工制造过程和物料运储过程的全盘自动化，实现自动化工厂(Factory Automation，FA)的目标。

FMS 是在兼顾数控机床的灵活性和刚性自动生产线高效率两者优点基础上逐步发展起来的，因而它与单机数控机床和刚性自动生产线有着不同的适用范围。如图 4.44 所示，如果用 FMS 进行零件生产，则其柔性比不上数控机床单机加工，且设备资源得不到充分利用；

如果用 FMS 大批量加工单一品种，则其效率比不上刚性自动生产线。而 FMS 的优越性，则是以多品种、中小批量生产和快速市场响应能力为前提的。

FMS 是一项耗资巨大的工程，是否选用 FMS，选用何种规模的 FMS，应根据各企业的生产品种种类、经营状况、技术水平、发展目标和市场前景等具体条件，切合实际地加以认真分析，确认其必要性和合理性，切不可盲目实施。

6.2.5　FMS 的应用实例

FMS 在航空发动机行业的应用实例见表 6-1，实例证明 FMS 的效益是非常明显的。

表 6-1　FMS 在航空发动机行业的应用实例

项目	内　容
产品	航空发动机零件
设备配置	加工机床： 12 台 BERTHIEZ 立车配有 GE2000CNC 4 台 OERIUKON 加工中心带 GE2000CNC
	物料运输： 5 台 热蒙·施莱德尔(JEUMONT SCHNEIDER)的 AGV 4 台 装卸站 工件托盘带巴鲁夫固定磁卡式托盘辨识系统
	刀具运送： 1 个 刀具库 1 个 换刀机器人，用于向 4 个加工中心换刀服务 2 个 刀具库 2 个 换刀机器人，用于向 12 台立车换刀服务，都装有巴鲁夫只读型刀具辨识芯片系统，以验证换刀的正确性
	计算机： 1 台 VAX111750 用作 FMS 控制机 3 台 MICRO VAXll 用作加工中心、立车、清洗机的运行控制 2 台 PDP11123 用作两个仓库运行的协调控制 1 台 PDP11123 用作运输系统的协调控制 所有计算机之间用以太网连接起来
	其他设备： 1 台 清洗机
柔性水平	FMS 能使涡轮盘的单件时间从 5～6 个月缩短为 2 个月，将来可进一步缩短到 1 个月，使原需 36 台机床才能达到的，现仅用 16 台机床就能达到了，并仅配置了每班 10 人，相当于原 36 人的 1/3，证明系统的效益是明显的

6.2.6 FMS的应用情况和发展前景

FMS是适应中小批量生产的自动化而发展起来的，在20世纪80年代末就已进入了实用阶段，技术已比较成熟。随着国际竞争的加剧，无论发达国家还是发展中国家都越来越重视柔性制造技术。

由于它在解决多品种、中小批量生产上比传统的加工技术有明显的经济效益，其应用范围正逐步扩大。从机械制造行业来看，现在FMS不仅能完成机械加工，而且还能完成钣金加工、锻造、焊接、装配、铸造和激光、电火花等特种加工以及喷漆、热处理、注塑和橡胶模制作等工作。从整个制造业所生产的产品看，现在FMS已不再局限于汽车、车床、飞机、坦克、火炮、舰船，还可用于计算机、半导体、服装、食品以及医药品和化工等产品生产。从生产批量来看，FMS已从中小批量应用向单件和大批量生产方向发展。有关研究表明，凡是可采用数控和计算机控制的工序均可由FMS完成。

然而通过实践，人们认识到仅仅依靠计算机技术，只注意提高加工系统的柔性和控制水平，在多品种小批量的生产环境中，并不能充分发挥FMS的柔性、高效、高自动化等效能。因此，在研究发展CAD/CAPP/CAM技术、网络技术、集成技术等基础上，开发和应用算机集成制造系统是先进制造技术发展的必然趋势。

6.3 工业机器人

机器人技术是先进制造技术中一个重要单元技术，是涉及机械学、传感器技术、驱动技术、控制技术、通信技术和计算机技术的一门综合性高新技术，既是光机电一体化的重要基础，又是光机电一体化技术的典型代表。

第一个机器人“电报箱”是美国西屋公司工程师温兹利于1927年制造的，并在纽约举行的世界博览会上展出。它是一个电动机器人，装有无线电发报机，可以回答一些问题，但该机器人不能走动。1959年第一台工业机器人(可编程、圆坐标)在美国诞生，开创了机器人发展的新纪元。

机器人技术的作用及其重要性表现在以下四个方面：面向先进制造中柔性装配的机器人及系统、机器人加工系统及其设备、机器人化机器、特种环境下作业机器人等，工业机器人已广泛应用于喷漆、焊接、冲压、压铸、上下料、搬运、装配加工自动化中。

6.3.1 工业机器人的定义、组成、分类与性能指标

1. 工业机器人的定义

工业机器人是一种可完成搬运等多种操作功能的专用机械装置；是由计算机控制、无人参与的自主自动化控制系统；是可编程、具有柔性的自动化系统，可以允许进行人机联系。工业机器人可代替人完成具有大批量、高质量要求的工作，如汽车制造、摩托车制造、舰船制造、某些家电产品(电视机、电冰箱、洗衣机)、化工等行业自动化生产线中的点焊、弧焊、喷漆、切割、电子装配，以及物流系统的搬运、包装、码垛等作业的机器人。

2. 工业机器人的组成

工业机器人一般由执行机构、控制系统、驱动系统以及位置检测机构等几个部分组成，典型的关节型工业机器人如图6.4所示。

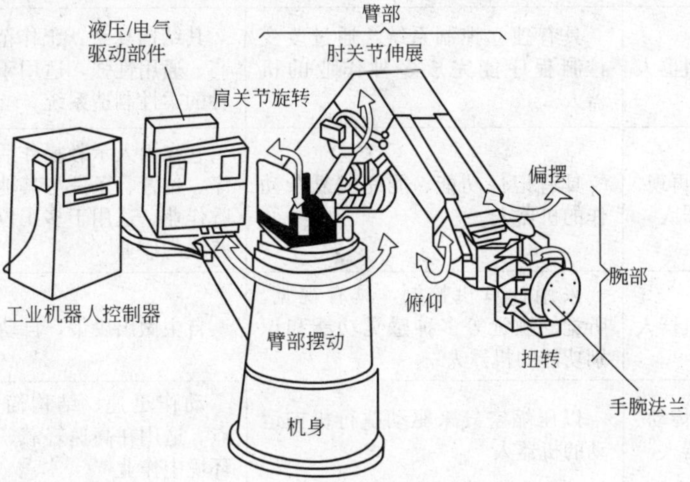

图6.4 关节型工业机器人的组成

1）执行机构

执行机构与人的手脚功能相似，又俗称操作机，通常包括如下的组成部分。

（1）手部，又称抓取机构或夹持器，用于直接抓取工件或工具。若在手部安装专用工具，如焊枪、电钻、电动螺钉拧紧器等，就构成了专用的特殊手部。工业机器人手部有机械夹持式、真空吸附式、磁性吸附式等不同的结构形式。

（2）腕部，是连接手部和手臂的部件，用以调整手部的姿态和方位。

（3）臂部，是支撑手腕和手部的部件，由动力关节和连杆组成，用以承受工件或工具负荷，改变工件或工具的空间位置，并将它们送至预定的位置。

（4）机身，又称立柱，是支撑臂部的部件，通常可以回转。

（5）机座及行走机构，是支撑整个机器人的基础件，用以确定或改变机器人的位置。

2）控制系统

控制与支配机器人按给定的程序动作，并记忆人们示教的指令信息，如动作顺序、运动轨迹、运动速度等，可再现控制所存储的示教信息。

3）驱动系统

按照控制系统发来的控制指令驱动执行机构完成规定的作业，常用的驱动系统有机械式、液压式、气压式以及电气式等不同的驱动形式，目前使用最多的是交流伺服电动机。

4）位置检测装置

通过附设的力、位移、触觉、视觉等不同的传感器，检测机器人的运动位置和工作状态，并随时反馈给控制系统，以便执行机构以一定的精度和速度达到设定的位置。

3. 工业机器人的分类

机器人分类方法很多，这里仅按机器人的系统功能、驱动方式、结构形式及控制方式进行分类，见表6-2。

表 6-2 工业机器人的分类

机器人分类		定义	特点
按系统功能分类	专用机器人	在固定地点以固定程序工作的机器人	动作少，工作对象单一，结构简单，无独立控制系统、造价低廉
	通用机器人	具有独立控制系统，通过改变控制程序能完成多种作业的机器人	其结构复杂、工作范围大、定位精度高、通用性强，适用于不断变换生产品种的柔性制造系统
	示教再现机器人	具有记忆功能、能完成复杂动作的机器人	它在由人示教操作后，能按示教的顺序、位置、条件与其他信息反复重现示教作业。适用于多工位和经常变换工作路线的作业
	智能机器人	采用计算机控制，具有视觉、听觉、触觉等多种感觉功能和识别功能的机器人	自主做出决策，自动进行反馈纠正
按驱动方式分类	气压传动机器人	以压缩空气来驱动执行机构运动的机器人	动作迅速、结构简单、成本低的特点。适用在高速轻载、高温和粉尘大的环境中作业
	液压传动机器人	以液压元器件来驱动执行机构运动的机器人	负载能力强、传动平稳、结构紧凑、动作灵敏的特点，适用于重或低速驱动场合
	电气传动机器人	它是由交、直流伺服电动机、直线电动机或功率步进电动机驱动的机器人	机械结构简单、响应速度快、控制精度高，是目前工业机器人中应用最为广泛的一种驱动方式
按结构形式分类	直角坐标机器人	由三个相互正交的平移坐标轴组成，可沿三个直角坐标移动(图 6.5(a))	控制简单、定位精度高
	圆柱坐标机器人	由支柱和一个安装在立柱上的水平臂组成，其立柱安装在回转机座上，水平臂可以自由伸缩，并可沿立柱上下移动(图 6.5(b))	操作范围较大，运动速度较高
	关节机器人	大小两臂和立柱等机构组成。大小臂之间用铰链连接形成肘关节，大臂和立柱连接形成肩关节，可实现三个方向旋转运动(图 6.5(c))	它能够抓取靠近机座的物件，也能绕过机体和目标间的障碍物去抓取物件，具有较高的运动速度和极好的灵活性，成为最通用的机器人
	球坐标机器人	它由回转机座、俯仰铰链和伸缩臂组成，具有两个旋转轴和一个平移轴，可实现旋转和俯仰(图 6.5(d))	其操作比圆柱坐标型机器人更为灵活
按控制方式分类	固定程序控制机器人	采用固定程序的继电器控制器或固定逻辑控制器组成控制系统的机器人	按预先设定的顺序、条件和位置，逐次执行各阶段动作，但不能用编程的方法改变设定的信息
	可编程控制机器人	可利用编程方法改变机器人的动作顺序和位置的机器人	它适用于比较复杂的工作场合，并能随着工作对象的不同需要在较大范围内调整机器人的动作

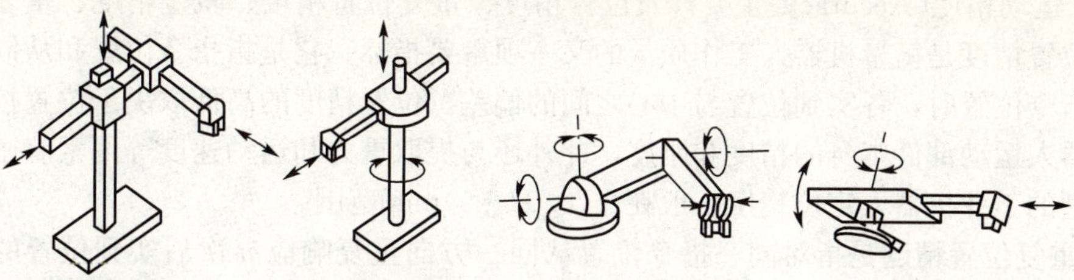

(a) 直角坐标型 (b) 圆柱坐标型 (c) 关节型 (d) 球坐标型

图 6.5 机器人基本结构形式

4. 工业机器人的性能指标

工业机器人的性能特征影响着机器人的工作效率和可靠性，在机器人设计和选用时应考虑如下几个性能指标。

(1) 自由度(Degree of Freedom，DOF)是指机器人运用手爪进行工作的空间范围，是衡量机器人技术水平的主要指标。所谓自由度是指运动件相对于固定坐标系所具有的独立运动。每个自由度需要一个伺服轴进行驱动，因而自由度数越高，机器人可以完成的动作越复杂，通用性越强，应用范围也越广，但相应地带来的技术难度也越大。一般情况下，通用工业机器人有 3～6 个自由度。

(2) 工作空间(Work Space)是指机器人应用手爪进行工作的空间范围。机器人的工作空间取决于机器人的结构形式和每个关节的运动范围。图 6.6 表示了几种不同形式的工作空间。其中图 6.6(a)是圆柱型坐标机器人的工作空间，为一圆柱体，图 6.6(b)为球坐标型机器人的工作空间，为一球体。另外，直角坐标型机器人的工作空间为中空的圆柱体，而关节型机器人的工作空间比较复杂，一般为多个空间曲面拼合的回转体的一部分。工作空间是选用机器人时应考虑的一个重要参数。

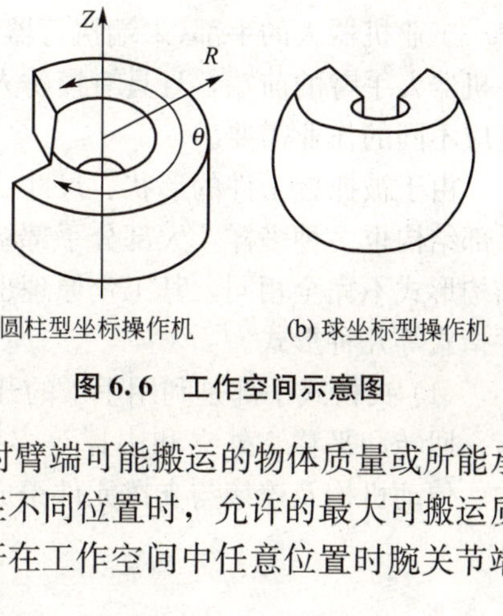

(a) 圆柱型坐标操作机 (b) 球坐标型操作机

图 6.6 工作空间示意图

(3) 有效负载(Payload)是指机器人操作机在工作时臂端可能搬运的物体质量或所能承受的力或力矩，用以表示操作机的负荷能力。机器人在不同位置时，允许的最大可搬运质量是不同的，因此机器人的额定可搬运质量是指其臂杆在工作空间中任意位置时腕关节端部都能搬运的最大质量。

根据机器人所提取重力大小，可将机器人大致分为：①微型机器人——提取重力在 10N 以下；②小型机器人——提取重力在 10～50N；③中型机器人——提取重力在 50～300N；④大型机器人——提取重力在 300～500N；⑤重型机器人——提取重力在 500N 以上。在目前的实际应用中，机器人一般为中小型机器人。

(4) 速度和加速度是表明机器人运动特性的主要指标。其中的运动速度影响机器人的运动周期和工作效率，它与机器人所提取的重力和位置精度都有密切的关系。运动速度高，机器人所承受的动载荷变大，并同时承受着加减速时较大的惯性力，影响机器人的工作平稳性和位置精度。就目前的技术水平而言，通用机器人的最大直线运动速度大多在 1000mm/s 以下，最大回转速度一般不超过 120°/s。

(5) 运动精度(Accuracy)主要涉及位置精度、重复位置精度、轨迹精度、重复轨迹精度等。位置精度是衡量机器人工作质量的又一项重要指标。它是指指令位置和从同一方向接近该指令位置时，各实到位置与中心之间的偏差。位置精度的高低取决于位置控制方式以及机器人运动部件本身的精度和刚度，此外还与提取重力和运动速度等因素有密切的关系。典型的工业机器人定位精度一般在±(0.02～5)mm 范围。

① 重复位置精度是指对同一指令位置从同一方向重复响应 n 次后实到位置的不一致程度。

② 轨迹精度是指机器人机械接口从同一方向 n 次跟随指令轨迹的接近程度。

③ 轨迹重复精度是指对一给定轨迹在同一方向跟随 n 次后实到轨迹之间的不一致程度。

(6) 动态特性主要包括质量、惯性矩、刚度、阻尼系数、固有频率和振动模态。设计时应该尽量减小质量和惯量。对于机器人的刚度，若刚度差，机器人的位置精度和系统固有频率将下降，从而导致系统动态不稳定；但对于某些作业(如装配操作)，适当地增加柔顺性是有利的，最理想的情况是希望机器人臂杆的刚度可调。增加系统的阻尼对于缩短振荡的衰减时间、提高系统的动态稳定性是有利的。提高系统的固有频率，避开工作频率范围，也有利于提高系统的稳定性。

6.3.2 工业机器人的机械结构

1. 工业机器人的手部结构

工业机器人的手部(末端执行器)是装在手腕上直接抓握工件或执行作业的部件，它装在机器人手臂的前端，且具有模仿人手动作的能力。手部与手腕相连处一般可以拆卸，以适应不同的作业需要。

由于被抓握工件的形状、尺寸、质量、材料性能以及表面形状的不同，工业机器人的手部结构也多种多样，大部分手部结构都是根据特定的工作要求而专门设计的，它们不仅结构形式不完全相同，其工作原理也并不一样。常见机器人的手部有夹持式、吸附式和拟手指式等几种形式。

(1) 夹持式手部是利用手爪的开闭来夹紧和抓取工件的，按其结构又分为：两指或多指、回转和平移、外夹和内撑等多种形式。图 6.7 为一种夹持式手部，由手爪、驱动机构、传动机构及连接与支撑元件组成。

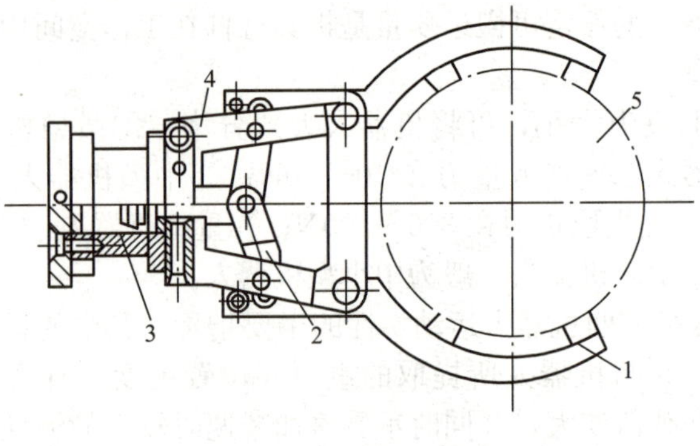

图 6.7 夹持式手部

1—手爪；2—传动机构；3—驱动机构；4—支架；5—工作

(2) 吸附式手部又分为气吸式和磁吸式。气吸式手部是利用真空吸力及负压吸力吸持工件，它适用于抓取薄片工件，通常吸盘由橡胶或塑料制成。磁吸式手部是利用电磁铁和永久磁铁的磁场力吸取磁性物质的小五金工件。

图 6.8 为一种气流负压吸附式手部，利用流体力学原理，当需要取料时，压缩空气高速流经喷嘴 5 时，其出口处的气压低于吸盘腔内的气压，于是腔内的气体被高速气流带走而形成负压，从而完成取料动作。当需要释放时，切断压缩空气即可。

(3) 图 6.9 为一种三指手爪的拟手指式手部。第①指相当于拇指，只有一个屈伸关节，一个摆动关节和一个开合关节，其他两指都有两个曲伸关节，故共有 11 个自由度。人手是最灵巧的夹持器，如果模拟人手结构就能制造出机构最优的手部。

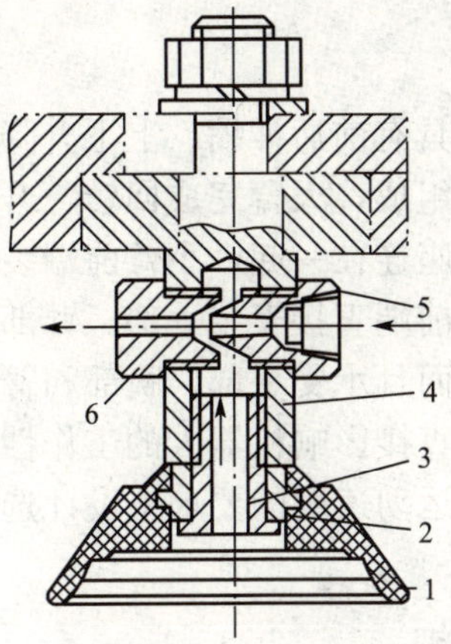

图 6.8　气流负压吸附式手部

1—橡胶吸盘；2—心套；3—通气螺钉；4—支承杆；5—喷嘴；6—喷嘴套

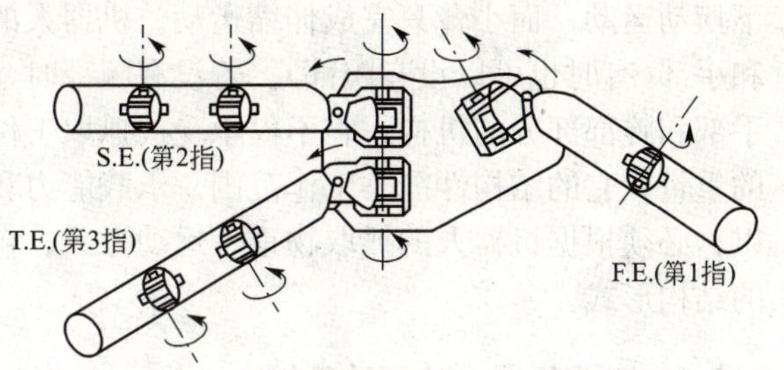

图 6.9　三指手爪的拟手指式手部

2. 工业机器人的腕部结构

机器人的腕部(或称手腕)用来连接操作机手臂和手部(末端执行器)，起着支撑手部、调整和改变手部方位的作用(图 6.10)，故腕部也称作机器人的姿态机构。腕部一般应有 2～3 个自由度，结构要紧凑，质量较小，各运动轴采用分离传动。图 6.11 为 P－100 机器人腕部结构(其中，轴 1～轴 3 为手臂轴，图中未画出)，是一种典型的 3 轴分立形式。

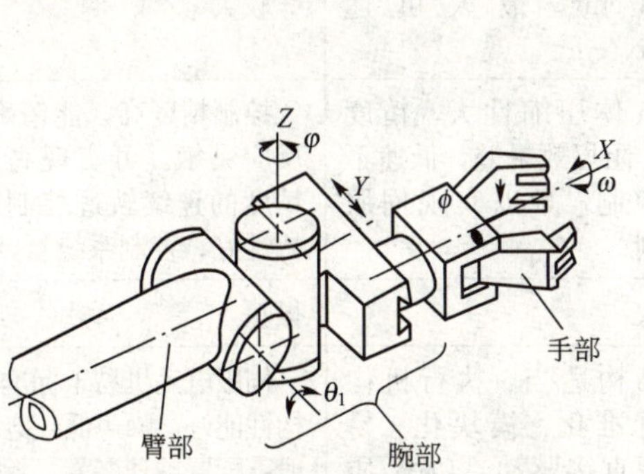

图 6.10　机器人腕部结构示意图

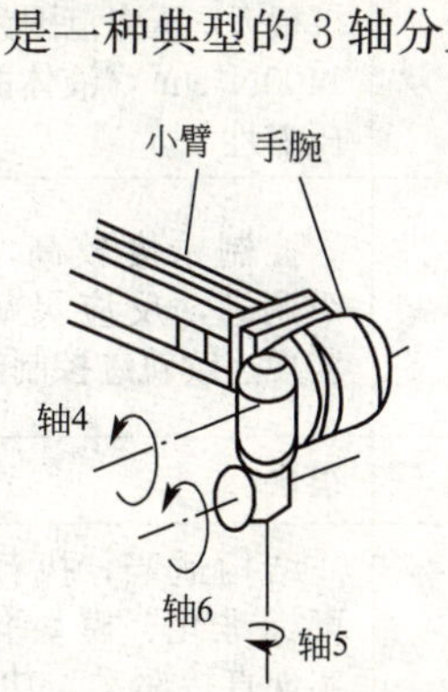

图 6.11　P－100 机器人的手腕

机器人腕部的设计首先应确定所要求的运动和动作。腕部的动作一般是在手臂动作确定之后，根据工件的上下料要求进行确定，手臂完成不了的动作由腕部来完成，或是同时考虑和分配手臂与腕部共同担负的动作运动。腕部的机械结构是根据它的运动要求来确定的。对腕部的回转运动，多数采用回转液(气)压缸或直线液(气)压缸加齿轮、齿条的结构形式。

3. 工业机器人的腰部结构

机器人的腰部是负载最大的运动轴，对手部的运动精度影响最大，故设计精度要求高。腰关节的轴可采用普通轴承的支撑结构。其优点是结构简单、安装调整方便，但腰部高度较高。现在大多数机器人的腰关节均采用大直径交叉滚子轴承支撑的结构，既可使基座高度大大降低，又具有更好的支撑刚度。

4. 工业机器人的臂部结构

臂部(或称为手臂)是机器人机械结构的重要部件，它具有前后伸缩、上下升降、左右摆动或左右回转等运动功能。机器人的臂部由大臂和小臂组成，大臂完成回转、升降或上下摆动运动，而小臂只完成伸缩运动。机器人的大臂与基座连在一起，小臂前端装有腕部和手部(有时也可以没有腕部)。若没有腕部时，可在臂部前端直接安装手部。臂部是支持手部和腕部部分的机构，它不仅承受被抓取工件的物重，而且承受手部、腕部和臂部自身的重量。它的结构性能、工作范围、承载能力和动作精度直接影响机器人的工作性能。所以，必须根据机器人的抓取物重、运动方式、自由度数和运动速度的要求来设计选择臂部的结构形式。

6.3.3 工业机器人的驱动系统

工业机器人的驱动系统，按动力源可分为液压驱动、气动驱动和电动驱动三种基本驱动类型。根据需要，也可采用由这三种基本驱动类型组合而成的复合式驱动系统。这三种基本驱动系统的主要特点见表6-3。

表6-3 工业机器人三种基本驱动系统的主要特点

内容	驱动方式		
	液压驱动	气动驱动	电动驱动
输出功率	很大，压力范围为50～1400N/cm²，液体的不可压缩性	大，压力范围为40～60N/cm²，最大可达100N/cm²	较大
控制性能	控制精度较高，可无级调速，反应灵敏，可实现连续轨迹控制	气体压缩性大，精度低，阻尼效果差，低速不易控制，难以实现伺服控制	控制精度高，能精确定位，反应灵敏。可实现高速、高精度的连续轨迹控制，伺服特性好，控制系统复杂
响应速度	很快	较快	很快
结构性能及体积	结构适当，执行机构可标准化、模块化，易实现直接驱动。功率/质量比大，体积小，结构紧凑，密封问题较大	结构适当，执行机构可标准化、模块化、易实现直接驱动。功率/质量比较大，体积小，结构紧凑，密封问题较小	伺服电动机易于标准化。结构性能好，噪声低。电动机一般需配置减速装置。除DD电动机外，难以进行直接驱动，结构紧凑，无密封问题

（续）

内容	驱动方式		
	液压驱动	气动驱动	电动驱动
安全性	防爆性能较好，用液压油作传动介质，在一定条件下有火灾危险	防爆性能好，高于1000kPa(10个大气压)时应注意设备的抗压性	设备自身无爆炸和火灾危险。直流有刷电动机换向时有火花，对环境的防爆性能较差
对环境的影响	泄漏对环境有污染	排气时有噪声	无
效率与成本	效率中等(0.3～0.6)，液压元件成本较高	效率低(0.15～0.2)，气源方便，结构简单，成本低	效率为0.5左右，成本高
维修及使用	方便，但油液对环境温度有一定要求	方便	较复杂
在工业机器人中应用范围	适用于重载、低速驱动，电液伺服系统适用于喷涂机器人、重载点焊机器人和搬运机器人	适用于中小负载，快速驱动，精度要求较低的有限点位程序控制机器人，如冲压机器人、机器人本体的气动平衡及装配机器人气动夹具	适用于中小负载，要求具有较高的位置控制精度，速度较高的机器人，如AC伺服喷涂机器人、点焊机器人、弧焊机器人、装置机器人等

电动机驱动方式应用类型一般可分为普通交、直流电动机驱动，步进电动机驱动，直流伺服电动机驱动，交流伺服电动机驱动等。

伺服电动机驱动单元一般由伺服电动机、传感器、减速器(也可无减速装置)和制动器组成。它经输出轴输出力矩和运动，驱动机器人操作机的某一关节运动。随着伺服功率放大器成本的降低，许多新设计的机器人大多选用适用性强、动作灵活得多关节型结构，每一个关节(或称每一个自由度)采用一台电动机和一个微处理器进行驱动和控制。

在工业机器人中，直流伺服电动机、交流伺服电动机都采用闭环控制，常用于位置精度和速度要求高的机器人中。步进电动机主要适于开环控制系统，一般用于位置和速度精度要求不高、价格较低的机器人中。国外近年开发了一种电动机直接驱动系统，即电动机与其负载直接耦合在一起，中间不需要配置任何机械减速装置。直接驱动伺服系统的组成如图6.12所示，它主要由低速、高转矩的DD电动机，高精度、高分辨率的角度传感器检测装置，响应快速的功率放大器，高性能的位置伺服控制器和计算机接口与保护环节组成。

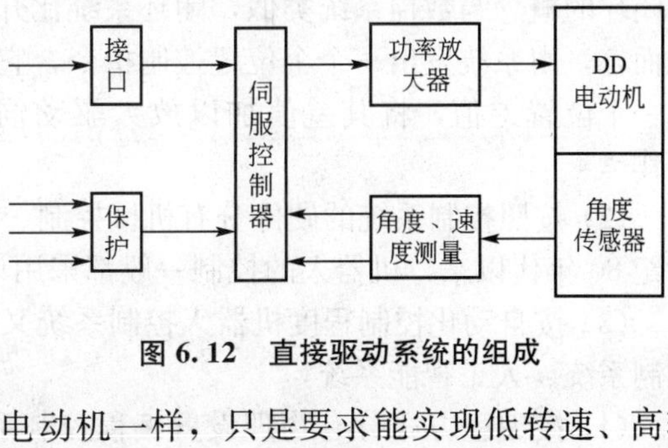

图6.12　直接驱动系统的组成

直接驱动电动机在原理上同反应式步进电动机一样，只是要求能实现低转速、高转矩，在结构上的特点是转子为一较薄的圆环，放置在内、外定子之间，这样可以减少转子的转动惯量，增大扭矩，这种驱动系统首先应用在平面多关节型(SCARA 型)装配机器人中，由电动机直接驱动机器人关节轴。

6.3.4 工业机器人的控制

1. 工业机器人的控制技术

控制系统是机器人的重要组成部分，使机器人按照指令要求去完成所希望的作业任务。其基本功能有坐标设置功能、记忆功能、示教功能、与外用设备通信功能、人机接口、位置伺服功能、故障诊断和安全保护功能。机器人控制系统通常包括控制计算机、示教盒、操作面板、存储器、检测传感器、输入输出接口、通信接口等部分(图 6.13)。

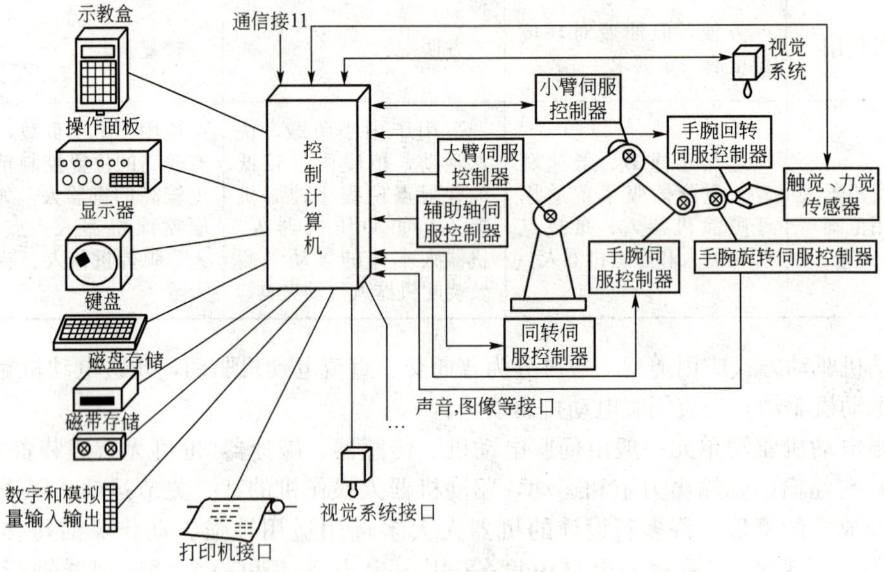

图 6.13 工业机器人控制系统的组成

1) 工业机器人控制系统的分类

由于机器人的类型较多，其控制系统的形式也是多种多样。

(1) 按照控制回路的不同可将机器人控制系统分为开环系统和闭环系统，这里的开环和闭环的概念与数控系统类似，闭环系统比开环系统多了一个检测反馈装置，对于闭环系统而言，由系统发出一个个位置控制指令，它与来自位置传感器的反馈信号进行比较，得到一个位置差值，将其差值加以放大驱动伺服电动机，控制机器人完成相应的运动和动作。

(2) 按照控制系统的硬件分有机械控制、液压控制、顺序控制和计算机控制等。自 20 世纪 80 年代以来，机器人的控制一般都采用计算机控制形式。

(3) 按自动化控制程度机器人控制系统又分为顺序控制系统、程序控制系统、自适应控制系统、人工智能系统，

(4) 按编程方式分有物理设置编程控制系统、示教编程控制系统、离线编程控制系统。所谓物理设置编程控制是由操作者设置固定的限位开关，实现启动、停止的程序

操作，用于简单的抓取和放置作业；示教编程控制是通过人的示教来完成操作信息的记忆，然后再现示教阶段的动作过程；离线编程控制是通过机器人语言进行编程控制。

(5) 按机器人末端运动控制轨迹有点位控制和连续轮廓控制之分。在点位控制中，机器人每个运动轴单独驱动，不对机器人末端操作的速度和运动轨迹做出要求，仅要求实现各个坐标的精确控制。机器人的轮廓控制与 CNC 系统有所不同，在机器人控制系统中没有插补器，在示教编程时要求将机器人轮廓轨迹运动中的各个离散坐标点以及运动速度同时存储于控制系统存储器，再现时按照存储的坐标点和速度控制机器人完成规定的动作。

2) 工业机器人控制系统的功能

机器人控制系统是机器人的重要组成部分，用于实现对操作机的控制，以完成特定的工作任务，其基本功能如下：

(1) 记忆功能。存储作业顺序、运动路径、运动方式、运动速度和与生产工艺有关的信息。

(2) 示教功能。离线编程、在线示教、间接示教。在线示教包括示教盒和导引示教两种。

(3) 与外围设备联系功能。输入和输出接口、通信接口、网络接口、同步接口。

(4) 坐标设置功能。有关节、绝对、工具、用户自定义四种坐标系。

(5) 人机接口。示教盒、操作面板、显示屏。

(6) 传感器接口。位置检测、视觉、触觉、力觉等。

(7) 位置伺服功能。机器人多轴联动、运动控制、速度和加速度控制、动态补偿等。

(8) 故障诊断安全保护功能。运行时系统状态监视、故障状态下的安全保护和故障自诊断。

6.3.5 工业机器人的应用

自 20 世纪 60 年代初第一代机器人在美国问世以来，工业机器人的研制和应用有了飞速的发展。我国经济持续快速发展和制造业巨大市场为机器人在我国发展提供广阔前景，机器人的发展与汽车制造业、电子制造业密切相关，机器人技术的发展能促进我国大中型企业实现高新技术的产业化和传统产业的高新化，提高企业市场竞争能力。

显然，机器人技术也是先进制造技术中一个重要单元技术，其作用及其重要性表现在以下 4 个方面：面向先进制造中柔性装配的机器人及系统、机器人加工系统及其设备、机器人化机器、特种环境下作业机器人等，工业机器人已广泛应用于喷漆、焊接、冲压、压铸上下料、搬运、装配加工自动化中。

工业机器人用途很广(表 6-4)，型号达数百种。本节重点介绍工业机器人的几种典型应用。

在焊接方面，工业机器人使人从灼热的、不舒服的、有时是危险的工作环境中解脱出来。在焊接工艺中，机器人主要用于点焊和弧焊作业。图 6.14 所示为某公司点焊机器人要完成的工件的焊点分布示意图；图 6.15 是这条点焊线要完成的汽车驾驶室焊点的分布图，图中数字为各区的焊点数。

表 6-4　机器人应用的范围

产业	机器人应用方面
通用机械	(1) 工件搬运、装配、检测； (2) 零部件焊接； (3) 铸件的去毛刺； (4) 工件研磨、激光切割、等离子切割； (5) 自动仓库堆垛、包装； (6) 自动生产线及 CIMS 系统
汽车及零部件	(1) 弧焊、点焊； (2) 搬运、装配、冲压； (3) 喷涂、涂胶； (4) 水、激光、等离子切割
电子和电气	(1) 插件、搬运； (2) 洁净装配、检测； (3) 自动传输线
冶金钢铁	(1) 钢、合金链等搬运、码垛； (2) 铸件去毛刺、浇口切割
石油、采矿	(1) 油罐、管道的自动清洁、喷涂、检验； (2) 金属、煤矿自动开采中钻孔、喷浆输送
化工、纺织	(1) 纱链的搬运、包装、码垛； (2) 橡胶、尼龙等的切割、检测
电力电站	(1) 动力线自动布线； (2) 变电站自动巡查； (3) 高压管检查、水管清理维护； (4) 核反应堆的检查、维修、拆卸
建筑建材	(1) 防火涂料喷涂、内饰喷涂； (2) 外墙(玻璃墙幕)的清洗、检查、喷涂； (3) 混凝土地面修整、贴瓷砖； (4) 桥梁的自动检查、涂漆； (5) 细管和电缆的地下铺设、检修； (6) 建材的搬运、输送、包装； (7) 卫生器具的喷釉、焙烧等
食品	(1) 包装、搬运； (2) 洁净包装
家电及家具	(1) 装配、搬运； (2) 打磨、抛光、喷漆； (3) 玻璃制品的切割、雕刻
农、林、渔业	(1) 剪羊毛、自动摘果、剪枝、伐木； (2) 猪、鸡、鱼肉的自动切割加工、分选包装
医疗及护理	(1) 神经外科手术用感觉机器人； (2) 癌症 X 射线照相自动诊断机器人； (3) 内脏器官、血管的检查和手术微型机器人； (4) 护理病人机器人； (5) 残肢和人造假肢
家庭自动化	(1) 卫生、洗盘、安全设备； (2) 防火、救援冶金钢铁
海洋	(1) 海底勘测与开采机器人； (2) 海底设备的维护和建造
空间	(1) 空间站的装配、检查、修理； (2) 飞行器修复； (3) 资源的收集、分析
军事	(1) 防爆、排雷、检测放射性； (2) 军火的搬运及销毁

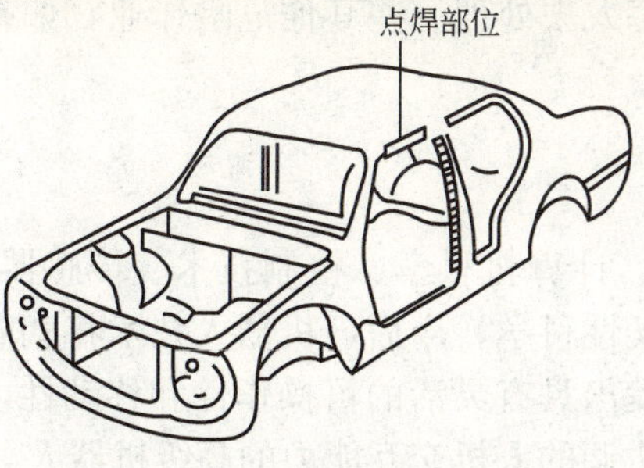

图 6.14 工件焊点分布示意图

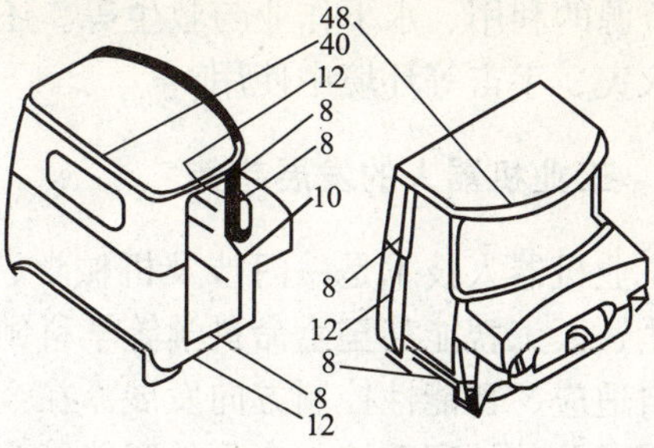

图 6.15 汽车驾驶室焊点的分布图

点焊机器人是属于点位控制，点与点之间的移动轨迹和移动速度是不重要的。点焊所要求的位置精度在 1mm 左右，一般机器人都能满足这个精度要求。

弧焊是连续轨迹操作，机器人必须按预先规定的路线和要求的移动速度进行作业，焊接轨迹的精度取决于焊接项目的类型和尺寸。弧焊机器人的应用范围很广，除汽车行业外，在通用机械、金属结构等许多行业中都有应用。

在喷涂方面，喷涂作业机器人的应用范围越来越广泛，除了在汽车、家用电器和仪表壳体的喷涂作业中大量采用机器人工作外，还在涂胶、铸型涂料、耐火饰面材料、陶瓷制品釉料、粉状涂料等作业中开展应用，并在高层建筑墙壁的喷涂、船舶保护层的涂覆和炼焦炉内水泥喷射等作业开展了应用研究工作。机器人喷涂作业的自动化程度越来越高。

在装配方面的应用，机器人是以多品种、中小批量为服务对象的，因此，机器人在加速这类产品装配自动化进程方面将会起到越来越大的作用。

在搬运方面，随着计算机集成制造技术、物流技术、自动仓储技术的发展，搬运机器人在现代制造业中的应用也越来越广泛。机器人可用于零件加工过程中的物料、工辅量具的装卸和储运，可用来将零件从一个输送装置送到另一个输送装置，或从一台机床上将加工完的零件取下再安装到另一台机床上去。图 6.16 为一个耐火砖自动压制系统，它由压机、搬运机器人和烧成车组成。制造耐火砖时，把和好的耐火材料送入压机，经过模压后，使耐火材料成为砖的形状，搬运机器人从压机中把砖夹出来，在烧成车上堆垛，然后把烧成车同砖送入炉中烧烤。搬运机器人的主要作业是从压机中取出砖块，按堆垛要求，把砖块堆放在烧成车上。机器人与压机、烧成车按一定顺序作业，并保持一定的互锁关系。

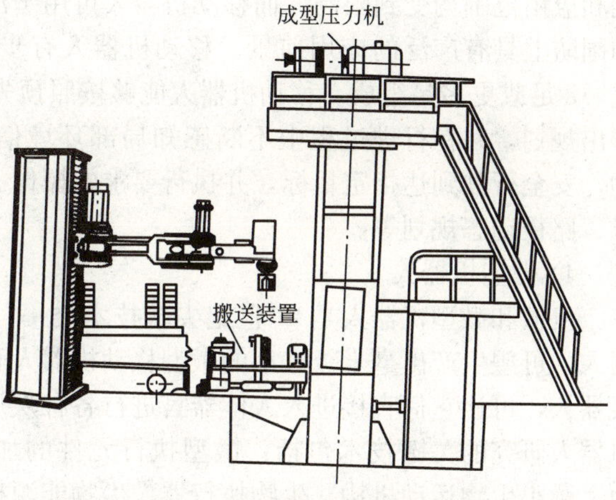

图 6.16 耐火砖自动压制系统

另外，在其他方面，冲压机器人可以用在汽车、电机、电器、仪表、家用电器等工业中，与压力机构成单机自动化冲压机和多机冲压自动线。压铸机器人是在恶劣环境下 24h 代替人工操作的极好的例子。目前用于压铸的机器人大多是通用型机器人，专门用于自动压铸系统的机器人为数极少。水下和地下机器人被用于海底和地底的探索与开发、海洋和地下资源的利用、水下作业与救生等。还可以代替人去处理一些其他危险作业，如在放射线、火灾、宇宙等环境中使用。

6.3.6 工业机器人的发展趋势

工业机器人技术是一门涉及机械学、电子学、计算机科学、控制技术、传感器技术、仿生学、人工智能甚至生命科学等学科领域的交叉性科学，今后，机器人技术将朝着自学习、自适应、智能性控制方向发展。在今后将开发出具有灵活的可操作性和移动性，丰富的传感器及其处理系统，全面的智能行为和友好协调的人机交互能力的高级机器人。

归纳起来，工业机器人技术的发展趋势有以下几个方面。

1）执行机构

在机器人执行机构研究方面，其重点将集中在各种具有柔性感、灵巧性手爪和手臂上，包括：研究新型轻质、高强度和高刚性的结构材料；快速准确、结构紧凑的机器人手腕、手臂及其连接机构；多自由度、灵活柔顺的执行机构等。

2）动力和驱动机构

机器人的动力和驱动机构要求质量轻、体积小、出力大。为使机器人的作业能力与人相当，要求其指、肘、腕各关节有3～300N·m的输出力矩和30～60r/min的输出转速。减轻驱动机构质量的措施有：采用交流电动机、优化电气机构参数；采用电动机-编码器-调速器一体化设计；进行多自由度集成等。此外，开发形状记忆合金、人工肌肉、压电元件、挠性轴等新型驱动器，如日本水下机器人的手腕和手爪驱动采用了5～8 g的人工肌肉，以2MPa压力为工作介质，收缩力高达500N，这是采用新型驱动器的一个成功应用的实例。

3）移动技术

目前运行的机器人绝大多数都是固定式的，它们只能固定在某一位置进行操作，其功能和应用范围均受到限制。而移动机器人可用于清洗、服务、巡逻、侦查等作业，在工业和国防上具有广泛的应用前景。移动机器人有步行机器和爬行机器人，由1足、4足、6足、8足或更多足组成。移动机器人能够按照预先给定的任务指令，根据已知的地图信息作出规划，并在行进过程中不断感知局部环境信息，自主作出决策，引导自身绕开障碍物，安全行驶到达指定目标，并执行要求的操作。其移动技术包括移动机构、行走传感技术、路径动态规划等。

4）微型机器人

机械和微型机器人是21世纪尖端技术之一，目前已经开发出手指大小的微型移动机器人，可望生产出毫米级大小的微型移动机器人和直径为几百微米甚至更小的纳米级医疗机器人，可让它们直接进入人体器官进行各种疾病诊断和治疗，而不伤害人的健康。微型机器人研究的关键技术包括：微型执行元件的加工装配、微小位置姿态的控制、微型电池、微小生物运动机构、生物执行器、生物能源机构等。微型驱动器、微型传感器等是开发微型机器人的基础和关键技术，它们将对精密机械加工、现代光学仪器、超大规模集成电路、现代生物工程、遗传工程和医学工程等产生重要影响。介于大中型机器人和微型机器人之间的小型机器人也是机器人发展的一个趋势。

5）多传感器集成与融合技术

单一传感器信号难以保证输入信息的准确性和可靠性，不能满足智能机器人系统获取环境信息及系统决策能力。采用多传感器集成和融合技术，利用各种传感信息，获得对环境的正确理解，使机器人系统具有容错性，保证系统信息处理快速性和正确性。将不断研制各种新型传感器，如超声波触觉传感器、静电电容式距离传感器、基于光纤陀螺惯性测量的三维运动传感器，以及具有工件检测识别和定位功能的视觉系统等。此外，在多传感集成和融合技术研究方面，人工神经网络和模糊控制的应用将成为新的研究热点。

6）新型智能技术

智能化作为工业机器人一个重要的发展方向，有许多诱人的研究新课题，对新型智能技术的概念和应用研究正酝酿着一种新的突破。目前，机器人的智能化研究可以分为两个层次，一是利用模糊控制、神经元网络控制等智能控制策略，利用被控对象对模型依赖性不强的特点来解决机器人的复杂控制问题，或者在此基础上增加轨迹或动作规划等内容，这是智能化的最低层次；二是使机器人具有与人类类似的逻辑推理和问题求解能力，面对非结构性环境能够自主寻求解决方案并加以执行，这是更高层次的智能化。使机器人能够具有复杂的推理和问题求解能力以及模糊逻辑和人工神经网络的识别、检测、控制。以便模拟人的思维方式，目前还很难有所突破。智能技术领域有很多的研究热点，如虚拟现实、智能材料(如形状记忆合金(SMA))、人工神经网络、专家系统、多传感器集成和信息融合技术等。

7）仿生机构

由于生物体构造、移动模式、运动机理、能量分配、信息处理与综合，以感知和认识等方面已开展仿生机构的研究，目前，人工肌肉、以躯干为构件的蛇形移动机构、仿象鼻柔性臂、人造关节、多肢体动物的运动协调等将得到关注。

思 考 题

1. 试述制造自动化的广义内涵。
2. 制造自动化技术关键技术主要有哪些?
3. 柔性制造系统的定义是什么？根据以上定义，FMS的组成主要可分为几部分?
4. FMS的适用范围，若按系统规模和投资强度，可分为几个层次?
5. 分析FMS的组成、特点和适用范围。
6. 分别从工件和刀具两个方面分析FMS物流运储系统的组成和流动方式。
7. 试述FMS控制系统的体系结构。
8. 工业机器人由哪几部分组成？工业机器人有些什么特点?
9. 说明工业机器人的驱动系统有哪几种基本类型？各有何特点?
10. 简述工业机器人驱动系统的选用原则。
11. 工业机器人的控制系统的功能是什么?
12. 举例说明工业机器人在机械制造领域中的应用。
13. 分析直角坐标机器人、圆柱坐标机器人、球坐标机器人和关节机器人坐标轴的构成和工作空间。
14. 分析工业机器人位置伺服控制方法。
15. 试述制造自动化技术发展与趋势。

第7章 先进制造系统

本章学习目标

★ 了解先进制造系统相关技术
★ 了解典型先进制造生产模式和制造系统的内涵与特点

本章教学要点

知识要点	能力要求	相关知识
敏捷制造的内涵、特点和模式	熟悉敏捷制造的内涵和特点	结合敏捷制造的内涵，了解敏捷制造企业的特点和模式
虚拟制造的概念、内涵、关键技术及应用	了解虚拟制造的概念和关键技术	了解虚拟制造技术体系和环境平台
并行工程的内涵、方法学和运行机理	了解并行工程的内涵和方法学	运用并行工程的方法学进行案例分析
快速原型的概念及相关工艺	理解快速原型技术的概念，熟悉相关工艺	各种快速原型工艺的比较和选择方法
精益生产的内涵及结构体系	熟悉精益生产的内涵和思想	精益生产在企业中的实施方法
逆向工程的概念和关键技术	理解逆向工程的概念、流程，熟悉关键技术	逆向工程的测量设备和典型软件应用

导入案例

当前，世界制造业的竞争优势正在走向高端。美国振兴制造业的手段之一，就是大力发展先进制造技术。制造商正在将技术、加工和教育结合起来，创建美国制造业的新时代，让竞争对手难以仿效。

哈洛兹堡的康宁公司从1952年开始经营，主要生产精密玻璃供军方使用，但经营一直没有起色。该公司后来通过高度自动化和先进的液晶显示器(LCD)玻璃基板打开局面，主要供应亚洲的客户。由于大尺寸的玻璃不便运输，因而开始与韩国、日本、台湾地区合作建厂，推出新一代的加工工艺和产品。

2005年，康宁的商务开发团队开始在移动器件的显示器玻璃上寻找机会，工程师们挖掘出本公司1960年开发的超强玻璃chemco，其强度为化学增强玻璃的2～3倍，却一直没有打开市场局面。在公司的工程师与研发人员共同努力下，很快完成了对玻璃的改造，制造出了现称为Gorilla的玻璃。随后，康宁公司在亚洲客户的帮助下与供应商合作，通过提供边缘涂覆，使Gorilla玻璃达到实用化。借此，该公司实现了开办以来的第三次重大转型。Gorilla玻璃现已成为公司增长最快的产品之一。2009年，Gorilla玻璃的销售额达7500万美元，预计2010年至少能达到2.5亿美元，2011年可能达到10亿美元。康宁公司哈洛斯堡厂期望，随着液晶显示器电视机对耐用、防划伤保护屏玻璃的兴趣，其超强玻璃的需求继续增长。该厂正在对用于熔制Gorilla玻璃的工艺加以增补，以期创建出能用于薄膜光电设备的特殊玻璃生产工艺。

哈洛兹堡的康宁公司保持着高度的创新性和灵活性，因此能够历经数次市场转移而长久不衰，主要靠的是先进制造技术。除了工程师与研发人员的合作努力外，康宁公司副总裁麦凯布说："先进制造技术还要能与制造商很好地合作，从而能顺畅而低成本地实现目标。寻找到好的伙伴，并与他们紧密合作是我们制胜的法宝之一。"

先进生产制造模式和制造系统是面向企业生产过程，将现代信息技术与生产技术相结合的一种新思想、新哲理，其功能覆盖企业的预测、产品设计、加工制造、信息与资源管理直至产品销售和售后服务等各项活动，是制造业综合自动化的新模式。先进制造生产模式包括现代集成制造、敏捷制造、虚拟制造、并行工程、精益生产等先进的生产组织管理和控制方法，本章主要围绕上述典型先进制造生产模式的内涵、特点及相关技术等展开介绍。

7.1 敏捷制造

7.1.1 敏捷制造的内涵

企业和企业间存在着众多形式和性质的业务，敏捷制造(Agile Manufacturing，AM)为实现跨地区、跨行业的资源共享和业务协作提供了战略手段，可以应对激烈的市场竞争，也满足了难以预测的市场需求。敏捷制造是美国里海大学亚科卡(Ioacoca)研究所于1991年提出的概念，并得到了美国政府、工业界以及各种学术团体的重视与支持。美国国防部高级研究计划局(ARPA)和美国自然科学基金(NSF)先后资助了多项与敏捷制造相关的研究，并建立了敏捷制造协会(Agility Forum)。

敏捷制造是指制造业企业采用现代网络信息技术手段，通过动态有效地协调整合各种生产要素，快速配置各种资源(包括技术、管理和人)，响应用户需求，实现制造敏捷化的一种现代制造模式，其核心是制造业企业要在不断变化、不可预测的经营环境中，着力提升企业市场应变能力和快速反应能力的一种战略性举措，是现代制造业发展的方向，更是制造业信息化的必然趋势和本质要求。

敏捷制造的实现需要有多个相关企业的协同工作，它必然促使企业建立起动态组织架构。在敏捷制造企业中，可以迅速改变生产设备和程序，生产多品种的新型产品，以最快的反应速度，对市场变化、需求变更做出反应，并要以第一反应速度对原有的不适应市场需求的组织架构进行适应性调整。企业间的竞争促使各企业不得不进行规模综合生产。而敏捷制造系统促使企业采用较小规模的模块化生产设施，促使企业间的合作。每一个企业都将对新的生产能力做出部分贡献。在敏捷制造系统中，竞争和合作是相辅相成的。在这种系统中，竞争的优势取决于产品投放市场的速度，满足各个用户需要的能力以及对公众给予制造业的社会和环境关心的响应能力。

敏捷制造的核心就在于，将一些可重新编程、重新组合、连续更换的生产系统结合成一个新的、信息密集的制造系统，以快速地生产出能准确满足用户需求的产品。因此敏捷制造必须在其各个制造环节采用柔性制造、计算机辅助管理、计算机辅助质量保证、产品数据挖掘管理等先进制造技术；必须要建立动态的、适时的信息传输和决策传递的动态调度系统；要广泛运用移动终端和网络终端等多维传输手段和信息转移传输技术，确保信息及时获得、决策及时到位、变动及时调整、物流及时衔接、样品及时提供、生产及时安排。值得注意的是，影响企业敏捷性的决定因素取决于相应的商务实践，而不是定位于先进制造技术的采用。但先进制造技术的采用会提升企业敏捷性的层次，这一点在实施敏捷制造过程中应引起足够重视。另外，对于一种产品，生产10万件同一型号产品和生产10万件不同型号的产品，其成本应无明显差异，因此，敏捷制造的敏捷性也可以使生产成本与批量无关。

敏捷制造可以给企业通畅实时的生产数据和高度共享的运行信息。有了这些信息和数据，企业的决策可以更加准确、结构可以更加精简，产品的生产周期将会大大缩短，企业将更加灵活地面对市场，增强自身的市场竞争能力。敏捷制造给企业带来的效益如图7.1所示。

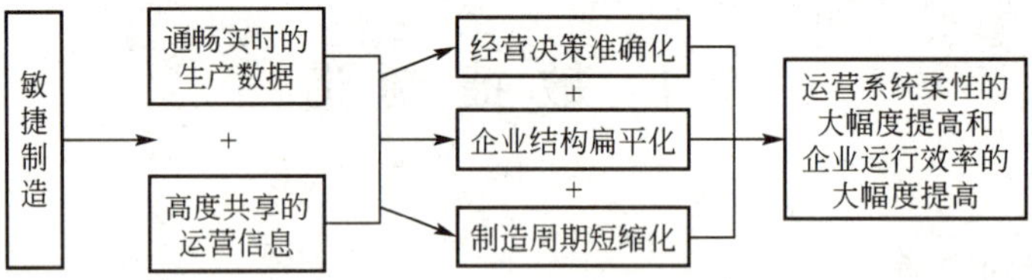

图7.1　敏捷制造给企业带来的效益

7.1.2　敏捷制造企业的特点

实现敏捷制造首先需要的就是企业内部实行敏捷化改造。企业敏捷化改造的关键是其组织结构与管理体系从刚性向柔性的变迁、员工培训及素质的提高、先进制造技术的合理应用等。一般而言，一个经过敏捷化改造的企业应具备以下几方面的特点：

(1) 作为灵活的管理系统的基础，要具有良好的网络环境，大范围的通信基础结构，可以通过信息高速公路与国际互联网将全球范围的企业相联。

(2) 具有为订单而设计、为订单而制造的生产方式，高度柔性的、模块化的、可伸缩的生产制造系统和产品设计方法。这种柔性生产系统往往规模有限，但成本与批量无关，在同一系统内可生产出的产品品种是无限的。

(3) 具有实现敏捷化的员工培训与素质改进体系，及企业各类信息的标准化与电子化。

(4)“高质量”的产品。敏捷制造的质量观念已变成整个产品生命周期内的用户满意，企业的这种质量跟踪将持续到产品报废为止。

(5) 具有丰富知识和适应能力的员工。在敏捷企业中，认为解决问题靠的是人，不是单纯的技术，敏捷制造系统的能力将不是受限制于设备，而只受限于劳动者的想象力、创造性和技能。

(6) 基于任务的组织与管理。敏捷制造企业的基层单位是“多学科群体”(Multi-Discipline Team)的项目组，是以任务为中心的一种动态组合，敏捷企业强调权力分散，把职权下放到项目，提倡“基于统观全局的管理”模式，要求各个项目组都能了解全局的远景，胸怀企业全局，明确工作的目标和任务的时间要求，而完成任务的中间过程则完全可以自主。

(7) 具有对社会服务的责任感，产生社会的正效应。大量生产方式通常只关心企业本身效益，不关心对社会的影响，所以通常会带来不同程度的环境污染、能源浪费及失业等社会问题。而敏捷制造则要全面消除企业生产给社会造成的不利影响，企业必须完全服务于社会。

掌握了敏捷制造企业的特点，就可以着手实施企业的敏捷化改造。信息技术是支持敏捷制造的一个有力的关键技术。在计算机网络和信息集成基础结构之上构成的虚拟制造环境，根据客户需要和社会经济效益组成虚拟公司或动态联合公司。这是未来企业组织的最高形式，它完全是由市场机遇驱动而组织起来的。这样使企业的组成和体系结构具备前所未有的柔性。实现敏捷化的员工培训与素质改进体系也十分重要。这实际上涉及员工继续教育的问题，企业应充分考虑如何能更好地利用多方教育资源建立具有自身特色的培训体系。为适应敏捷制造过程，企业的组织结构与管理体系应具备快速重组功能。企业重组需依赖相应的行政措施，在此基础上实施对部门的重组。

7.1.3　敏捷制造数字化工厂的整体模型

智能化的管理软件、数字化的产品结构和工厂的网络化，只有满足这些条件，企业的生产信息、产品信息、管理信息才能形成数据流，将这些实时的生产数据共享，优化公司的运营。敏捷制造的数字化工厂的整体模型如图 7.2 所示。

各部分的数字化模型的功能建立如下。

1. 智能化管理软件

(1) 办公软件。办公自动化是信息化发展的一个重要体现，利用计算机及先进的网络

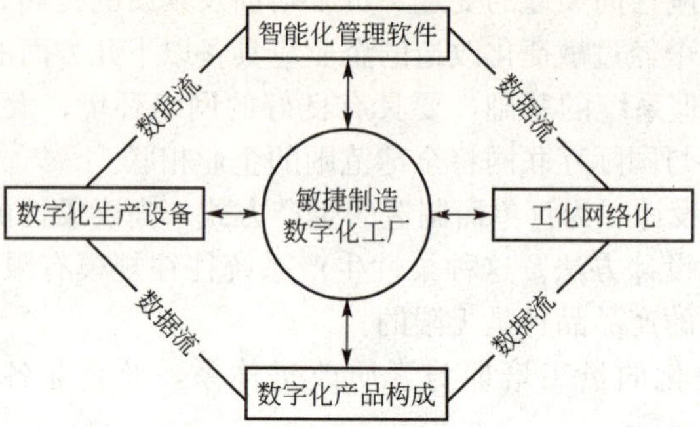

图 7.2　敏捷制造的数字化工厂的整体模型

应用平台，建设一个安全、可靠、开放、高效的信息网络，为管理部门提供现代化的日常办公条件及丰富的综合信息服务，实现文档管理自动化和办公事务处理自动化，以提高办公效率和管理水平，实现企业各部门日常业务工作的规范化、标准化。我们利用这样一个平台，来实现我们和客户、代理商之间的沟通和信息的采集与发布，以及对出差人员、售后技术人员的沟通和管理。通过办公软件，让公司更加及时地掌握市场的最新信息。

(2) MRP。MRP是一种有效地组织企业各种资源以满足需求的方法，包括多种计划流程(业务计划，销售 & 运营计划，主生产计划，物料需求计划，产能计划和系统支持计划等)。MRP的作用在于：明确以生产计划为导向的生产和资源配置；使用标记标明各个阶段的实际状况；根据计划配置使用点库存。也就是说，通过MRP根据制定的生产计划来平衡各生产环节的权重，以及控制加工中各环节的时间，并通过MRP所管理的信息，来制定相对更加合理的生产计划。

(3) PDM。PDM是对一个产品从开始到消亡的整个生命周期中所有相关数据和过程进行管理和控制的集成框架，其主要目标是有效地管理产品相关数据，以实现信息之间的共享。工作流管理是PDM的主要功能之一，工作流管理是用来定义和控制数据操作的基本流程，运行和维护已建立的工作流程，控制其工作状态，并对其工作历史过程进行记载，使得产品数据与其相关的过程有机地结合起来。它主要管理当用户对数据进行操作时的人与人之间或活动之间的数据流向，以及在一个项目的生命周期内跟踪所有事务和数据的流动。当管理产品设计人员在对数据对象做了设计或更改时，应该通知相关人员，并按要求对设计或更改的项目进行编码，只有按照工作流程，才能完成相关的更改。同时PDM作为产品关系数据库，在数据库里能够查询到零件信息、配置信息、特殊订货信息等相关信息。

(4) 智能管理软件中央的集成。对于敏捷制造数字化的发展进程，要求企业实施组织机构改革，建立以顾客为核心的经营结构，使各部门与客户实现等距离。公司致力于为顾客提供最佳技术支持和服务。强大的数据流高速运行，将各类信息准确传达和分配，实现高效闭环流动。生产中心系统、MRP系统、PDM系统、自动化办公室等，构成公司智能化网络空间，高效应对客户要求和市场变化。

2. 工厂网络化

工厂网络化有利于利用计算机模拟技术和并行工程的组织形式，实现产品、服务和信息的任意组合，从而极大缩短产品设计、生产准备、加工制造和进入市场的时间，从而保证对消费者需求的快速反应。工厂网络化，就是将各部门和生产现场设置计算机终端，通过服务器和防火墙实现公司信息的网络整合，员工在自己的工作岗位上，能够获得所需的产品信息和管理信息。同时也能够将现场的信息实时上传给管理人员，便于管理和沟通，从而大大减少产品的生产周期，保证产品可快速地进入市场。

3. 数字化产品构成

(1) 产品结构的管理。产品结构是应用PDM系统的基础，是PDM连接CAD、CAPP、CAM、MRP的纽带与桥梁。产品结构划分要清晰明了，便于记忆和查询。产品结构的管理，就是做好产品结构的查询、修改和数据组织工作。

(2) 产品统一的编码。产品编码的实质，是解决分类问题，PDM要解决的主要问题就是产品零部件的有效分类，推行统一编码，同时也是企业实施信息化、标准化的基础。为了保证编码的正确性，可以将编码规则定义到产品数据库中，使用人员可以在应用软件中直接对生成的数据进行编码。

(3) 产品数据的处理。企业现行的生产组织、工艺设计等信息的统计、汇总，通过各种表格来完成，这就使得统计汇总费时费力，容易出错，PDM产品都提供了交互式自定义表格工具，可以生成任意复杂的企业表格，并且具有多种统计、汇总与展开方式等功能。

4. 数字化生产设备

数字化生产设备是高质量产品的保障，同时也能更好地利用网络采集到实时的加工信息，有了完整的网络和数字化制造，使得工厂管理部门和车间一线实现了数据适时、准确、迅速的双向交换。车间现场不再是信息化的死角。

7.1.4 敏捷制造的数字化过程

在信息化时代，没有适当的信息数字化建设，必然会面临被淘汰的结果，所以要采取正确的策略，通常要注意的事情如下：(1)合理的软件。不同类型的制造企业，面临的问题不同，解决的方法也不同。有的以PDM系统作为企业升级突破口，有的以ERP或SCM、CRM为突破口。(2)适合的管理。管理系统之间存在一定程度的功能重叠，因此每个企业需要通过咨询和诊断，选择合适的管理系统；(3)适度的目标。任何一个管理系统，均不可能通过一次性的实施达到预期的目标，必须合理地分解成若干个阶段，在每个阶段达到预定的标准后，再进入下一个阶段的实施。(4)逐步的推广。合理的阶段目标，体现在实际的效益。在达到阶段目标后，必须尽快推广应用，验证信息化建设的效益。没有推广就没有效益，只有获得真正的效益，才会有切实的驱动力。

7.2 虚拟制造

7.2.1 虚拟制造的相关定义

虚拟制造(Virtual Manufacturing，VM)是实际制造过程在计算机上的本质实现，即采用计算机仿真与虚拟现实技术，在计算机上群组协同工作，实现产品的设计、工艺规划、加工制造、性能分析、质量检验，以及企业各级过程的管理与控制等产品制造的本质过程，以增强制造过程各级的决策与控制能力。通过计算机虚拟模型来模拟和预估产品功能、性能及可加工性等各方面可能存在的问题，虚拟制造可以提高人们的预测和决策水平，使得制造技术走出主要依赖于经验的狭小天地，发展到了全方位预报的新阶段。

虚拟制造技术(Virtual Manufacturing Technology，VMT)是由多学科先进知识形成的综合系统技术，是以计算机支持的仿真技术为前提，对设计、制造等生产过程进行统一建模，在产品设计阶段，实时并行地模拟出产品未来制造全过程及其产品设计的影响，预测产品性能、产品制造成本、产品的可制造性，从而更有效、经济、灵活地组织制造生产，使工厂和车间的资源得到合理配置，以达到产品的开发周期和成本的最小化，产品设计质量最优化，生产效率的最高化的目的。虚拟制造系统(Virtual Manufacturing System，VMS)是基于虚拟制造技术实现的制造系统，是现实制造系统(Real Manufacturing System，RMS)在虚拟环境下的映射。VMS生产的产品是可视的虚拟产品，具有真实产品所具有的特征，并具有动态结构及决策、控制、调度、管理四个机制。

与现实制造相比较，虚拟制造的主要特点如下。

(1) 产品与制造环境是虚拟模型，在计算机上对虚拟模型进行产品设计、制造、测试，甚至设计人员或用户可“进入”虚拟的制造环境检验其设计、加工、装配和操作，而不依赖于传统的原型样机的反复修改。

(2) 可将开发的产品(部件)存放在计算机里，不但大大节省仓储费用，更能根据用户需求或市场变化快速改型设计，快速投入批量生产，从而能大幅度压缩新产品的开发时间，提高质量、降低成本。

(3) 可实现分布在不同地点、不同部分的不同专业人员在同一个产品模型上同时工作，相互交流，信息共享，减少大量的文档生成及其传递的时间和误差，从而使产品开发以快捷、优质、低耗响应市场变化。

7.2.2 虚拟制造的内涵

虚拟制造是将实际制造系统映射到基于虚拟制造技术的虚拟制造系统，虚拟制造系统可以由虚拟物理系统、虚拟信息系统和虚拟控制系统表示。同时，按照与生产各阶段的关系，虚拟制造系统可分为以设计为中心的虚拟制造、以生产为中心的虚拟制造和以控制为中心的虚拟制造三类。

1. 以设计为中心的虚拟制造

以设计为核心的虚拟制造把制造信息引入整个设计过程，为设计师提供设计工具和环境，利用仿真来优化产品设计。例如，DFX(Design For Manufacturing，Assembly，Quality et al)技术，通过“在计算机上制造”产生许多“软”样机，从而，在设计阶段就可以对所设计的零件甚至整机进行可制造性分析，这包括加工过程的工艺分析、铸造过程的热力学分析、运动部件的运动学分析以及整机的动力学分析等，甚至包括加工时间、加工费用、加工精度分析等。

以设计为中心的虚拟制造的关键技术是如何建立虚拟制造的模型。众所周知，目前机械制造数字化技术主要是通过CAD软件进行信息化设计，然后用CAM进行生产加工，但两者几乎不能进行数据共享和继承，数据可重用少，CAD数据与CAM数据还不能做到无缝连接。因此，以 CAD/CAM 还不是虚拟制造。虚拟制造的本质是在计算机上完成仿真真实制造的全过程，在真实制造的设计中，除对产品的总体设计外，还要对零部件进行强度设计、刚度设计、稳定性设计、疲劳强度设计和动平衡设计等，从而设计并确定部件和零件的形状特征和几何尺寸。因而，虚拟设计必须在计算机上建立零部件乃至产品的基于知识的虚拟设计各层模型，之后才由此建立实体模型。建模时要考虑公用标准、零件特征、尺寸公差、装配方法、材料材质及功能说明等数据。

以设计为中心的虚拟制造的各种单项技术已有很长时间的发展历史，但是，“以设计为中心的虚拟制造”的概念则是近几年才出现的，犹如在许多单项制造自动化技术使用多年的基础上出现 CIMS 的概念一样。以设计为中心的虚拟制造基于许多单项分析技术，但又远远高于单项技术。其主要特征是，在设计的一开始，描述零件或产品的模型不仅仅是几何模型，还包括各种特征模型，如加工特征、结构特征、装配特征等，从过去的 CAX 发展到 DFX。更为重要的是，这些模型建立在统一的产品数据管理 PDM(Product Data Management)的基础上，从而模型的可重用性、可扩充性大大加强。而且具有三维动画能力的各类仿真分析软件实现了与 PDM 的无缝连接，无需用户为分析重新建模。

2. 以生产为中心的虚拟制造

以生产为中心的虚拟制造是在生产过程模型中融入仿真技术，为工艺师提供虚拟的制造车间现场环境和设备，以此来评估和优化生产过程，降低费用，快速地评价不同的工艺方案、资源需求规划、生产计划等，其主要目标是评价可生产性。嵌入式仿真早已用于生产计划的编排，而以生产为中心的虚拟制造技术使得可生产性评价达到了极高水平。不但可动画显示在某一生产计划驱动下的生产线的制造过程，还可考虑在各种资源约束(机器故障、刀、夹具有限，空间有限，人力有限等)下动态调度过程，可“无缝”地仿真使得生产过程在实际生产周期期间不间断地被优化。以生产为中心的虚拟制造的典型应用是生产线、仓库、储运系统甚至工厂的布局。传统的仿真技术主要考虑的是空间分布，虚拟制造则还包括总体(人、设备、环境)协调、动态过程优化等，它采用虚拟现实技术，使用户能进入“未来”的或“计划”的系统中，动态地预演生产过程。

3. 以控制为中心的虚拟制造

以控制为中心的虚拟制造是将仿真加到控制模型和实际处理中，实现基于仿真的最优控制，提供从设计到制造一体化的虚拟环境，允许评价产品的设计、生产计划和控制策略，并提供在模拟过程中改进的手段。其中虚拟仪器是当前研究的热点之一，它利用计算机软硬件的强大功能，将传统的各种控制仪表、检测仪表的功能数字化，并可灵活地进行各种功能的组合。

7.2.3 虚拟制造的关键技术

软件方面的关键技术包括软件和硬件两方面的技术。

1. 软件方面的关键技术

软件方面的关键技术如下。

(1) 可视化技术。以一种易理解的、有意义的虚拟方式向用户显示不同信息。

(2) 环境构造技术。开发一种像通用操作系统那样的环境，以便促进可视化和其他

VM 功能。

(3) 信息描述技术。采用不同的方法、不同的语义或语法表达不同的信息。

(4) 集成结构技术。定义、开发和建立位于模型交互基础上的模型。

(5) 仿真技术。在计算机中设计一个实时系统模拟的过程。

(6) 方法论。找出用于开发和使用 VMS 的方法。

(7) 制造的特征化技术。获取、测量和分析影响制造过程中材料去除的变量。

(8) VMS 的检验、测试技术。

(9) 在 VM 环境下的人-机、人-人等关于人机工程学方面的评价和优化技术。

2. 硬件方面的相关技术

硬件方面的相关技术如下。

(1) 输入/输出设备，如头盔式立体显示器(HMD)，适用的计算机屏幕、可视化眼镜，数据手套、三维鼠标、数据衣、游戏棒等。

(2) 与输入/输出有关的存储信息设备。

(3) 能支持各种设备、数据存储和高速运算的计算机系统，该系统应具有按用户需求，实时提供高质量画面的能力。

(4) 网络结构(星形、总线、环行网络)设备和不同站点的硬件设备(小型机，UNIX/VAX 工作站、计算机等)和连接硬件(光纤、导线等)。

7.2.4 虚拟制造的应用

虚拟制造的应用包含以下几方面的内容。

1. 销售方面

Mercedes - Benz 公司在 1997 年展示了其 VRF(Virtuelles Farhzeug，柏林 art - com 公司开发)系统，顾客可按照自己的需求，在虚拟环境中对经过充分美术加工的 Mercedes A 级汽车的三维模型进行改造并亲身体验其中感受。消费者可以利用触摸屏选择诸如喷漆颜色、车内装饰风格、镶边种类等许多可选部件。例如，单就座椅的位置和结构而言，消费者就有 72 种选择。然后，利用 SGI Onyx2 Infinite Reality 对整个汽车模型(超过 500 万个多边形)进行渲染，生成十分逼真的三维模型。消费者还可以进一步控制一个可以自由移动的 50.8 cm(20 英寸)的 LCD 显示器，查看汽车模型的内部细节。通过推、拉、旋转等操作，消费者不仅可以从外部查看汽车的外形，还可以“进入”汽车内部，“坐”在不同的座位上环顾四周。

2. 设计方面

波音 777 飞机有 300 万个零件，这些零件的设计以及整体设计在一个由数百台工作站组成的虚拟环境中得以成功进行。这个 VM 系统是在原有的 Boing - CAD 的基础上建立的。当设计师戴上头盔显示器后，就能穿行于这个虚拟的“飞机”中，审视其各项设计。过去为设计一架新型飞机，必须先建造两个实体模型，每个造价 60 万美元。应用 VMT 后，不只是节省了经费，也缩短了研制周期，使最终的实际飞机与原方案相比，偏差小于 0.1%，且实现了机翼和机身结合的一次成功，缩短了数千小时设计工作量。

3. 生产方面

John Deere 公司运用 VMT 进行弧焊生产系统的安装。此项目是用一个虚拟的 3D 环境进行机器人生产系统的设计、评价、测试。另外，EDS 公司还应用 DENEB 软件为通用汽车公司的中、高档豪华汽车分厂进行装配生产优化设计，包括对人员的行走路径、加工设备的摆放优化等。GM 公司因此节省了数百万美元，大大提前了上市时间。此外，VMT 还用于齿轮的并行设计和装配、机器人的训练、检测、人机工程分析、维修、安全性和维护性训练等许多工业领域。

4. 基于 PDM 的虚拟制造平台

虚拟制造平台应具有统一的框架、统一的数据模型，并具有开放的体系结构。图 7.3 简要给出了清华大学 CIMS 中心虚拟制造技术研究基地框架。

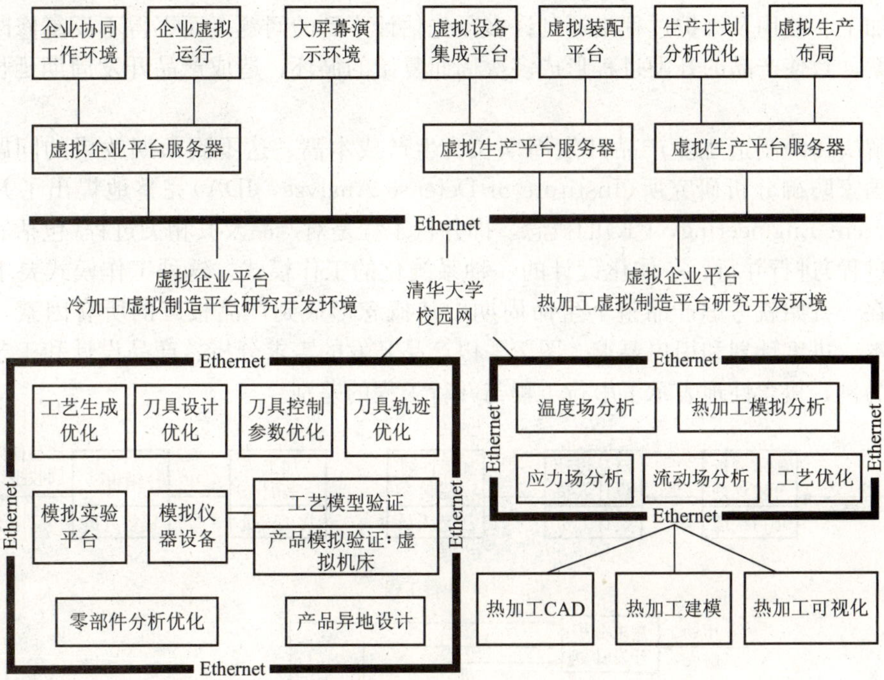

图 7.3 清华大学 CIMS 中心虚拟制造技术研究基地

该虚拟制造环境分为 4 部分，其中虚拟制造平台的环境分为冷加工和热加工两部分，热加工部分包括支持热加工(铸造、冲压)成形与分析的虚拟制造环境，为一个局域网；冷加工部分包括支持异地协同设计的几何造型设计与分析、切削加工及装配的虚拟制造环境，是另一个局域网；支持虚拟生产平台、虚拟企业平台的虚拟制造环境、产品数据管理(PDM)(隐含在虚拟企业平台中，负责上述 4 部分公共数据管理与维护)也构成局域网，3 个局域网通过校园网相连，形成以 PDM 为中心的客户/服务器环境，传送速度为 100Mbit/s。

虚拟制造是实际制造在计算机上的本质实现，它是各种计算机辅助技术面向产品全生命周期的集成化综合运用。虚拟制造是企业以信息集成为基础的一种新的制造哲理，因而是下一代制造技术的重要内容之一。经过近十年的发展，虚拟制造技术已经取得了长足的进步，但离人们的期望还有很大差距，随着网络化制造及制造网格的发展，基于互联网的分布式虚拟制造及基于制造网格的虚拟制造是虚拟制造技术未来发展的重要方向。

7.3 并行工程

7.3.1 并行工程的内涵

很长一段时间内，制造业中新产品的开发大多沿用传统的串行工程，即初始方案→详细设计→工艺规划→加工制造→实践验证→补充改进。由于这种传统的串行工程在设计的早期不能全面考虑后续过程的多种要求(如可制造性、可测试性、质量保证等)，常常导致产品在加工、使用及维护过程中遇到许多预先估计不到的问题，而不得不反复修改最初的设计方案，致使产品的开发过程形成多次周而复始的循环，造成产品开发周期延长，成本提高。

为解决传统制造工业产品开发周期长、生产成本高、达不到预期效果的问题，1988年美国国家防御分析研究所(Institute of Defense Analyze，IDA)完整地提出了并行工程(Concurrent Engineering，CE)的概念，即并行工程是对产品及其相关过程(包括制造过程和支持过程)进行并行、一体化设计的一种系统化的工作模式。这种工作模式要求产品开发人员在一开始就考虑产品整个生命周期中从概念形成到产品报废的所有因素，包括质量、成本、进度计划和用户要求。图 7.4 以产品开发的需求分析、产品设计和工艺设计三个环节为例，概念性地表示了串行工程与并行工程的差别。

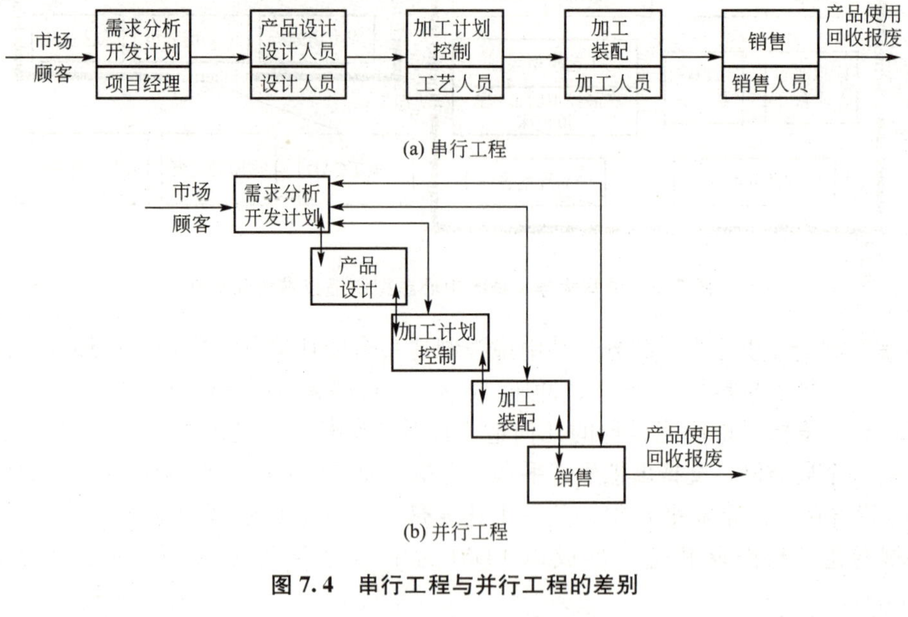

图 7.4　串行工程与并行工程的差别

实施并行工程的主要目标就是提高产品质量、降低产品成本、缩短产品开发周期和产品上市时间，从而增强企业的竞争力。这与 CIMS、精良生产(LP)和敏捷制造的目标是相同的，但出发点、实施策略与方式有所不同，主要区别如下。

1）提高质量

并行工程不仅考虑产品本身的质量，而且还考虑与产品有关的各工艺过程的质量。因此，质量不仅是产品本身的度量标准，而且是设计、制造、经营、服务等系统的度量标准。为了获得高质量的产品而强调过程设计，其关键在于改进生产过程，以达到更小的工程变动，更小的产品缺陷，及易于制造和减少返工等目的。

2）降低成本

并行工程所指的降低成本，是指降低产品整个生命周期中的消耗，这不仅包括设计、制造、装配、检验等消耗。并行工程不同于传统的“反复做直到满意”的思想，强调“一次就达到目的”，这样会提高产品设计阶段的消耗，但由于在设计阶段充分考虑了后续的相关过程。因此有利于减少后续的生产、维护等过程的消耗。

3）缩短产品开发周期和产品上市时间

并行工程通过减少设计反复、降低设计时间/生产准备时间/制造时间、提高设计质量等来缩短设计周期和产品上市时间，通过开发优化的、更快的生产过程来提高生产效率。由于并行工程在设计阶段不仅设计出产品，而且确定了与生产有关的方法、计划等。因此，在毛坯加工时，可同时制造后续过程中的所需的有关夹具、量具，这就缩短了产品的生产时间。

7.3.2 并行工程的方法学和技术概要

并行工程是一种崭新的工作模式，实现并行工程需用到很多现代技术与方法。并行工程作为现代产品开发中新发展的系统化方法，继承了早期制造技术中的很多精髓，同时具有自己的理论和方法学，简要介绍如下：

(1) 并行工程的效益来自组织模式改革、用户需求定义、环境建设、产品开发新技术应用四个要素的综合平衡。根据具体的产品和来自市场的影响，上述四个要素及其相互关系都在不断发生变化，但只有达到某种程度的平衡，才能使并行工程发挥最大的效益。

(2) 从信息集成到产品开发过程集成，需经过五级演进模式。并行工程是以CIMS信息集成技术为基础而发展起来的。这一发展历程经历了五个阶段：互操作的计算环境；互操作的工具和任务；自动化的数据管理；自动化过程管理；自动决策支持。从信息集成到产品开发过程的自动集成逐渐注重知识、协作和人的有效参与。即从过去单纯的信息集成向人、管理和技术三者的集成发展。

(3) 组织模式的变革经历三个阶段。以波音公司为例，其在商业飞机开发中成功地策划了三次巨大的组织模式变革。传统产品开发的第一阶段是按部门划分的，如市场部、工程部、制造部、销售部、服务部等。第二阶段是按专业划分的，即设计开发部门制(DBT)，如机械(DBT)、电子(DBT)、动力(DBT)等，波音777的并行产品定义正是采用了这种模式。第三阶段是按产品结构划分的集成产品开发联合组(IPT)，如机翼(IPT)、机身(IPT)、推进器(IPT)等。在成功地开发了777之后，波音公司1994年起开始实行IPT产品开发方式。

并行工程涉及多项技术：信息管理技术、建模与仿真技术、产品设计方法与技术、CAPP技术、全面质量管理与控制技术、人工智能技术、决策支持技术、分布式并行处理的智能协同求解技术、成本预测技术、系统集成技术等。本节主要针对并行工程的几项关键技术作进一步探讨。

1）过程重构技术

并行工程与传统生产方式的本质区别在于它把产品开发的各个活动作为一个集成的过程，从全局优化的角度出发，对该集成过程进行管理和控制，并且对已有的产品开发过程不断地进行改进与提高。这种方法可称为产品开发过程重构(Product Development Process Reengineering)。

现有的研究大都从某一个侧面反映了产品开发过程的问题，这种方式对以设计人员为主体，输入输出为信息的并行工程产品开发过程建模并不适合。并行产品设计过程是一个创造性思维和综合应用多学科先进技术的工程，整个过程体现着综合、分析、评价、再分析、再评价的多次反复，遵循着从粗到精、从简单到复杂、从笼统到精确、从模糊到清晰的逐步细化演进的过程。因此，并行工程过程模型，应具有动态性、全局性，是集成的多视图模型。

2）DFX

DFX(Design For X)是并行工程的关键使能技术。DFX 中的 X 可代表产品生命周期中的各项活动，包括制造、装配、拆卸、检测、维护、服务等。它们能够使设计人员在早期就考虑设计决策对后续过程的影响。其中 DFA(Design For Assembly)和 DFM(Design For Manufacturing)应用较多。

3）产品数据管理

未来的 CAD/CAM/CAE 软件都支持数据管理系统，这个系统控制着文档及设计的建立、

修改、检查和批准。PDM(产品数据管理)系统可以在信息建立、修改、检查、批准和存档的同时组织、跟踪和控制信息的存取，以此来促进面向小组的产品开发研究。

研究表明，大多数的设计工程师在真正的产品设计上仅花费 25%的时间，然而却有 30%～35%的时间花费在寻找设计所需的数据上，重复劳动现象严重。为了有效地组织和管理产品数据，就要采用 PDM 系统。它提供了一种综合管理和控制工程信息的方式。通过对工程信息的组织、跟踪和存取控制，产品数据管理系统可以促进设计小组的开发工作，使各种工程信息不断地建立、检验、修改、评价和存档。

PDM 系统可在每个层次、不同的部门以及涉及不同类型软硬件和接口的环境下运行。这可让设计小组成员迅速找到所需的数据，并且让项目管理人员很好地管理整个设计过程。设计小组的负责人通过控制所有方面的数据来确保小组成员当前正在进行的设计和许可的修改，而不是在存取那些过时的、被淘汰的设计。

在整个设计过程中，产品数据管理系统以一种安全的电子文本形式存储产品及其设计信息。这种信息包括机械实体模型、绘图、印刷电路板图、装配指令、产品之间的关系和工程计划等。友好的图形用户界面使得每个用户都能存取和查看工程信息。通过集中的数据库，用户还可以方便地自定义数据的地址、设置、审计跟踪和计算机接口。这样，工作小组就有了一个灵活的数据管理工具来满足产量和质量上的要求。通过对数据存取提供先进的查询功能，提高了数据安全性，整个设计过程的管理也得到了加强。

4）决策支持

并行工程产品开发过程得以实现的前提条件之一是必须建立全局的决策管理模型。在

相应的决策模型的支持下，产品开发活动形成有机的整体，超出简单的计算机工具所带来的效益累积。决策支持包括：质量功能配置(QFD)、产品开发过程协调管理与控制、群组协同工作支持技术等。

质量功能配置 QFD(Quality Function Deployment)是一种把用户需求作为最终质量保证因素映射到产品开发活动中去的系统化方法。它通过对产品开发各过程的基本元素、基本事件、基本活动的分析及它们之间的关系描述，实现对产品模型中涉及用户最终要求的因素进行控制，以保证最大限度地满足用户需求。它利用一系列关系矩阵来描述上面这些关系，把用户需求转化成一系列可检查、可操作的活动事件或指标。

群组协同工作支持技术指基于计算机环境的各种软件工具，如多媒体会议系统、各种群件(Groupware)、办公自动化环境等。

7.3.3 并行工程的运行机理和特点

1. 运行机理

并行工程不是某种现成的系统或结构，不能像软件或硬件产品那样买来安装即可运行。它是一种自顶向下进行规划、自底向上实施的管理。将 CE 思想贯穿于产品开发过程中，需要管理、设计、制造、支持等知识源的有机协调。它不仅依靠知识源之间有效的通信，同时要求有良好的决策支持结构。其运行机理的要点为：

(1) 突出人的作用，强调人的协同工作。

(2) 一体化、并行地进行产品及其有关过程的设计，其中，尤其要注意早期概念设计阶段的并行协调。统计表明，概念设计阶段的成本占产品全部成本的70%。

(3) 重视满足客户的要求。

(4) 持续地改善产品有关的过程。CE 的工作模式中要注意持续、尽早地交换、协调、完善关于产品有关的制造/支持等各种过程的约定和定义，从而有助于 CE 目标的实现。

(5) 注意 CE 中信息与知识财富的开发与管理。

(6) 注重目标的不变性。

(7) 坚持五个“不”的原则。CE 不是轻易就能成功的“魔术方法”；实施 CE 不等于省去产品串行工程中的任一环节；CE 不是使设计与生产重叠或同时进行；CE 不同于“保守设计”；CE 不需保守测试策略。

2. CE 的特性

CE 的特性如下。

(1) 并行特性，即把时间上有先后的作业活动，转变为同时考虑和尽可能处理或并行处理的活动。

(2) 整体特性，将制造系统看成是一个有机整体，各个功能单元都存在着不可分割的内在联系，特别是有丰富的双向信息联系，强调全局性地考虑问题，把产品开发的各种活动作为一个集成的过程进行管理和控制，以达到整体最优的目的。

(3) 协同特性，特别强调人们的群体协同作用，包括与生产全生命周期(设计、工艺、制造、质量、销售、服务等)的有关部门人员组成的小组或小组群协同工作，充分利用各种技术和方法的集成。这种途径生产出来的产品不仅有良好的性能，而且产品研制的周期也将显著缩短。

(4) 约束特性，在设计变量(几何参数、性能指标、产品中各零部件)之间的关系上，考虑产品设计的几何、工艺及工程实施上的各种相互关系的约束和联系。

7.3.4 并行工程的应用案例

1. 项目背景和目的

由于飞机的系统越来越复杂，而国防预算紧缩和开发周期的紧迫，美国波音公司在不同类型的飞机开发过程中都开展了并行工程的应用，如 MH47F、V-22、LH、B777 等。

2. 基本框架

(1) 改变以前设计部门设计图纸、制造部门生产加工的串行方式，应用设计/制造共同进行，开发产品的并行方式。

(2) 全部零件 CAD/CAM 都以三维实体模型进行设计开发。

(3) 以三维实体模型为基础，进行计算机仿真装配，消除设计图中零部件之间的差错，同时，也将这些模型应用于制造过程中所使用的操作指导书、飞机的维修手册及客户所用的手册。

3. 开发组织和展开过程

开发组织由三个层次构成，如图 7.5 所示，第三层是作业层，由各功能小组构成。第二层由主要功能部门的经理、功能小组的代表构成，定期举行例会。最高层由各功能部门的总负责和项目的总经理组成，管理开发的进程和计划。

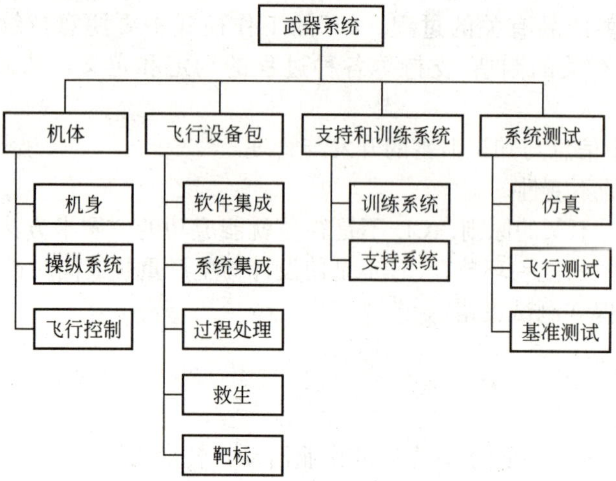

图 7.5 开发组织构成

以具有柔性和弹性的方法，针对不同的开发产品对象，采用不同的并行工程手法，逐步调整开发环境。在开发过程中还注意了以下几点：

(1) 可能将开发队伍配置在现场。

(2) 开发日程统一管理。

(3) 增强信息交流。

4. 开发工具和信息交流方法

在项目开发过程中，主要在以下几个方面突出体现了并行工程应用的特点。

(1) 三维实体模型的生成和利用。在开发中设计使用的工具是CATIA三维CAD系统。用此系统进行产品定义，使各有关部门间的数据交换能够顺畅地进行。

(2) 利用计算机模拟仿真，可在计算机屏幕上进行装配零件的干涉检验、结合面的调整等，即利用了电子模型代替实物模型。据介绍，相对于实物模型只能对最终结果有50%的确定效果，电子模型可达到90%。

(3) 利用电视会议网络系统进行交流。

5. 效果

(1) 提高了装配质量。

(2) 设计变更减少。

(3) 设计数据数值少，设计、制造部门共有化，缩短了制造流程所用的时间。

(4) 可由CATIA的数据直接进行数控加工，不再需要中间模型及模板，提高了效率和精度。

(5) 模型修改容易。

7.4 快速原型技术

7.4.1 概述

1. 概念

快速原型技术(Rapid Prototyping，RP)是一种基于离散堆积成形原理的数字化制造技术，是集激光技术、计算机辅助设计(CAD)、计算机辅助制造(CAM)、计算机数控技术(CNC)、精密检测技术、精密机械、精密伺服驱动和新材料技术等先进技术于一体的综合高新技术。它可以自动、直接、快速、准确地将设计思想物化为具有一定功能的原型或直接制造零件，从而可以对产品设计进行快速评价、修改及功能实验，有效地缩短了产品的研发周期。

快速原型制造(Rapid Prototyping Manufacturing，RPM)是指使用RP技术，由CAD模型直接驱动的快速完成任意复杂形状三维实体零件制造技术的总成。

快速原型制造技术于20世纪80年代后期首先在美国产生并商品化，90年代在全球迅速发展起来。快速成形技术与20世纪50年代的数控技术和最近20年发展起来的特种加工技术一样是一种全新的制造技术，是制造领域的又一重大突破，是先进制造技术群中的重要组成部分。

2. 特点

与传统的加工方法相比，快速原型技术具有如下特点。

(1) 零件成形快。从CAD设计到完成原型制作通常只需数小时，比传统方法要快得多。RP 技术为基础发展起来并已成熟的快速模具制造(Quick Tooling/Molding)、快速精铸技术(Quick Casting)则可实现零件的快速制造(Quick Manufacturing)，其周期仅为数控切削加工的 1/5～1/10，费用为数控加工的 1/3～1/5。

(2) 特别适合形状复杂、精细的零件加工。采用 RP 技术制造零件时，不论多复杂的零件，都可分解为二维数据进行成形，因而无简单与复杂之分。RP 技术特别适合成形形状复杂、传统方法难以制造甚至无法制造的零件。

(3) 生产柔性高。只需要改变 CAD 数据就可以设计和制造出不同形状、不同性能的零件模型。

(4) 技术集成度高。使得设计、制造一体化 CAD 数据转换成 STL 格式后，即可开始 RP 制作。同传统的数控加工方法相比，RP 过程克服了 CAD/CAM 集成时 CAPP 这个瓶颈问题，它用简单的二维操作完成复杂的三维零件，可以实现高度自动化和程序化。

(5) 不需要专门的工装夹具和模具。大大缩短了新产品的研究、试制时间，并节约了经费开支。

(6) RP 产品的造价近乎与产品的批量无关。特别适用于小批量零件生产及单件生产。

(7) 零件的制造成本与复杂程度无关。这使得 RP 技术可以便宜地制造出几何形状非常复杂的零件，而在传统机械加工方法中，刀具要受到某些型面的限制。

3. 原理

一个零件，不管其外形和内腔是多么复杂，都可以用一组平行平面去截该零件，得到一系列足够薄的薄切片，这些薄切片可以近似地看作二维零件模型，用不同扫描方法得到薄切片内轮廓和外轮廓后，再把这些薄切片按一定的规则堆积起来又可以得到整个零件。根据这个原理可以通过零件的三维 CAD 模型得到一系列平行薄切片，对于某一特定层片，可以在某种制作材料上用不同扫描方法得到该截面形状，一层截面制成后，另一层又在它上面累加，反复如此，直到整个零件由底向上逐层构造而成，这就是快速成形技术的原理，如图 7.6 所示。因此快速成形方法又叫生长型制造、添加型制造和层制造等。

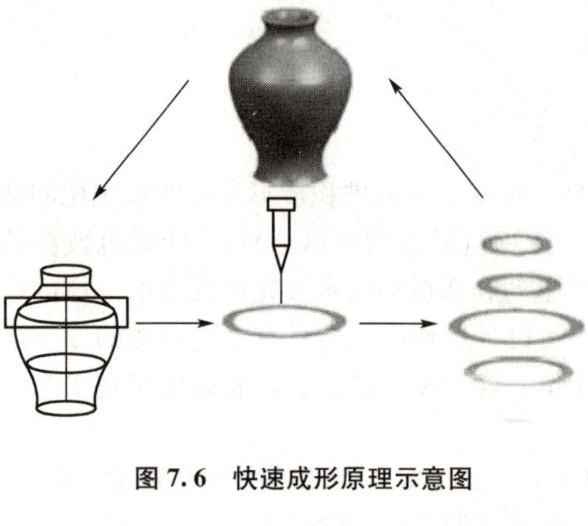

图 7.6 快速成形原理示意图

快速成形系统和三维 CAD 系统之间通过 STL(Stereo Lithography)文件格式交换数据。STL 文件是一个用许多空间小三角片逼近原三维实体的表面模型数据文件，每个三角面片由一个法矢和三个顶点唯一确定，且满足右手法则、顶点-顶点法则及边法则。STL 文件是随快速成形制造技术的兴起，由美国 3D System 公司于 1988 年提出的 CAD 系统与 RP 软件系统进行数据交换的接口规范。由于 STL 文件结构简单，易于使用，目前已成为 RP 工业界的“准标准”。

4. 应用

快速成形技术的最初应用主要集中在产品开发中的设计评价、功能实验上。设计人员根据快速成形得到的试件原型对产品的设计方案进行分析、评价及修正，借此缩短产品的开发周期、降低设计费用。经过十几年的发展，快速成形技术早已突破了其最初意义上的“原型”概念，向着快速制造零件、快速制造工具等方向发展，应用于模具的快速制造、快速精铸、医学修复等方向。

7.4.2 快速原型工艺分类

RP 技术的具体工艺不下 30 余种。根据其应用情况和商品化程度，最为典型的快速成形技术为光固化立体造型(Srereo Lithography Apparatus，SLA)、选择性激光烧结(Selective Laser Sintering，SLS)、分层实体制造(Laminated Object Manufacturing，LOM)、熔融沉积成形(Fused Deposition Modeling，FDM)。

1. 光固化立体造型

SLA 技术是第一个投入商业应用的 RP 技术，也是目前发展最成熟的 RP 成形方法。在全世界安装的各类快速成形机中光固化快速成形机约占 60%。它使用液态光固化树脂，如丙烯酸酯系、环氧树脂系等(后者的性能优于前者)。在光子的引发下，小的分子(单体)聚合成大的分子。根据这一原理，工件在一个大的液态树脂槽中得以构建，成形原理如图 7.7 所示。

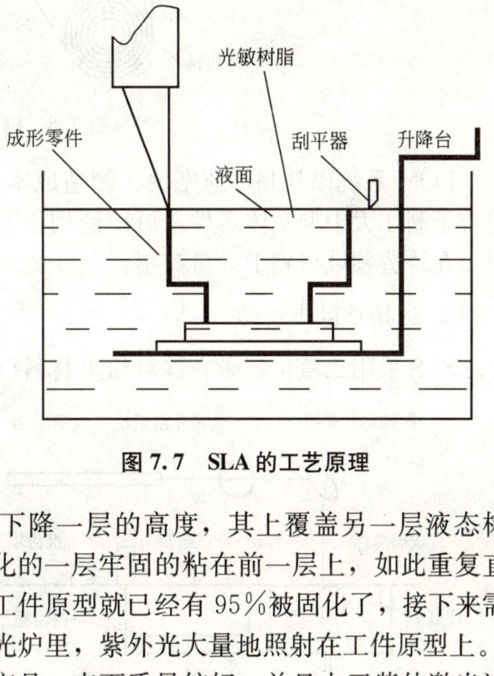

图 7.7 SLA 的工艺原理

此工艺方法也称液态光敏树脂选择性固化。成形原理为：液槽中盛满液态光敏树脂，它在紫外激光束地照射下快速固化。成形开始时，可升降工作台处于液面下一个层厚的地方。聚焦后的紫外激光束在计算机的控制下按截面轮廓进行扫描，使扫描区域的液态树脂固化，形成该层面的固化层。然后工作台下降一层的高度，其上覆盖另一层液态树脂，再进行第二层的扫描固化，与此同时新固化的一层牢固的粘在前一层上，如此重复直到整个产品完成。当所有层都被加工出来后，工件原型就已经有 95%被固化了，接下来需要后期固化来完成整个原型。后期固化是在荧光炉里，紫外光大量地照射在工件原型上。

这种方法适合成形小件，能直接得到塑料产品，表面质量较好，并且由于紫外激光波长短(λ=325nm)，可以得到很小的聚焦光斑，从而得到较高的尺寸精度，原材料利用率将近 100%，能制造形状特别复杂(如空心零件)、特别精细(如首饰、工艺品等)的零件，尤其适合壳形零件制造。

2. 分层实体制造

LOM 系统由计算机、原料片存储及送进机构、热压滚筒、激光器、光学装置、X-Y 定位仪器、平台和数控系统等组成，其工艺原理如图 7.8 所示。其中计算机用于接收和存储制件的三维模型，沿模型的高度方向提取一系列的横截面轮廓线，发出控制指令。原料片存储及送进机构将存于其中的原料片(一般用底面有热熔胶和添加剂的纸)，逐步送至平台的上方。热压滚筒将一层层材料粘合在一起。激光器通过光学装置和 X-Y 定位仪器，按照计算机提取的横截面轮廓线，逐一在平台上方的片料上切割出轮廓线，并将无轮廓区切割成小方网格，以便在成形之后剔除废料。可升降的平台支承正在成形的制件，并在每层成形之后，降低一个片料厚度，以便送进、粘合和切割新的一层材料。数控系统执行计算机发出的指令，使一段段的片料逐步送至平台的上方，然后粘合、切割，最终形成三维制件。剔除包围制件的小方格后，便可得到所需的三维制件。

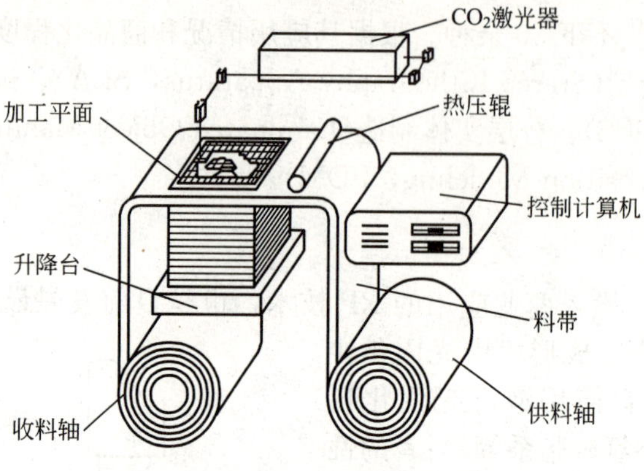

图 7.8　LOM 的工艺原理

LOM 系统以其制作速度快、制造成本低的特点在 RP 市场占据了一席之地。它特别适合于制作大中型实体零件，可广泛用于制作各类新产品模型，也可直接制作铸造木模，因而在铸造领域得到了大量应用。

3. 选择性激光烧结

SLS 采用二氧化碳激光器对粉末材料(塑料粉末、陶瓷与粘合剂混合粉末、金属与粘结剂混合粉末等)有选择地分层烧结固体粉末，并使烧结成形的固化层层层叠加，生成所需形状的零件，是一种由离散点一层一层堆积成三维实体的工艺方法。整个工艺过程包括 CAD 模型的建立及数据处理、铺粉、烧结以及后处理等。SLS 成形的工作原理如图 7.9 所示。

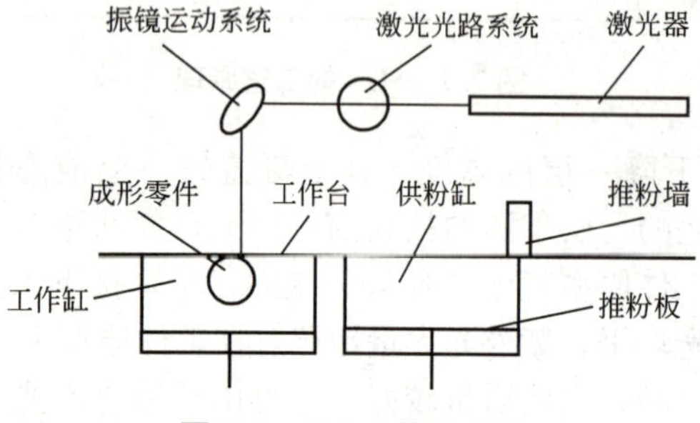

图 7.9　SLS 工作原理图

系统主要由激光器、激光光路系统、振镜运动系统、工作台、供粉缸、工作缸、推粉墙构成。成形时，先在工作缸中铺设一定厚度的粉末材料，作为第一层的烧结原材料，并起到支撑作用；激光束经过调焦等校正后，在计算机控制下，按照截面轮廓信息，对制件的实心部分进行扫描烧结，使粉末的温度升至熔化点，粉末颗粒在交界处熔化，粉末相互黏结，逐步得到各层轮廓；非烧结的粉末仍呈松散状，作为工件和下一成形面的支撑，并起到一定的散热作用；一层成形完成后，工作缸推粉板在伺服电动机的作用下，粉末面下降一个截面层的高度，同样，供粉缸推粉板在伺服电动机的带动下，上升一个截面层的高度，使工作缸的粉末获得较好的铺粉效果，也可使供粉缸推粉板上升略大于一个截面的高度，并在推粉墙的推动下，进行下一层面的铺粉和铺平；然后，激光束再次进行扫描烧结。如此循环，最终形成设计形状的三维工件。三维工件制作完成后，未熔化的粉末可被刷除，作为下次烧结的原料。

SLS与其他快速成形方法相比，其优点在于，它所使用的成形材料十分广泛。从理论上说，任何加热后能够形成原子间粘结的粉末材料均可作为SLS的成形材料。目前，可成功进行SLS成形加工的材料有石蜡、高分子材料、金属、陶瓷粉末以及它们的复合粉末材料。由于SLS成形材料品种多、用料省，所以其成形件性能分布广泛，适合多种用途。

4. 熔融沉积制造

FDM通过将热熔性材料(ABS、尼龙或蜡)加热熔化，挤压喷出并堆积一个层面，然后将第二个层面用同样的方法建造出来，并与第一个层面粘结在一起，如此层层堆积而获得一个三维实体。工作原理图如图7.10所示。

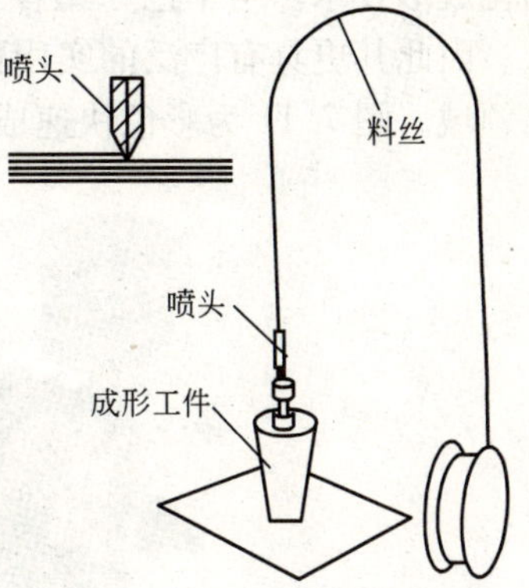

图7.10 FDM原理示意图

由计算机控制快速成形机的加热喷头，根据水平分层数在x-y平面运动。丝材由送丝机构送至喷头，经过加热、熔化，从喷头挤出粘结到工作台面，然后快速冷却并凝固。每一层截面完成后，工作台下降一层的高度，再继续进行下一层的造型。如此重复，直至完成整个实体的造型。每层的厚度根据喷头挤丝的直径大小确定。

FDM快速成形系统成本较低，不需要其他快速成形系统中昂贵的激光器，而且成形材料价格较低；FDM原型特别适合有空隙的结构，可节约材料与成形时间；体积小，无污染，是办公室环境的理想桌面制造系统。但是，成形速度较慢，精度较低。适用于薄壳体零件及微小零件；原型强度比较好，近似于实体零件，可作为概念型直接验证设计。

快速原型制造典型工艺比较见表7-1。

表7-1 快速原型制造典型工艺比较

	原型精度	表面质量	复杂程度	零件大小	材料价格	材料使用率	常用材料	制造成本	生产效率	设备费用
SLA	较高	优	中等	中小件	较贵	接近100%	热固性光敏树脂等	较高	高	较贵
LOM	较高	较差	中等	中大件	较便宜	较差	纸、金属箔、塑料、薄膜等	低	高	较便宜
SLS	较低	中等	复杂	中小件	较贵	接近100%	石蜡、塑料、金属、陶瓷料末等	较低	中等	较贵
FDM	较低	较差	中等	中小件	较贵	接近100%	石蜡、塑料、低熔点金属等	较低	较低	较便宜

7.4.3 彩色快速成形

2000年之前，还没有能直接成形任意彩色模型的快速成形设备，快速成形得到的单色成形件通常还需要手工进行复杂和费时的后期处理以获得彩色特征，这使得彩色模型的加工成本和模型制造时间大大增加，业界和用户迫切需要一种能直接快速成形出彩色模型的技术和设备。因此彩色快速成形技术吸引了越来越多的研究者的注意。

彩色快速成形制造是一项衍生于快速成形制造技术的先进制造技术，利用该项技术制造的彩色模型可以使信息交流变得更加便捷和高效。目前比较有代表性的彩色快速成形技术包括彩色叠层实体制造技术、彩色熔融沉积制造技术、彩色三维打印成形技术和彩色光固化成形技术。与单色原型零件相比，彩色原型零件能够更准确地表达出原型的客观信息。因此其更具有广泛的实用价值，可应用于建筑、工业产品设计、有限元分析以及医学等领域。图 7.11 为彩色快速成形的实例。

图 7.11　彩色快速成形实例

带有彩色区域的快速原型零件更加生动具体，富有层次感，可以更好地将三维模型的设计理念和结构信息传达给使用者。彩色成形技术作为快速成形技术的一个发展方向，有广阔的发展前景和极高的应用价值。

7.5　精 益 生 产

7.5.1　精益生产的起源

世界工业生产方式的发展历程可大致分为手工生产、大规模生产与精益生产等三个阶段，这三个阶段正是到目前为止世界生产方式变迁的三种代表生产方式。相对于手工作业的手艺型产品导向，大规模生产是追求以制程为导向的生产模式，而精益生产采取市场导向灵活应对市场变化为其最大特征。

手工作坊是一种简单协作劳动的组织形式，是企业的萌芽。手工业工场是以专业化分工为基础形成的，具有比手工业作坊规模更大的社会化大生产组织形式，是企业的初期形态。手工作业生产方式大约从 16 世纪中叶到 18 世纪末，其特点是有因手艺不同所造成的质量不一问题，但却具有立即取货交期迅速的特性。

随着工业革命的开始，促成手工作业生产方式发展至大规模生产方式的另一次工业革命。亨利·福特在 1913 年开始使用运输带生产线大量生产 T 型车，不但改变了汽车工业生产的形态，更促成了大规模生产方式的思维深植在世界上所有的企业经营哲学中。但是，供应链上信息流从最终客户端向原始供应商传递时，需求信息出现越来越大的波动，这样会造成按照预测生产的不准确性，从而导致大量的库存浪费。

日本在原“福特方法”的基础上，不断更新技术以适应市场的需求，提出了全企业的灵活生产系统。精益生产起源于日本丰田汽车公司的准时生产(JIT)方式，也被称为“丰田生产系统”，它的基本思想可以用一句话来概括：“只在需要的时候，按需要的量，生产所需要的产品”，这也就是 Just In Time(JIT)的本来含义。以 JIT 生产方式为代表的日本汽车工业在 20 世纪 80 年代表现出一种强大的竞争力。

为揭开日本汽车工业成功之谜，1985 年美国麻省理工学院制定了一个名为“国际汽车计划”的研究项目，组织了 53 名专家、学者，从 1984—1989 年历时 5 年，对 14 个国家的近 90 个汽车装配厂进行了实际考察，并对西方的大量生产方式与日本的丰田生产方式进行分析对比，最后于 1990 年出版了《改变世界的机器》一书，针对日本丰田汽车准时化生产，数位国际汽车计划组织的专家提出了精益生产(Lean Production，LP)的概念。“Lean”原意是“瘦”，因为与大规模生产方式相比，该生产方式的一切投入都大为减少。精是指少且精致，对需要投入的生产要素量要控制，在合适的时间里制造出必需数量的商品；益是指企业的经营活动都必须是增值有效的，能带来良好的经济效益。不仅在企业的日常生产制造中有精益生产优点的体现，在新产品开发、设施配套协作、营销网络建立方面以及经营管理等各个方面都有显著的体现。“精益生产”概念的出现在世界范围内掀起了一股研究先进制造系统模式的浪潮。

在 20 世纪 90 年代，世界各国制造业面临着复杂多变的外部环境：科学技术发展突飞猛进，供求关系变幻莫测，产品更新日新月异，各国经济与国际市场纵横交错，竞争激烈、对手林立等。我国的制造企业，尤其是汽车制造行业中的不少企业都纷纷引入精益生产。但是，经过几年精益生产的实践，不少企业都深切体会到：要使精益生产发挥最大效益，就不能仅仅满足于学习和运用几种精益生产的“技法”或“工具”，更要领悟精益生产的理念内核，整合精益生产的系统要素(生产、技术和信息)，实现精益生产走向精益企业这一更为深刻的提升和飞跃，使精益生产成为该精益企业中的一个重要核心竞争力。

7.5.2 精益生产的内涵

精益生产通过对人员组织、系统的结构、运行的方式和市场供求等方面进行改革，从而使生产系统能很快适应不断变化的用户需求，精简生产过程中所有没用、冗余的东西，以实现包括市场供销在内的生产的各方面最想要的结果。精益生产是实现在全企业范围内，以客户为中心的项目，每位员工通过标准工具、技术和程序的使用，来避免和消除浪费，改善产品质量、配送速度和成本。

精益生产的基本目的是：要在一个企业里同时获得极高的生产效率、极佳的产品质量和很大的生产柔性。在生产组织上，它是强调企业各部门、各工序相互密切合作的综合集成。这不仅限于生产过程本身，并且重视产品开发、生产准备和生产之间的合作与集成。

精益生产的目标是：用最少投资、最短时间、最少人员、最小场地生产出优质多品种的产品，全面优于竞争对手；实现零库存、零浪费、零不良品、零故障、零误期为目标的最佳生产过程；不仅外部的物流可与厂内其他物流连在一起，而且与后勤供应之间也达到整个工厂在技术过程上的和谐统一。精益生产要求不仅是在技术上实现制造过程和信息流的自动化及其集成，而更重要的是从系统工程的角度对企业的活动及其社会影响进行全面的、整体的优化。精益生产不仅着眼于技术，还充分考虑到组织和人的因素，其在企业的受益者，即顾客、职工、雇主(所有者)、分供方和社会五方面的推动下建立其精益生产体系。

传统生产方式与精益生产相比较而言会有如下不同：产品质量保证的手段正在改变；增强工人的责任感，以厂为家；培训时加强思想交流；去除不必要的自动化；精简组织结构。“多品种”，“小批量”是精益生产的特色。精益生产方式与传统的大规模生产方式的对比见表 7－2。

表 7－2 精益生产与传统大规模生产的比较

	精益生产方式	大量生产方式
生产目标	追求尽善尽美	尽可能的好
分工方式	集成、综合工作组	分工，专门化
产品特征	面向用户和生产周期较短的产品	数量很大的标准产品
生产后勤	准时生产方式(JIT)的后勤支援	在所有工序均有在制品缓冲存储
产品质量	在生产过程的各个环节始终由工人进行质量保证	由检查部门事后进行质量检验
自动化	柔性自动化，但尽量精简化	倾向于刚性和复杂的自动化
生产组织	加快进度的同步工程模式	依次实施的顺序工程模式
工作关系	强调工作友谊，团结互助	感情疏远，工作单调，缺乏动力

精益生产既是一种以降低企业运营成本和生产所耗资源并且最大限度地减少企业管理为主要目标的生产方式，又是一种先进理念与文化。实施 JIT 就是尽善尽美、精益求精，为实现精益生产的终极目标而不断努力的过程。其实质是管理过程，实现中间管理层的精简，人事组织的管理优化，进行组织的扁平化改革，减少间接的生产人员数量；均衡且同步地推行生产，实现企业的柔性化生产及零库存化生产；质量保证体系要贯彻于全生产过程，实现产品质量全优；力图减少所有生产环节的各种浪费，实现无浪费生产；以实现准时化生产为最终目标。

精益生产方式生产出来的产品种类要尽量满足客户的要求，并且通过对各个生产环节中采用杜绝所有浪费的方法与手段来满足客户对成本价的要求。这就要做到去除生产环节中出现的所有垃圾，从而不断完善生产状况，每个工人的岗位存在前提是创造价值，没有无价值增加的职位；精简在产品开发设计与生产等环节中出现的所有不会增值的存在。这样做的目的是以最优良品质的产品、最低耗的成本加上最高的效率回报市场与客户。精益生产是一个追求完美，不断消除浪费增强企业竞争力与活力的过程，同时，精益生产要求实行全员参与式生产方式，使全体员工的生产积极性与个人智慧得到最大限度发挥，使在每个岗位的缺陷和浪费被及时地消灭。

7.5.3 精益生产的思想

精益生产有两点核心，一是零库存，二是针对市场的变化快速回应。为达到这一目的，LP 应用方建立了细胞式生产，改变生产布局及生产编程等方法。这些管理方法都是在 LP 指导下提炼出的，在生产制造过程中应用 LP 思想与方法的结合形成了 LP 的生产管理系统。

核心思想：精益生产的核心思想是“杜绝一切浪费”，消除任何形式的浪费。在精益管理中存在几例典型的浪费：废品与残次品，超额或提前生产，由于设备故障、停工待料及计划差错等原因造成的等待，额外的库存积压，过剩的商品或服务。

准时化生产(JIT)：JIT 意味在必要时间内依照必要的订单量在一定的地点进行产品的生产、制造、供给。JIT 有很多优点，一方面减少库存积压，节约流动资金；使得库存减少的同时又使库存管理工作量降低，减少仓库管理面积，避免生产过剩。因为 JIT 严格依照客户需求来生产，避免了生产过剩等一系列浪费。因此，JIT 是 LP 的两根支柱之一。“JIT”的管理思想是符合客观规律的现代化的理论，但实现企业每个生产环节精准的按量按时完成必要的作业目标这样一个很高的境界要付出很多努力。

系统的自检错能力：产品质量检测本身即为极大的浪费，现实中唯一能够保证零缺陷的措施是古老但不敢尝试的方法，即 100%全数检验。专门检验人员的设置同样是浪费，即使一件产品经过无数次检验，产品不会获得更多增值，顾客也不会因此付出更多的货币，这让我们陷入两难境界。同时依靠人工检测产品的质量，精确度不高。若装配上拥有自动检错装置的机器，发现残品自行停车，即采用自助化控制，当发现生产异常时，可以使生产线自动停下，即赋予生产线人的智能。因此，生产自动化是实现产品零缺陷，并同时可以杜绝专门检验这一浪费的最佳方案。

注重人员管理：传统的大批量生产方式管理下，强调严格阶层关系。这种情况下员工将完成上级下达的任务视为工作，每个员工被看作为岗位的附属“设备”。LP 则突出了员工个人对生产过程的干预，使人实现主体能动性的最大限度发挥，同时强化人员间的协调合作，基于长期的表现对员工进行评价。精益生产更多地将每位员工看作企业团体不可缺的成员，而非单独的机器。这使基层的主观能动性能充分发挥。每位员工要积极地参与到生产中，而不是机械地执行上级的命令。

员工不一定完全依照行政组织来划分团队组织是其原则，主要应该依据业务的相关性来划分。组织内部的评价会影响对团队人员的工作业绩的评定。面向不同的任务，建立不同的团队，使得团队组织具有变动性，同一个人可能属于不同的团队。采用激励机制的目标是调动员工的积极性与创造性，这是管理工作的首位要求，应当确立生产中的以人为本原则。

否定传统的思维：精益生产思想与方法和传统相比较都是相反的，精益生产在生产领域的推广上没有大的困难，做企业员工思想观念的转变工作比较难。因此在企业中推行科学的生产管理思维方式，提高对员工思想意识方面的教育和训练的重视程度，这对于无论是推行精益生产或是进行其他方面的改革都是非常重要的环节。

精益求精：LP 不仅是一种生产管理方式，也是一种生产理念、一种企业精神文化。实行精益生产要有坚持不懈的决心，不断进步，不断完善，精益求精。同时精益生产应该作为个人及企业长久存在的一种精神文化，同样在永不停息的学习中得到自我实现。

7.5.4 精益生产结构体系的建立

建立精益生产结构体系需要应用许多精益生产理论工具。同时，随着在精益生产体系工作下的团队工作的进行在不断取得成绩，随之而来的是系统工作质量的提升，工作的同时提高工人的积极性和职业素养，以使整个生产系统进入良性循环。精益生产五大原则是：确定价值；掌握“价值流”；朝流线方式迈进；建立“拉式系统”；追求“尽善尽美”。

为了建立精益生产的结构体系，需要从以下几个方面入手。

拉动式生产：企业开展生产是根据客户的需求来拉动的，实际生产中常被称为按订单生产，即客户需要什么产品，企业就生产什么产品，客户需要多少工厂就生产多少，如果客户不需要就立刻停止生产，物料流的流动方向与信息流的流动方向相反是拉动式生产方式下运作与管理的基本特征，并且其计划生产的数量与实际的产量相同，从而可以实现少库存或零库存。

保证“流”畅通：“流”是指产品在生产企业中从接收原材料到成品发送过程中的无停顿地渐进运动。必须缩短生产周期以实现拉动式 JIT 生产，同时必须确保“流”的畅通，原因是一旦在流动中出现堵塞就有库存产生。

质量管理：要在产品开发、生产的全过程将质量管理原则切实贯彻执行下去。主要包括：操作者要关注产品的质量责任；培养操作者主动停线的生产理念；学习防差错的系统生产技术；建立先进先出的控制标准；实现作业标准 & 标准作业的并存；找出根本的原因。

减少作业员工：减少所需人工是减少生产成本的重要手段，准时化生产要求按客户订单生产，达到无提前无过量，生产订单多时，需要多配置人员，当订单少时，减少人员配置。

5S 全员生产维护：5S 应用于改善车间环境，创造良好的工作氛围，是要求企业生产全员参与的一项基础实践活动。全球化企业公司都在应用 5S 方法，以此为基础实现公司的成功运行。全球化企业的竞争力决定它推行 5S 的程度。企业成功实施 5S 后能够减少安全事故，使设备提高正常运行的时间，降低耗费，提高产品质量。随着 5S 及现场管理水准的改善，实行 5S 能够消除基本的浪费，例如降低物料的冗余，减少在制品，通过生产布局来改善并节省工人取放资料的时间，加快生产速度。5S 不仅只起到一个清洁工的作用，实行 5S 要以消除浪费为目标。5S 的核心是让生产的现场员工及管理人员告别浪费，并参与到减少浪费的生产中来，并将这种活动制定成制度。

可视化管理不仅是为了让管理者，同时也是为了让所有生产者了解企业的生产状况。实现信息的充分沟通，使生产的所有过程都明了化、可视化，是最好的办法。可视化本身就是暴露问题的工具，而不是全面展示成果的地方，这和过去思维不一样，同时可视化并不仅仅代表通过文字图片等材料来突出问题，最为重要的目的是深入制造现场，利用各种先进信息技术使生产线的问题暴露出来，能够让设备、作业人员、监督者、生产维护人员、管理者等形成完整的团体，快速响应指令。通过可视化管理能够使企业运营实现标准，作业标准化，实现信息被每位员工了解并遵循，实现效率的提高。

“全员生产维护”原则以团队合作为基础，是为了发展和维持一个长期的预防性保养程序，强调每个员工的投入和专业知识来完成以下任务：维护检查机器，实现日常保养，防止机器发生停工故障，并及时修理，最优化整体设备性能，提高效率和寿命；改善与该设备有关的全体工作环境，“全员生产维护”是缩短生产周期至关重要的一步。

企业文化建设：精益企业的基本运行方式是发挥团队的主观能动性，企业文化起着重要作用。企业文化应具有体现新的人际关系、组织间关系和员工责任感的新型文化氛围。这些新的企业文化将成为企业在竞争中取胜的精神力量和法宝。

7.5.5　精益生产在先进制造中的作用

从精益生产和各种先进制造、生产及管理模式的密切关系可以看出精益生产在先进生产模式和管理模式方面都占据着极其重要的地位。

1. 精益生产是生产发展史上的里程碑

相对于追求规模经济的大批量生产和追求范围经济的顾客化生产而言，精益生产是这两个生产发展历史阶段的里程碑。在精益生产模式中，同时存在着规模经济和范围经济的特征。它从生产运作管理、产品开发、质量管理、供应链管理和企业管理等各方面全面突破了大批量生产的管理思想，创造了各种新型管理模式，为新一代生产模式的发展提供了必要条件。同时，在组织和人员管理上，它明确了以人为本的基本管理哲理，历史性地提出了团队工作和授权的发展方向。因此，我们认为精益生产是生产发展史上的里程碑。精益生产虽然在单元化制造上为各种先进制造模式提供了必备的基础，但是，它并没有充分揭示现代先进制造模式的根本特征。它充分发挥了成组技术的特点，在多种产品中集中起相类似的部件，充分满足了多样化需求的特点，将生产批量降到最低，同时实行面向客户的销售和服务。当然，由于精益生产中刚开始并没有涉及可重构制造系统设计、单元化产品设计、虚拟设计及基于基础网络的分散化制造，因此，精益生产在开始并没有完全具有敏捷制造的特征。因此，我们认为精益生产仍然属于大批量生产的范畴。

随着精益生产的发展，它越来越多地融入了敏捷制造的特征。例如，在精益生产的目标中除了消除一切浪费之外，同时明确应付各种变化也是精益生产的根本目标之一。精益生产不断开展针对单件订单的生产计划与控制工作以及敏捷制造其他各种特征的研究。在敏捷制造的研究模型中，精益生产也是它的核心组成部分之一。这种不同模式之间相互吸收、融合的综合发展也是完全符合历史发展与现实需要的。

2. 精益生产是企业实施各种先进制造模式的基础

精益生产不仅为制造系统的设计准备了必要条件，更重要的是在生产模式和管理模式上奠定了先进制造模式的基础。先进制造技术的提出和实践已经经历了多年，但是实际应用中的调查表明，各种先进制造技术和模式的成功应用案例不多。其原因主要有先进制造技术的投资太大，对于先进制造技术和模式的管理不当等。先进制造模式应该基于精益生产，即如果企业没有较好地完成精益生产的转变，那么各种先进制造模式的实施将会面临非常大的困难，这也意味着，企业先进制造技术的实施应该以精益生产为前奏。精益生产管理模式的转变必须提前实施，表现在对员工的尊重和管理，对企业组织结构和工作流程设计的要求，对生产系统中企业的计划与控制、供应链管理、基于价值流制造、质量管理、产品开发、激励机制的设计等先进生产模式的哲理转变。随着新时代的到来，各种新型方法不断出现，因此在具体方法上是可以选择的，但是在生产哲理上，精益生产的许多思想必须在先进制造模式实施之前得到切实贯彻。

7.6 逆向工程

7.6.1 概述

在生产制造领域中，离不开产品的开发和设计。传统的产品设计是从概念设计开始，然后绘制草图、建模、分析、模型修正直到最终产生满足要求的图纸，投入生产。但是在很多情况下，没有产品的原始图纸和设计数据，只有样件或实物模型，比如由于制造的限制或者为了获取最优的产品性能，已有的设计经常要在车间进行改进，这样的调整通常没有在CAD模型中反映出来，这就需要应用逆向方法更新已有的几何模型。

广义的逆向工程(Reverse Engineering)又称为反求工程，是一个复杂的系统工程，包括形状逆向、工艺逆向和材料逆向等。目前，大多数有关逆向工程的研究主要集中在几何形状方面，因此狭义上讲，逆向工程是指用一定的测量手段对实物或模型进行测量，根据测量资料采用三维几何建模方法将产品样件转化为数字化模型的过程。

传统工程的设计和制造流程与逆向工程流程的对比如图7.12所示。传统工程中，从抽取的概念到产品数字化模型的建立，是一个计算机辅助的产品物化过程；逆向工程则是一个“物化”产品的再设计，强调产品数字化模型建立的快捷性和效率，以满足产品更新换代和快速响应市场的要求。据统计，各国70%以上的技术源于国外，逆向工程作为掌握技术的一种手段，可使产品研制周期缩短40%以上，极大地提高了生产率。逆向工程对于缩短产品的开发周期，提高生产效率具有重要意义。

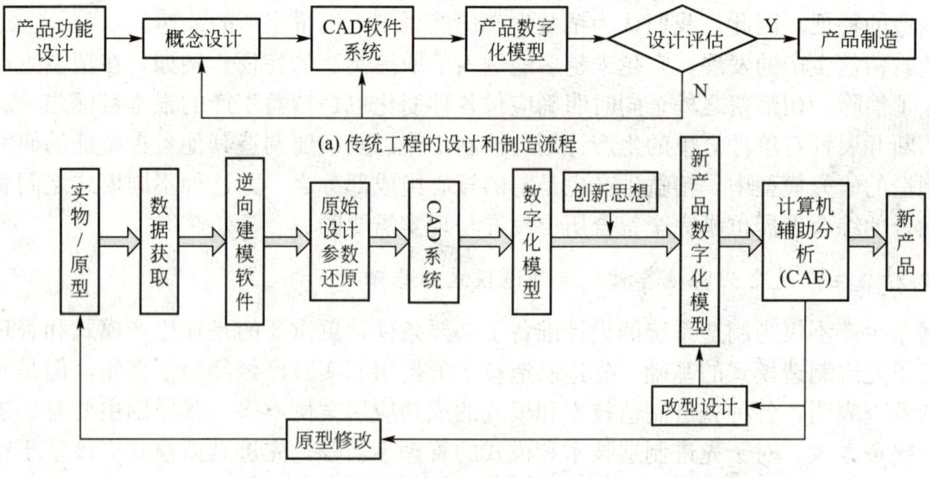

(b) 逆向工程流程

图7.12　传统工程的设计和制造流程与逆向工程流程

目前，逆向工程已广泛应用于汽车、机械、航空、航天、家电、通信、玩具、轻工、医疗、国防等行业，并取得了巨大的经济效益。在机械制造领域，逆向工程对于产品的开发和设计起着举足轻重的作用，其应用主要集中在以下几个方面：

(1) 对于复杂曲面模型，如汽车、飞机、摩托车等，产品的空气动力学和美学设计特别重要，产品几何外形往往不是应用CAD软件直接设计产生的，通常需要制作木制或黏土全尺寸模型或比例模型，并经过各种性能测试建立符合要求的模型，这时需要运用逆向工程将最终的实物模型转化为数字化模型。

(2) 一些大型设备，如航空发动机、汽轮机组等，有时会因为某一零部件的损坏而停止运行，通过逆向工程手段可以快速修复、生产出替代零件，提高设备的利用率，降低成本，提高生产效率。

(3) 在缺少原始图纸和设计参数的情况下，如消化吸收国外先进技术时，无论是创新、改进还是仿制，都需要把实物零件转化为CAD模型，以便后期的计算机辅助分析、设计和制造。

(4) 快速原型制造领域里，逆向工程已经变得必不可少。通过对快速制造原型产品的精确测量和建模，找出原始设计不足，可以不断更新产品原型，实现产品的高效创新设计。

7.6.2　逆向工程的流程与关键技术

目前，逆向工程的研究包含的重建产品 CAD 模型和最终产品的制造(实物逆向工程)，其基本流程如图 7.13 所示，首先通过实物数字化，获取实物表面的测量数据；再对这些数据进行预处理，包括多视拼合、孔洞修补、数据精简、数据去噪、三角剖分等，其中三角剖分为可选操作；然后把测量数据分割为对应不同特征面的数据子集，最后进行曲面重建，在曲面模型基础上进一步构建 CAD 模型。

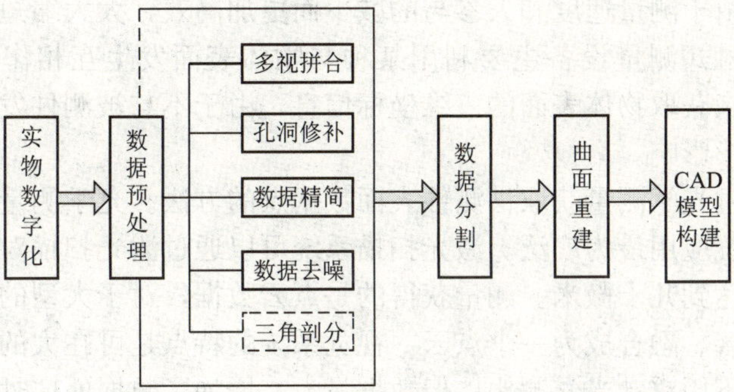

图 7.13　逆向工程中模型重建的基本流程

1. 实物数字化技术

实物数字化与工业中的产品质量检测的最大不同是被测件的 CAD 模型是未知的，而且要求识别被测件的所有特征以获取完整的几何信息用于模型重建，而不是检测局部的精度是否符合公差要求，这就对测量设备的自动化程度及数字化性能要求更高。开发高精度、快速的数字化测量系统和测量软件，如何根据几何外形选取不同的测量方法和测量路径，一直是数字化技术的主要研究对象。根据测头是否与被测零件表面接触，实物数字化方法可以分为接触式(Contact)和非接触式(Non - Contact)两种。

接触式主要指三坐标测量机(three Coordinate Measuring Machine，CMM)。在 20 世纪 90 年代高速数字化技术引入之前，三坐标测量机一直是逆向工程中的主要三维数字化工具，通过把被测物体置于三坐标测量空间，然后依靠触头接触被测件表面获取被测物体上各测点的坐标位置。三坐标测量机采样精度高，可达零点几个微米。应用三坐标测量机高精度提取被测件的几何特征信息，是 CAD 模型重新创建的基础。但是如果被测件形状复杂，不仅需要采集大量的数据点，而且需要精细的路径规划以确定和优化测头移动方向、数据采集的位置，应用三坐标测量机则非常耗时。

三坐标测量机按照结构类型可以分为悬臂式、桥式、龙门式等，如图 7.14 所示。悬臂式结构的优点是开敞性好，装卸工件方便，而且可以放置面积大于工作台面的零件，但是刚性稍差，精度低。桥式测量机承载力较大，开敞性较好，精度较高，是目前中小型测量机的主要结构形式。龙门式测量机一般为大中型测量机，要求有较好的地基，结构稳定，刚性好，可以测量大型零件。

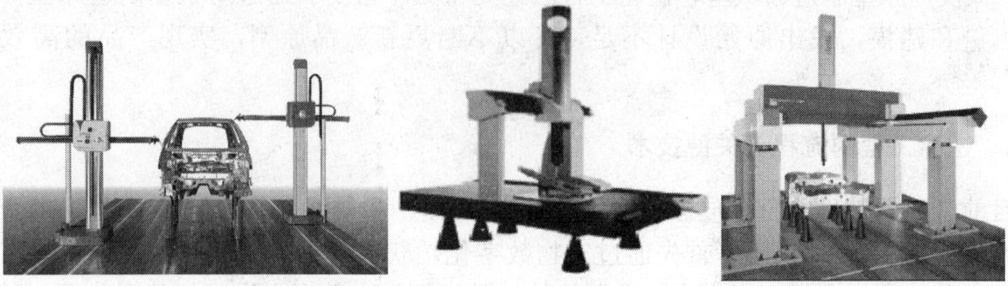

(a) 悬臂式　　(b) 桥式　　(c) 龙门式

图 7.14　三坐标测量机的结构类型

非接触式测量由于测量速度和人参与的减少而更加高效，大大缩短了逆向工程实物数字化的时间。非接触式测量设备主要利用某种与物体表面发生互相作用的物理现象，如光、声和电磁等，来获取物体表面的三维坐标信息，由于不与被测件发生接触，从而不会对零件本身产生变形影响。

最常见的是通过光学测量获取被测件表面数据点的方法。光学测量方法又以激光扫描系统和三维视觉系统应用最为广泛。激光扫描系统可以通过激光扫描对象每秒获取几千个数据点，精度一般达到几十微米。测量获得的是点云数据，对于大型的工件可能是几个点云数据片，要经拼接、融合成为一个点云。视觉系统的特点是可在大的空间范围瞬时获取大量的数据点，而不用移动光学测头，但数据量大，增加了数据处理时间。

光学测量方法和三坐标接触式测量优缺点的对比见表 7－3。

表 7－3　光学测量方法和三坐标接触式测量的优缺点对比

	CMM 测量	光学测量
优点	(1) 获取点的精度较高，分辨率可达 0.1μm，一般也达到几微米； (2) 能够测量深孔等光学方法无法测量的盲区； (3) 数据稀疏可直接在 CAD 软件中应用； (4) 不可测量柔软易变形的零件； (5) 适用比较广泛，常用于质量检测。	(1) 能够快速获取数据点，而不用移动测头； (2) 能获取密集的点云数据，可观察模型的整体及细节； (3) 数据采集的规划时间较短； (4) 不会损坏被测件的表面； (5) 允许测量柔软而易碎的零件。
缺点	(1) 测量速度慢，需要预先的路径规划和探针补偿； (2) 对于复杂内部型腔、曲率变化剧烈且几何特征尺寸少的区域、尖锐区域、大面积自由曲面的零部件等测量很困难； (3) 不能测量软质和脆性材质的零件； (4) 有限的探针采点致使数据密度低，限制了对零件整体拓扑连接和细节的辨识。	(1) 高镜面反射和散射的表面需要预先涂上水溶性涂料或粉末才能测量； (2) 不能测量内部或阻挡光线的几何体； (3) 稠密的数据在很多 CAD 软件中不能直接处理，需要大存储量，数据处理时间长； (4) 测量精度较低，一般 10～100μm。

还有一些非接触测量方法如工业 CT 层析法测量技术、层去图像法测量技术、核磁共振图像法测量技术、超声波断层法测量技术等，这些新兴的测量方法还不够成熟，所以没

有广泛应用。其中工业CT层析法测量技术是目前很具有发展前途的一种非接触式测量方法，可以用于工业产品的无损检测和探伤，能够对物体的内部结构进行测量。但是，该方法的空间分辨率很低，获得数据需要较长积分时间，重建图像计算量大、造价高，只能获得一定厚度截面的平均轮廓等缺点，因此要实现CAD模型的精确重构还存在很大的距离。

层去图像法测量技术属于破化性测量方法，需要逐层用图像采集设备(如CCD相机)获取截面图像以得到每层轮廓的数字化信息，对于单一样件或价格昂贵的工件，一旦数字化测量失败，会造成很大损失，这一点影响了该技术的推广。核磁共振图像法测量技术和超声波断层法测量技术主要应用于医学领域，对人体器官进行断层扫描检测，相对而言，前者空间分辨率不及CT层析法且测量时间长、设备昂贵，后者设备简单、成本较低，在实物三维扫描测量中应用很有前景，但还属于研究阶段。

2. 数据预处理

由于实物表面几何形状和测量技术的制约，都不可避免地会引入数据误差，有时还会出现数据冗余、有无法测量的盲区和缺口等问题，这时就需要通过数据预处理技术对测得数据进行噪声处理、孔洞修补、精简等操作，以期获得完整和精确的数据点便于后期的模型重建。

(1) 噪声去除。在测量过程中，由于环境变化以及测量设备自身的局限，不可避免地会出现噪声数据，因此需要进行噪声去除。数据的噪声处理通常采用滤波的方法，常用的滤波方式有高斯、平均和中值滤波，也有拉普拉斯法和平均曲率法等。正确去除噪声数据的同时，很好地保持原有数据的几何特征是噪声处理的难度所在。

(2) 孔洞修补。在数据采集过程中，由于被测实物本身的几何拓扑原因或者是受到其他物体的阻挡，经常出现部分表面无法测量、采集的数字化模型存在数据缺损等现象。为了获取完整的点云数据，需要进行孔洞修补。孔洞修补的方法可以分为基于三角网格的方法和基于散乱点数据的方法两种。基于三角网格的方法首先要把网格模型中的孔洞提取成多边形，对孔洞多边形进行三角剖分，再采用网格光顺的方法，调整新增三角片顶点的位置，以完成点云数据的修补。基于散乱点数据的方法需要根据孔洞周围的局部离散点建立一张曲面片，通过曲面上采样点的方法填补孔洞部位缺少的点。

(3) 数据精简。数据精简主要是针对光学扫描获取到的高密度数据点而言的。通过数据精简可以去除大量的冗余数据，提高后续算法的运行效率。不同类型的点云可以采用不同的精简方式。规则点云的数据精简方法比较成熟，如等间距均匀简化、等量缩減、弦偏差法等。对于散乱点云可采用包围盒法、随机采样法、均匀采样法、按法向距离简化等。无论哪种数据精简方法，都要求精简数据的同时，保持原始数据的特征，如尖锐区域及曲率波动大的区域。

(4) 多视拼合。数字化过程中，很多时候无法一次获得被测件的完整数据集，为了构建几何模型，必须先将这些不同坐标系下的多视点数据变换到同一个坐标系下，这个过程就叫做多视拼合(也叫配准或对齐)。多视拼合主要有两种方式，一种是利用专用测量装置实现直接拼合，另一种是事后的数据处理拼合。利用专用测量装置的方法使用精密的定位和装夹系统改变扫描设备和被测件的相对位置和方向，如旋转工作台、关节臂。事后的数据处理对齐又可分为基于特征的对齐和对数据的直接对齐两种方法。基于特征的对齐，需要先对各视图数据的局部特征造型，再以几何特征(如点、线、面)为基础实现数据整体对齐。这种方法对齐过程快捷，但是对没有明显几何特征的零件或一个特征被分割在不同的视图中，由于缺乏完整的拓扑和特征信息，局部造型困难，则无法对齐。传统的点位法、固定球法、平面法等本质上也属于这种对齐方法。对数据的直接对齐方法以ICP(Iterative Closest Point)算法应用最为广泛，它是目前解决多视拼合问题的一种基本算法，实质是基于最小二乘法的最优匹配方法。这种对齐方法简单快速，精度较高，适用于密度较高的点云数据的对齐，局限性是：①要求两个拼接点集中一个点集是另一个的子集，即需要待拼接的点集之间存在包含关系，否则无法寻找到正确的对应点，算法不收敛；②对两个点集初始位置要求较高，若初始位置相差较大，算法会不收敛，结果不可靠；③每次迭代都需要在目标点集中搜索对应点，大大降低了算法的效率。目前，各种改进的ICP法主要集中于选择匹配点集、确定对应点、赋予对齐数据权重、去除噪声数据等方面。

3. 数据分割

在逆向工程中，样件表面往往不能由一张曲面构成，因此需要将测量数据预先分割成属于不同曲面片的数据子集，以便后续的曲面模型重建。数据分割方法可分为基于测量的分割和自动分割两种方法。基于测量的分割对测量人员的水平和经验要有一定要求，需要测量人员根据实物外形特征将外形曲面分为不同子曲面，并对曲面的轮廓、孔、槽边界等特征进行标记，以指导测量路径规划，最后把不同曲面特征数据分别保存输出。这种方法适用于接触式测量和曲面特征明显的样件。

自动分割方法又分为基于边和基于面两种基本方法。基于边的分割方法一般先要找寻突变点，如法矢突变、曲率突变或更高阶的微分特性突变的数据点，以突变点为边界点相连接形成连续边界曲线，最后利用边界曲线引导分割过程。该方法由于对边界的确定仅用到边界的局部数据，易受噪声影响，而且噪声点处的法矢和曲率不连续，容易被识别为边界点；提取边界线时，容易产生错误的边点跟踪，难以保证封闭区域的生成。基于面的分割方法是目前较为常用的分割方法，一般以聚类和区域生长法为基础，其思想就是将相互邻接、具有相似特性(如曲率值、法矢夹角)的点划分为同一区域，边界可以通过区域间的交线获得。

因为曲率是二阶微分属性，抗噪声能力较差，所以可以选择法矢作为数据分割的标准，设定三角剖分后三角形法矢的夹角或者三角形的法矢和其要融入的区域的三角片的平均法矢之间的夹角作为分割的阈值。基于法矢的分割对尖锐区域的分割效果很好，对一些过渡区的识别比较困难。也可以根据模型拓扑信息进行数据分割，这种分割主要是基于Morse理论，根据Morse函数计算每个顶点的函数值，识别出最大值点、最小值点、鞍点等连接成骨架实现对模型的分割。该方法可以将三角形分成同构于盘形区域，甚者四边拓扑区域，但是对噪声敏感，适用于输入网格比较均匀的情况。

无论基于面的方法还是基于边的方法都有自己的优缺点。虽然相对来说基于面的方法具有较好的稳定性，种子区域的选取，区域生长阈值的设定等都影响着分割结果，而且通常需要一些后处理来去除小碎片和修正锯齿边。结合以上两种基本方法，有的学者提出了基于边和面的混合分割算法，用基于边的方法识别出区域边界，再基于面的方法寻找种子点，当区域增长到边界线处停止。总体来看，虽然众多学者坚持不懈的对数据分割算法研究至今，但是面对可能遇到的各种复杂的样件，如何按照设计意图，实现精确、鲁棒的分割仍是要研究和解决的问题。

4. 曲面重建

曲面重建是逆向工程的关键技术之一，其目的就是要构造出能满足精度和光顺性要求，并且光滑、连续的曲面模型。实体模型中常用的边界表示法也需要封闭的边界表面。在模型重建之前，如果能了解构成表面的曲面片类型，在此基础上选择适合的数据处理手段和曲线、曲面拟合方案，会使模型重建更加准确、快速，贴近设计意图。

解析曲面是描述CAD模型的重要组成，在机械工程中应用非常广泛，零件精度要求较高的接触面和定位面通常由解析曲面组成，如孔、凸台、锥面等。事实上，85%的机械零件都可以应用解析曲面描述。平面可以视为二次曲面的退化形式。解析曲面拟合的基本方法为：基于代数距离的方法、基于几何距离的方法。基于代数距离的方法最大的优点就是有显式解，可以采用线性最小二乘法求解，求解速度快，但是对测量数据噪声和分布比较敏感。基于几何距离的方法是根据点到曲面的近似几何距离求解来确定参数的。该方法求解稳定可靠，精度较高，在工程中广为应用，但如果初值选取不当会造成迭代次数过多，甚至收敛于局部最小而造成求解失败。

自由曲面是描述复杂型面的有力工具，也是计算机辅助设计中最为活跃和关键的分支之一。自由曲面可用分片四边界参数曲面(如B样条曲面、NURBS曲面)或非规则边界参数曲面(如三角Bezier曲面)表示。三角域曲面拟合具有构造灵活、适应性好等优点，但是这种方法构造的曲面模型不符合产品描述标准，与通用CAD/CAM系统数据交换困难，而且有关三角Bezier曲面的一些计算方法的研究也不够成熟，如求交、裁剪等，所以在工业制造领域的应用受到了限制。B样条及NURBS曲面是目前商业化的CAD/CAM软件中广泛采用的曲面表达方式，也称矩形域的参数曲面或四边曲面。NURBS统一了Bezier、有理Bezier、均匀B样条、非均匀B样条，不仅可以表示自由曲线曲面也可以表示规则曲线曲面，为CAGD提供了统一的数学描述方法，已成为产品外形描述的工业标准。

7.6.3 逆向工程CAD建模方法

实际的工程应用中，产品型面往往由多张曲面混合而成。虽然只用一张曲面去重构数学模型比较简单，但是这样既不符合设计意图又很难保证模型重构精度，并且整体曲面拟合与局部细节描述是一个难以调和的矛盾。因此，需要根据实物样件的复杂性和不同的数字化设备采用不同的建模方法。

在逆向工程应用初期，专用的逆向建模软件还没有出现，只能选择一些正向设计的CAD软件系统来完成模型构建；为了满足复杂曲面重建的需求，一些商业CAD软件系统中开始集成了逆向造型模块；伴随着逆向工程的及其相关技术的应用越来越广泛，商业化的专用逆向工程CAD软件开始不断涌现。目前，逆向建模软件多达十种之余，较具有代表性的有EDS公司的Imageware、Geomagic公司的Geomagic Studio、PTC公司的ICEM Surf以及DELCAM公司的CopyCAD软件等等。本节将重点介绍具有代表性的Imageware软件和Geomagic软件的建模方法。

美国EDS公司的Imageware软件是著名的逆向造型软件，其作为UG软件中专门用于逆向工程设计的模块，具有强大的数据预处理、曲面造型和误差检测的功能，遵循了点—线—曲面的建模流程。这种方法中，曲线在产品设计中扮演着重要的角色，设计思想通常可以通过输出的特征线来表示。这些曲线可以是从测量数据中提取的截面线、边界线、轮廓线或特征线，应用这些曲线，通过放样、混成、扫掠和蒙皮等方法进行曲面重建，再通过延伸、求交、过渡、裁减等操作，将各曲面光滑拼接或缝合成复合曲面模型。Imageware 软件处理出来的模型质量较高，可以修复模型的变形，但是对建模者的造型知识和经验要求较高，对曲线的处理要尤为小心，因为面的重建结果直接受到曲线质量的影响。因此，对于表面形状规则的零件建模效率高，但对于复杂的自由曲面，其几何拓扑信息难以从实物及数据模型中估计，为了使构建的曲面片满足精度和光顺的要求，需要反复交互操作，过程繁琐。

Imageware 软件的界面如图 7.15 所示，包含基础模块，实现文件存取、显示控制和数据结构等功能；点处理模块，实现点云处理的相关功能，如点云切片、分割等；曲线和曲面重构模块，提供完成的曲线、曲面构建和编修的工具；多边形构建模块，为生成三角网格模型的 STL 文件提供了一个综合的工具集；检测模块，用于检测构建的模型是否合理，以便了解造型的品质和正确型；评估模块，是定性和定量评定模型总体质量的工具。

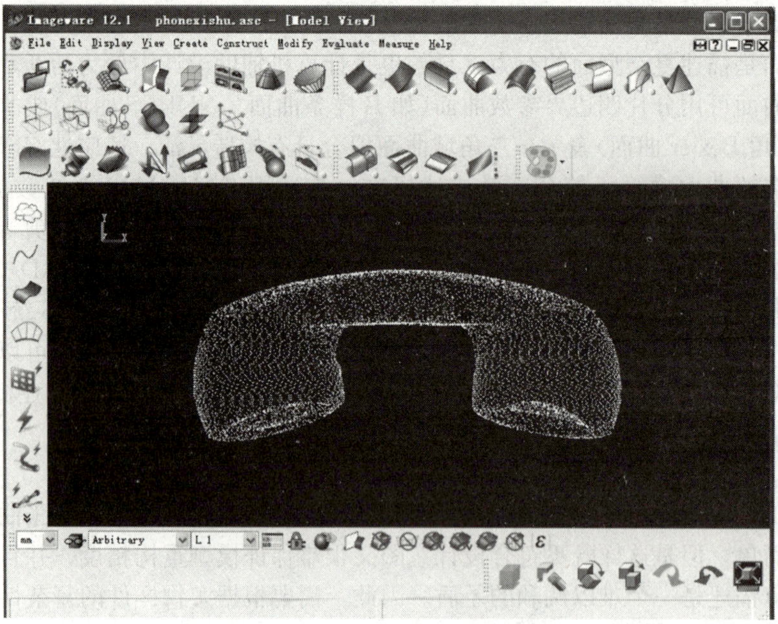

图 7.15　Imageware 软件界面

美国 Raindrop 公司的 Geomagic Studio 软件，是基于多边形网格的建模方法，用户界面如图 7.16 所示。建模的基本步骤为：建立三角网格模型、数据分片、四边形区域划分、四边区域参数化、NURBS 曲面片拟合、曲面拼接和光顺。该方法适用于密集的点云数据，特别是复杂的自由曲面模型，如玩具、器官形状、骨头等，建模过程简单且自动化程度高，从点云到三维曲面重建的时间通常只有同类逆向造型软件的三分之一。但是，由于模型重建过程中特征的缺乏，很难控制精度，产生的曲面只是近似逼近原件的形状，并且模型的变形很难修复，要想后期在其他 CAD 软件包中对生成的模型进行修改很难。

Geomagic Studio 软件中完成一个 NURBS 曲面重建需要三个阶段的操作：点阶段、多边形阶段和曲面阶段。点阶段的主要作用是对导入的点云数据进行预处理，将其处理为整齐、有序及可提高处理效率的点云数据；多边形阶段的主要作用是对多边形网络数据进

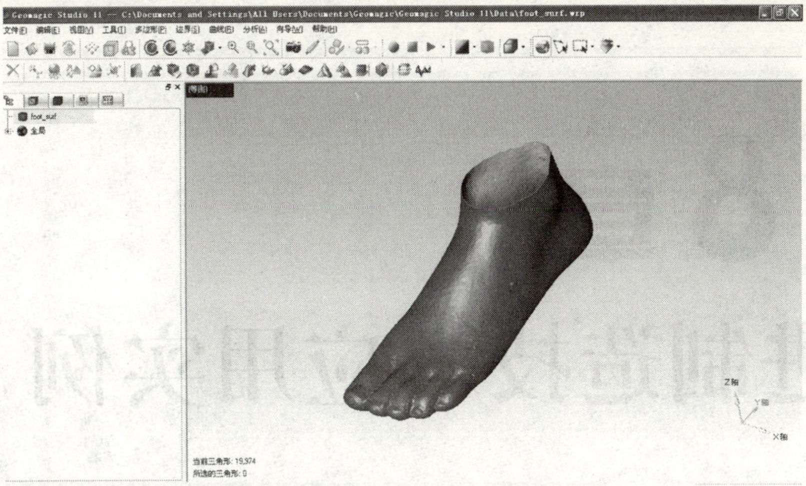

图 7.16　Geomagic 软件界面

行表面光顺与优化处理，以获得光顺、完整的三角网格模型，并消除错误的三角面片，提高后续曲面重建质量。曲面阶段可以分为形状模块和 Fashion 模块：形状模块的主要功能是实现数据分割与曲面重构，通过获得整齐的划分网格，拟合出光顺的曲面；Fashion 模块的主要功能是分析设计目的，根据原始设计意图和思路对各曲面进行定义曲面特征类型，并拟合成准 CAD 曲面。

虽然商用的逆向工程软件种类很多，但实际应用中，专门的逆向工程设计软件还存在着较大的局限性。例如，Imageware 软件能较容易的读取海量的点云数据，系统工作速度较快，但进行曲面拟合时，Imageware 所提供的工具不如其他的 CAD 软件如 UG、Pro/Engineer 等，并且不能构造实体，需要后期在 CAD 软件中进行曲面缝合处理。同时，UG、Pro/Engineer 等 CAD 软件的数据预处理功能较差，特别是读取海量数据时，由于数据庞大会出现系统运行速度太慢等问题。在具体工程设计时，一般采用几种软件配套使用、取长补短的方式。为此，在实际建模中，往往采用“正向＋逆向”的建模方法，即通过逆向造型软件完成数据的预处理，在此基础上构造出模型的特征线，再把特征线导入到正向建模的 CAD 软件系统中，由正向 CAD 软件系统来完成模型的重建。

思　考　题

1. 简述敏捷制造的基本概念。
2. 简述以设计为中心的虚拟制造、以生产为中心的虚拟制造和以控制为中心的虚拟制造的特点。
3. 简述并行工程与串行工程的区别。
4. 分析对比快速原型四种典型工艺的工作原理。
5. 简述精益生产的优点。
6. 简述逆向工程的关键技术。

第 8 章
先进制造技术应用实例

本章学习目标

★ 通过实例，深入了解先进制造技术的具体应用

本章教学要点

知识要点	能力要求	相关知识
电火花加工应用实例	了解电火花加工的工艺流程和关键技术	电火花加工机理
电火花线切割加工应用实例	了解电火花线切割加工的工艺流程和关键技术	电火花线切割加工机理
快速成形应用实例	了解激光快速成形机快速成形的处理和制作过程	快速成形机的工艺流程
逆向工程技术应用实例	了解逆向重构的主要流程和关键技术	Geomagic 软件的特点和建模方法
三维造型实例	了解三维造型软件的主要模块和建模方法	Solidworks 软件造型的关键技术和方法

导入案例

先进制造系统是制造技术、信息技术、自动化技术以及现代企业管理技术的有机结合，以提高企业的综合经济效益为目的，被公认为是面向 21 世纪促进国家经济增长和增强国家经济实力的重要技术手段，并广泛应用于机械、机械工程、航空航天、汽车制造、医疗、纺织等领域(图 1)。

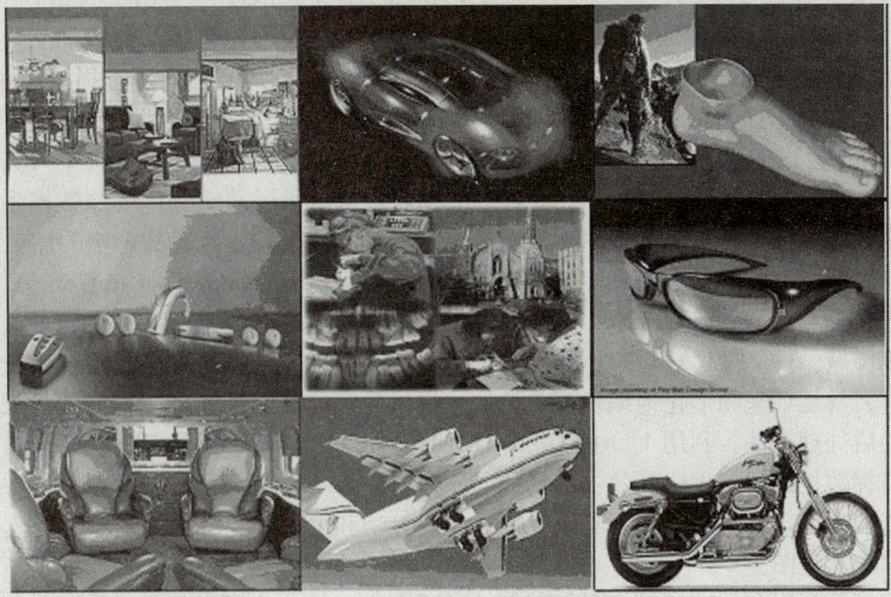

图 1　先进制造系统的应用领域

本章分别给出了电火花加工实例、电火花线切割加工实例、快速成形应用实例、逆向工程技术应用实例和三维造型实例。目的是通过上述实例，对先进制造技术的具体应用有更深入的了解和认识，更好地学习并掌握相关技术。

8.1　电火花加工应用实例

电火花成形加工涵盖的范围非常广泛，本节主要针对成形机床摇动加工的特点给出某特殊零件的加工实例。

待加工零件要求在圆柱状零件内壁加工出浅凹槽。工具电极采用普通的指状电极。加工过程中电极做旋转运动，按照一定的加工轨迹以摇动的方式加工出所需形状。对于静压轴承的油腔，可以采用电火花铣削加工方法进行加工，即设计简单的棒状电极以轨迹进给方式来完成油腔的加工。加工原理如图 8.1 所示。加工时，工具电极安装在旋转装置上，边旋转边沿型腔圆周方向上进行分层电火花铣削加工即可加工出所需形状。

根据以上分析，整体静压轴承电火花铣削加工装置应具有四种运动：

(1) 工具电极 Z 方向的运动；

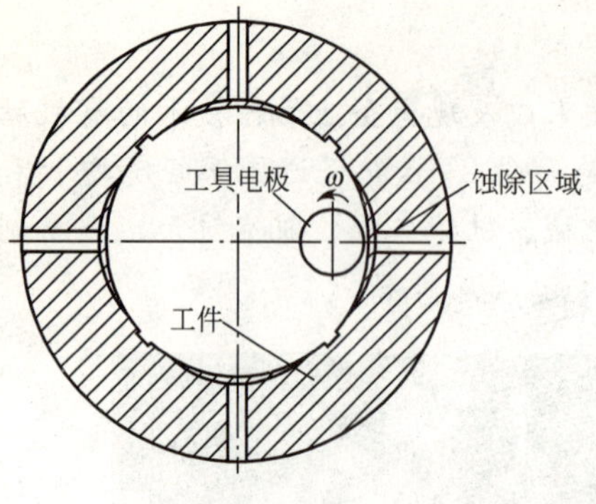

图 8.1　整体静压轴承电火花铣削加工原理图

(2) 工具电极的回转运动——配备 C 轴或附加 R 轴；

(3) 工作台 X 方向的运动；

(4) 工作台 Y 方向的运动。

用这种方法加工静压轴承的油腔，不但简化了工具电极的设计与制造过程，而且使加工过程更加稳定，是加工静压轴承较为实用的方法。

数控编程的主要内容包括：分析加工要求并进行工艺设计，以确定加工方案，选择合适的机床、刀具、夹具，确定合理的走刀路线及切削用量等；建立工件的几何模型、计算加工过程中刀具相对工件的运动轨迹或机床运动轨迹；按照数控系统可接受的程序格式生成零件加工程序，然后对其进行验证和修改，直到得到合格的加工程序。

目前企业生产常用的数控加工软件有 MasterCAM、Pro/E、UG、Cimtron 等。其中，UG 是美国 EDS 公司发布的 CAD/CAE/CAM 一体化软件，广泛应用于航空、航天、汽车及模具等领域。UG 的 CAM 模块提供了一种产生精确刀具路径的方法，该模块允许用户通过观察刀具运动来图形化地编辑刀具轨迹，提供的后处理编译器可为不同的机床系统做出适合的后处理文件。利用 UG 的 CAD/CAM 模块，一方面可以方便地实现复杂形状零件的多坐标数控编程，生成高效、高精的 NC 程序。另一方面，可以通过切削检查来校验刀具轨迹的质量，及时地发现刀具跟零件之间的过切和欠切。图 8.2 是利用 UG 实现电火花铣削编程流程图。

图 8.3 是利用 UG NX5 进行静压轴承电火花铣削加工生产的刀具运动轨迹。其中，刀具直径为 12mm，工件内径为 49mm。

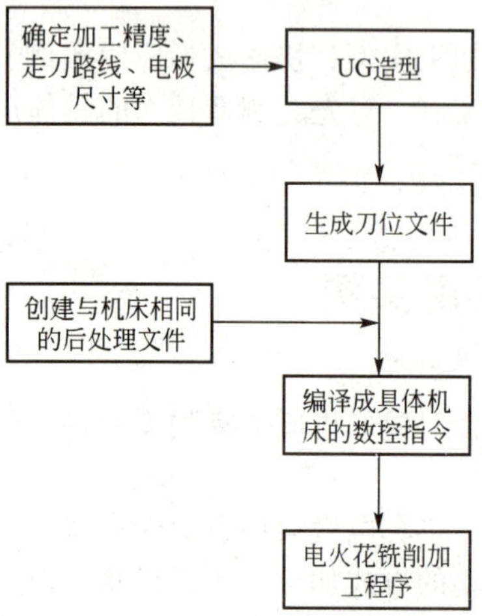

图 8.2　基于 UG 的电火花铣削编程流程图

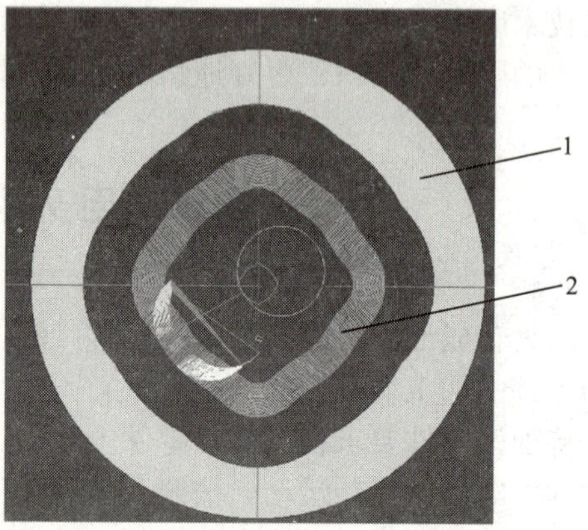

图 8.3　基于 UG 的静压轴承油腔电火花铣削

1—工件；2—刀具轨迹

零件加工的刀具轨迹文件产生以后，其计算结果是不能直接在数控机床上使用的，这是因为数控机床中的控制系统只能识别数控指令，如 G 代码、M 代码等。为了得到能够驱动数控机床工作的NC指令必须将刀位文件转换成特定的数控指令，即进行后处理。后置处理就是把CAM软件生成的刀具轨迹，根据机床控制系统的要求转换成G代码格式的数控加工程序。特别注意不同的数控操作系统对数控加工程序的格式、代码规定也有所不同，这是数控编程的最后环节。

将前面生成的刀轨完成后置处理，生成了三菱EA8电火花成形机控制系统能够接收的NC程序。通过软盘和机床专用的数据接口，将NC程序传输至机床并完成了对静压轴承油腔的电火花铣削加工。下面是所生成的部分NC代码。

```
N0010 G17 G90
N0020 G92 Z0.0
N0030 G00 X-14.7861 Y0.6419
N0040 X-19.7814 Y0.8588
N0050 G03 Y-0.8588 I12.8647 J-0.8588
N0060 G00 X-19.4483 Y-5.8477
N0070 X-14.1732 Y-4.2616
N0080 Z-72.0
N0090 Z3.0
N0100 X-14.7721 Y.9078
.........
```

电极补偿的方法如下。

(1) 合理选择电参数和非电参数。在加工中选用合理的加工参数，并充分利用电火花加工过程中的各种效应，如极性效应、吸附效应、传热效应等。

(2) 电极的更换和修整。损耗的电极通过适当的电极修整，可以恢复到损耗前的形状。电极的修整可在电火花机床上实现，分为离线修整和在线修整。其中，离线修整容易产生二次装夹误差，在线修整加工效率低，而且在电极修整间隙，由于损耗的累积也将使加工表面产生锯齿波形。更换电极采用多个工具电极依次更换加工同一个工件。这种方法可彻底消除电极损耗的影响。但要求各个电极的制造精度高、一致性好，同时要求机床有较高的定位装夹精度。

(3) 电极损耗在线补偿。通过以上分析可以发现，选用合理的加工参数，或是更换、修整电极，都不是解决加工中电极损耗问题的最佳途径。只有在加工过程中根据电极的实际损耗量进行在线补偿才是解决该问题的根本途径。而准确地检测电极损耗状态，是实现在线补偿要解决的首要问题。

工具电极损耗的测量方法采用对刀法，即设置一个校准点，通过工具与校准点接触的方式测出工具没有发生损耗的坐标位置。在电火花铣削加工过程中，根据加工状态将工具返回校准点进行接触测试，得到损耗后的坐标值。两次测量值之差即为工具损耗量。

由于采用简单圆柱状电极进行侧面铣削，故只需通过测量电极在直径方向上的损耗量，然后修正电极的半径补偿量(G41或G42)继续加工，以实现在直径方向的补偿。利用三菱EA8电火花成形机床丰富的数控功能，将这一过程编制成一个子程序L20，以供主程序调用。子程序如下。

```
G90;                //绝对坐标值
M85;                //电源关
```

```
G14X50Y51Z52;        //记录当前坐标值(将坐标值分别存入寄存器 50、51、52 中)
G01Z50;              //将 Z 轴提至 50mm 处
G00X80.0Y0.0;        //移动到对刀点左端
G29X50.0;            //在对刀点左端 5mm 处开始接触感知
G14X53;              //将记录存入寄存器 53 中
M25X75.0;            //忽略接触感知将电极向左移动
H54=H53-H49;         //将本次记录的数值于上次记录的数值的差值存入到寄存器 54
H49=H53;             //把寄存器 53 中的数值赋给寄存器 49,以供多次补偿
G42H49;              //将差值加入到刀补中,进行加工
G01XH50YH51;
G01Z52;              //回到原来加工位置
M84;                 //电源开
G23;                 //返回主程序
G22L20;              //在主程序中调用 L20 子程序
```

该方案有效地在普通成形机床上通过附加旋转轴的方式扩展了成形加工的工艺范围，延伸了成形加工的思路，值得借鉴推广。

8.2 电火花线切割加工应用实例

通过分析数控电火花线切割一些典型零件的加工实例，了解数控电火花线切割零件加工的工艺分析过程，巩固掌握数控电火花线切割加工程序的编制方法。

电火花线切割加工，工件的装夹一般应满足以下要求：

(1) 工件的基准面应清洁无毛刺，经热处理的工件，在穿丝孔内及扩孔的台阶处，要清除热处理残物及氧化皮。

(2) 夹具应具有必要的精度，将其稳定的固定在工作台上，拧紧螺丝时用力要均匀。

(3) 工件装夹的位置应有利于工件找正，并应与机床行程相适应，工作台移动时工件不得与丝架相碰。

(4) 对工件的夹紧力要均匀，不得使工件变形或翘起。

(5) 大批零件加工时，最好采用专用夹具，以提高生产效率。

(6) 细小、精密、薄壁的工件应固定在不易变形的辅助夹具上。

线切割加工工艺中，穿丝孔是必不可少的。穿丝孔主要用于凹模加工、减少凸模加工中的变形量以及因此产生的夹丝现象、保证工件的位置精度。凹模类封闭图形的工件在切割前必须具有穿丝孔，以保证工件的完整性，这是显而易见的。凸模类工件的切割有时也有必要加工穿丝孔，这是因为坯件材料在切断时，会在很大程度上破坏材料内部应力的平衡状态，造成材料的变形，影响加工精度，甚至严重造成夹丝、断丝，使切割无法进行。当采用穿丝孔时，可以使工件坯料保持完整，从而减小变形所造成的误差。

由于零件在加工时许多尺寸都有公差要求，所以在实际编程加工时还要考虑到尺寸的公差。同时，在数控电火花线切割编程时，如果按照零件中的轨迹尺寸编程，加工中电极丝中心所走轨迹就是图样中的轨迹，这样加工出来的零件与实际要求的零件相比在单边尺寸上相差一个电极丝半径加上一个放电间隙。为了加工出合格的工件，就必须将图样的轨

迹作相应的偏移，从而得到编程轨迹。在对孔和凹体等零件编程时，应将实际轨迹单边向内部偏移一个钼丝半径加上放电间隙；在对凸模等凸体零件编程时，应将实际轨迹单边向外部偏移一个钼丝半径加上放电间隙。

数控电火花线切割机床的控制系统，是根据人的“命令”控制机床进行加工的，所以必须先要将线切割加工工件的图形用线切割控制系统所能接收的“语言”编好“命令”，输入控制系统，这种“命令”就是“线切割程序”，编写这种“命令”的工作叫做“数控线切割编程”，简称“编程”。目前我国采用的程序主要有3B程序格式以及ISO代码格式。

【例8-1】 用3B格式编制加工图8.4所示凸凹模(图8.5所示尺寸是根据刃口尺寸公差及凸凹模配合间隙计算出的平均尺寸)的数控线切割程序。电极丝为ϕ0.1mm的钼丝，单面放电间隙为0.01mm。

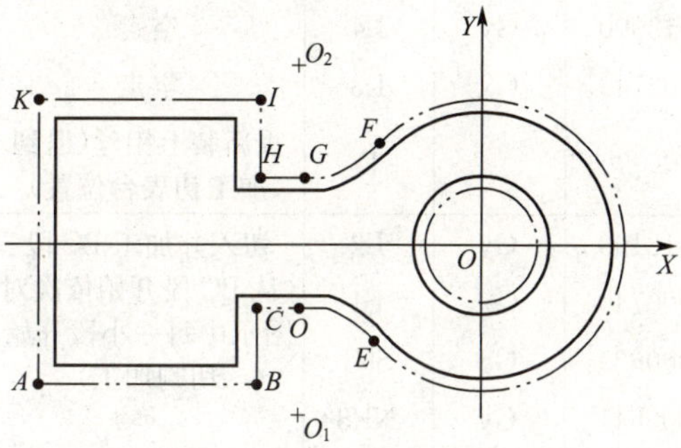

图8.4　凸凹模

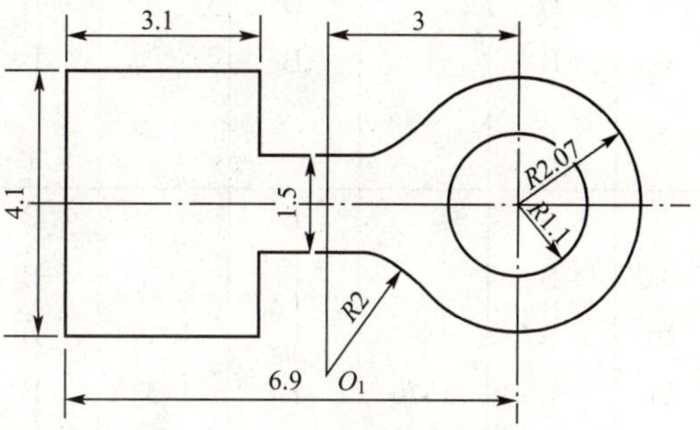

图8.5　凸凹模编程示意图

(1) 工艺分析。由于该凸凹模图示尺寸为平均尺寸，故作相应偏移就可按此尺寸编程。图形上、下对称，孔的圆心在图形对称轴上，六个侧面已磨平，可作定位基准，可以进行切割加工。

(2) 切割路线的选择。合理地选择切割路线可简化编程计算，提高加工质量。根据分析，选择在型孔中心处钻穿丝孔，先切割型孔，然后再切割外轮廓较合理。

(3) 确定补偿距离。钼丝中心轨迹，如图8.4中双点划线所示。补偿距离为

$$\Delta R=(0.1/2+0.01)\text{mm}=0.06\text{mm}$$

(4) 计算交点坐标。将电极丝中点轨迹划分成单一的直线或圆弧段。求E点的坐标值：因两圆弧的切点必定在两圆弧的连心OO_1上。直线OO_1的方程为$Y=(2.75/3)X$。故可求得E点的坐标值为$X=-1.570$mm，$Y=-1.4393$mm。其余各交点坐标可直接从图形中求得，见表8-1。

切割型孔时电极丝中心至圆心O的距离(半径)为$R=(1.1-0.06)\text{mm}=1.14\text{mm}$

表8-1　凸凹模轨迹图形各线段交点及圆心坐标

交点	X	Y	交点	X	Y	圆心	X	Y
A	−6.96	−2.11	F	−1.57	1.439	O	0	0
B	−3.74	−2.11	G	−3	0.81	O_1	−3	−2.75
C	−3.74	−0.81	H	−3.74	0.81	O_2	−3	2.75
D	−3	−0.81	I	−3.74	2.11	—	—	—
E	−1.57	−1.439	K	−6.69	2.11	—	—	—

(5) 编写程序单。切割凸凹模时，先切割型孔，然后再按 $B \to C \to D \to E \to F \to G \to H \to I \to K \to A \to B$ 的顺序切割，3B 格式切割程序单见表 8-2。

切割型孔时电极丝中心至圆心 O 的距离(半径)为

$$R=(1.1-0.06)\text{mm}=1.04\text{mm}$$

表 8-2　凸凹模 3B 格式切割程序单

序号	*B*	*X*	*B*	*Y*	*B*	*J*	*G*		备注
1	B		B		B	001040	Gx	L3	
2	B	1040	B		B	004160	Gy	SR2	穿丝切割(加工圈孔)
3	B		B		B	001040	Gx	L1	
4								D	拆卸钼丝
5	B		B		B	013000	Gy	L4	空走
6	B		B		B	003740	Gx	L3	空走
7								D	重新装上钼丝(退到加工初表台位置)
8	B		B		B	012190	Gy	L2	切入并加工 BC 段(从 BC 段开始依次对图示中每一小段开始切割加工)
9	B		B		B	000740	Gx	L1	
10	B		B	1940	B	000629	Gy	SR1	
11	B	1570	B	1439	B	005641	Gy	NR3	
12	B	1430	B	1311	B	001430	Gx	SR4	
13	B		B		B	000740	Gx	L3	
14	B		B		B	001300	Gy	L2	
15	B		B		B	003220	Gx	L3	
16	B		B		B	004220	Gy	L4	
17	B		B		B	003220	Gx	L1	
18	B		B		B	008000	Gy	L4	
19								D	退出 加工结束

【例 8-2】 现在要加工如图 8.6(a)、(b)所示的型孔或凹模，穿丝孔中钼丝中心的坐标为(5，20)，按顺时针切割。

(1) 以绝对坐标方式(G90)输入进行编程(图 8.6(a))。

N1 G92 X5000 Y20000 给定起始点的绝对坐标(5,20)

N2 G01 X5000 Y12500 直线 2 终点的绝对坐标(5,12.5)

N3　　X-5000Y12500 直线 3 终点的绝对坐标(-5,12.5)

N4　　X-5000Y32500 直线 4 终点的绝对坐标(-5,32.5)

N5　　X5000 Y32500 直线 5 终点的绝对坐标(5,32.5)

N6　　X5000 Y27500 直线 6 终点的绝对坐标(5,27.5)

N7 G02 X5000 Y12500 I0J-7500 X、Y 之值为顺圆弧 7 终点的绝对坐标(5,12.5)，I、J 为圆心对圆弧起点的相对坐标(0,-7.5)

N8 G01 X5000 Y20000 直线 8 终点的绝对坐标(5,20)

```
N9 M02
```

(2) 以增量(相对)坐标方式(G91)输入编程(图 8.6(b))。

```
N1 G92 X5000 Y20000 给定起始点坐标(5,20)
N2 G01 X0 Y-7500 直线 2 终点对起点的增量值为(0,-7.5)
N3     X-10000 Y0 直线 3 终点对起点的增量值为(-10,0)
N4     X0 Y20000 直线 4 终点对起点的增量值为(0,20)
N5     X10000 Y0 直线 5 终点对起点的增量值为(10,0)
N6     X0 Y-5000 直线 6 终点对起点的增量值为(0,-5)
N7 G02 X0 Y-15000 I0 J-7500 直线 7 终点对起点的增量值为(0,-15),圆心对起点的增量值(0,-7.5)
N8 G01 X0 Y7500 直线 8 终点对起点的增量值为(0,7.5)
N9 M02 结束
```

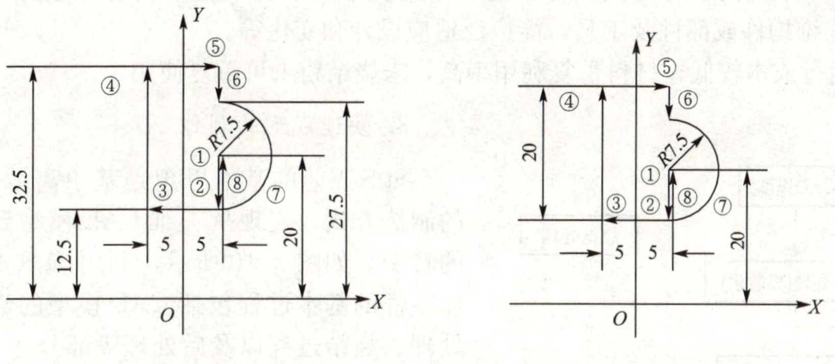

图 8.6　加工路线示意图

从例 8-2 子可以看出，采用增量坐标方式输入，程序的数据可简短些，但必须先算出各点的相对坐标值。

8.3　快速成形应用实例

本节以牙齿模型为例，说明通过激光快速成形机快速成形的处理和制作过程。实验设备采用 AFS-320 快速成形机，如图 8.7 所示，该设备采用选区激光粉末烧结原理，可成形塑料件、蜡模、树脂砂。

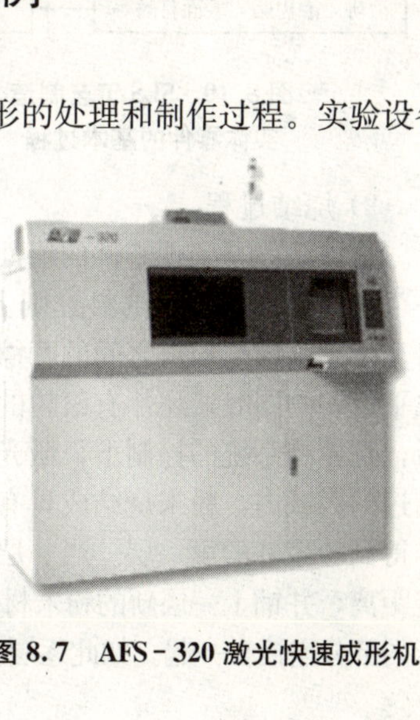

图 8.7　AFS-320 激光快速成形机

1. 快速成形数据准备

首先通过激光扫描设备得到牙模的扫描点云数据，如图 8.8 所示，通过数三角网格剖分，孔洞修补得到完整的 STL 文件进行快速成形，如图 8.9 所示。

2. 选择性激光烧结技术

激光烧结技术造型速度快，一般制品仅需 1～2 天即可完成。与其他 RP 技术相比，SLS 最显著的特征如下。

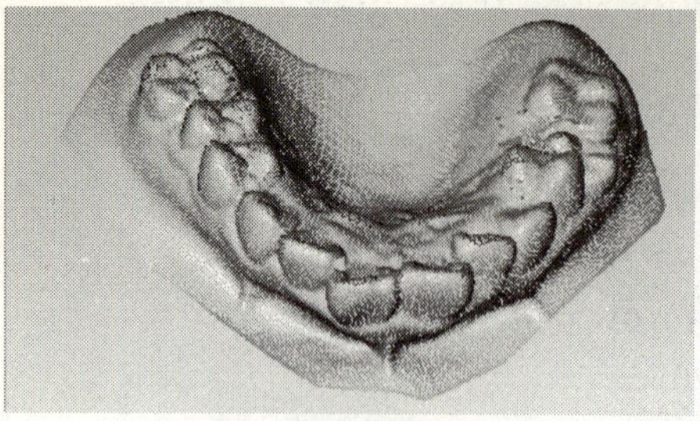

图 8.8 牙模扫描数据

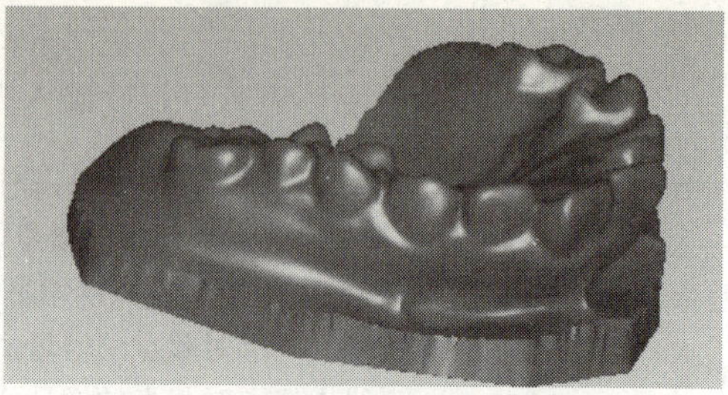

图 8.9 牙齿的三角网格模型

(1) 材料适用范围广。从原理上说，这种方法可采用任何能与激光相互作用的粉末材料，通过材料或各类含粘合剂的涂层颗粒制造出任何造型，适应不同的需要。

(2) 加工柔性高，有自然支撑。选区激光烧结技术可以直接制造任意复杂形状的原型、型模三维构件或部件及工具，能广泛适应设计和变化等。

(3) 运行成本较低，材料重复利用率高，未烧结粉末可重复使用。

3. 快速成形的制作

SLS 工艺的基本思想是基于离散-堆积成形的制造方式，实现从三维 CAD 模型到实体零件的转变。如图 8.10 所示，利用 SLS 工艺制造实体零件的基本过程包括 CAD 模型的建立及分层处理、烧结过程以及后处理等部分。

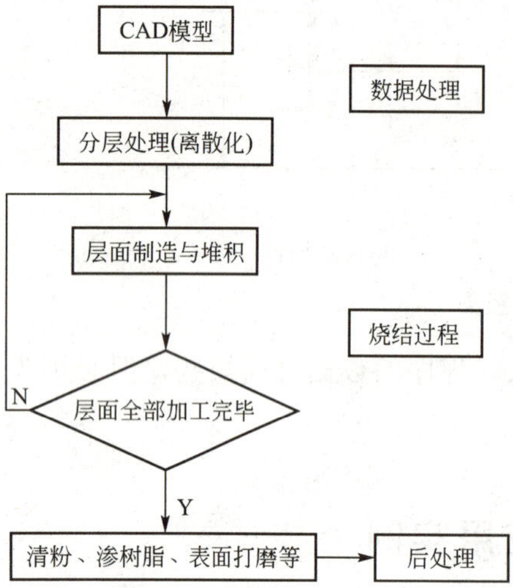

图 8.10 SLS 工艺制造实体零件的基本过程

1) CAD 模型的建立及分层处理

这一阶段的作用是在计算机上实现零件模型的三维造型和数据处理过程。对于一个给定的零件，首先要建立被加工零件的三维实体模型：经过 CAD 软件的 STL 文件格式的输出，然后利用分层软件对零件的 CAD 模型进行分层切片，把三维实体分解成一系列二维平面的薄片，每一薄片称为一个切片，每个切片具有一定的厚度，并包含二维轮廓信息；再用扫描轨迹生成软件将切片的轮廓信息转化成激光的扫描轨迹信息。

2) 烧结过程

这一阶段是实现零件的层面制造、堆积成形的过程。每一层烧结开始前，工作缸先下降一个层厚的高度，而供料缸则上升一个层厚的高度。粉末材料由供料缸顶起，辊筒水平铺粉，由于辊筒与粉末之间的摩擦力以及粉末与粉末之间的作用，粉末被推送到成形缸。辊筒水平运动的同时，还伴有滚轮的一个逆向转动，在成形缸内将粉末材料压实、铺平。预热之后，在控制系统的控制下，激光束以一定的扫描速度和功率在铺好的粉层上扫描，被激光扫描过的区域内，粉末烧结成具有一定厚度的实体结构，未扫过的地方仍然是松散的粉末，这样得到的零件的第一层。当一层截面烧结完成后，供粉活塞上移一定距离，成形活塞下移一定距离，并铺上一层新的粉末材料，继续下一层的激光扫描烧结，而且新的烧结层与前面已成形的部分连接在一起。如此逐层地添加粉末材料有选择地烧结堆积，最终生成三维实体或零件。

3）后处理

全部烧结完成后，都要做一些后处理工作，如去掉多余的粉末，再进行打磨、烘干、加热等处理以便获得原型或零件。采用塑料材料制成的原型零件一般用来作为功能性零件或样品试件，其机械性能如强度等要求不是很高，因此只需要对其外观进行一些简单的处理，如打磨、有机物微溶、去除零件表面明显的层面痕迹等。

通过上述工艺过程，对模型进行快速成形得到的实物图，如图 8.11 所示。

通过对实物和 CAD 模型观察可以发现其外部特征完全符合 CAD 模型的特征要求，所以模型的处理是成功的，可以得到与患者匹配的组织结构。

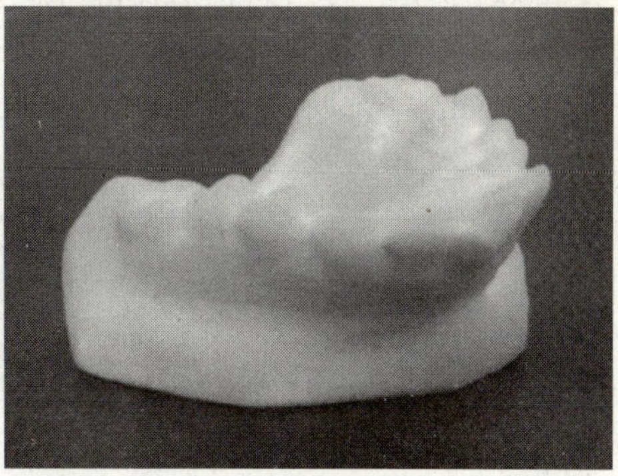

图 8.11　模型实物图

8.4　逆向工程技术应用实例

鞋楦是制鞋的模具，它的结构与造型是否合理，直接影响到鞋的形状和穿着的舒适度。将逆向工程技术应用于鞋楦设计可以缩短鞋楦设计开发周期，提高生产质量且有效地提高产品设计与制造的水平。本节应用 Geomagic 软件，实现了鞋楦 CAD 模型的逆向重构。

1. 数据预处理

通过光学扫描设备获取的鞋楦数据，如图 8.12 所示。扫描点云由 105768 个点组成，数据比较完整，鞋楦的顶部有孔洞，存在噪声点。因此，需要通过数据精简、孔洞修补和网格光顺来获取完整光顺的点云。

(1) 三角网格剖分。为了更好地观察扫描数据和建立数据点间的拓扑关系，首先需要对扫描数据进行三角剖分。选择“Points”菜单下的 Wrap 项，选择 Surface 选项，并且将滑杆滑至中间，以保证生成较光顺的三角网格模型，最后，单击 OK 键，鞋楦的三角网格模型就生成了，如图 8.13 所示。

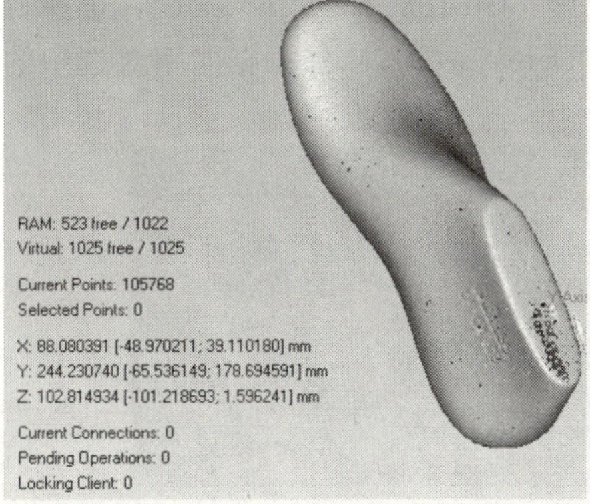

图 8.12　鞋楦扫描数据

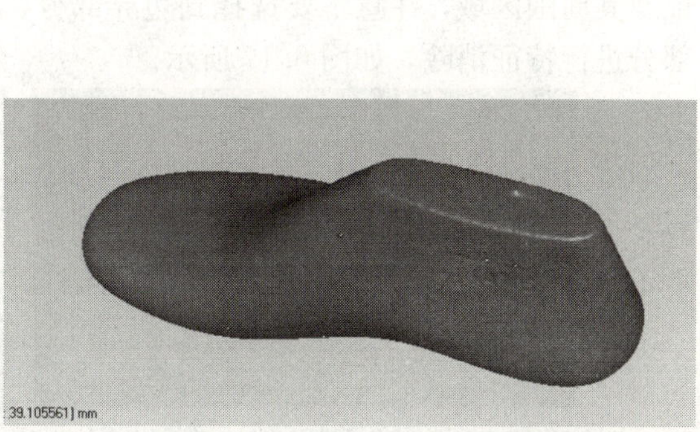

图 8.13　鞋楦的三角网格模型

（2）数据精简。鞋楦的点云数据不算过多，但仍需要进行简化。本节中采用均匀采样的方式简化鞋楦的点数。此操作可以利用“Points”中“Uniform Sample”功能来实现，设定点数为100000，并开启“Define Spacing By Target”功能，设定 Points 数值为100000。由于鞋楦没有很确定的锐角，所以可以设定“Curvature Priority”，同时开启“Keep Boundary”来保持边界，单击“Apply”完成数据精简。简化前后的对比如图8.14所示。

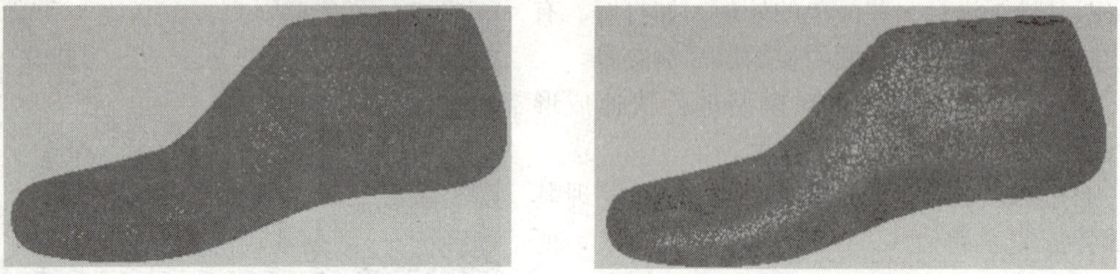

(a) 简化前　　(b) 简化后

图8.14　数据简化前后对比

（3）孔洞修补。由于测量设备的局限，鞋楦的点云数据并不完整，需要对数据进行孔洞修补。

选择“Fill Holes”命令，开启“Curvature－Based Filling”功能，可以发现此鞋楦有9个小破洞，如图8.15所示，选择“All Holes”后单击所有的小洞，使其变为红色表示选中，单击“OK”键，完成孔洞修补，如图8.16所示。

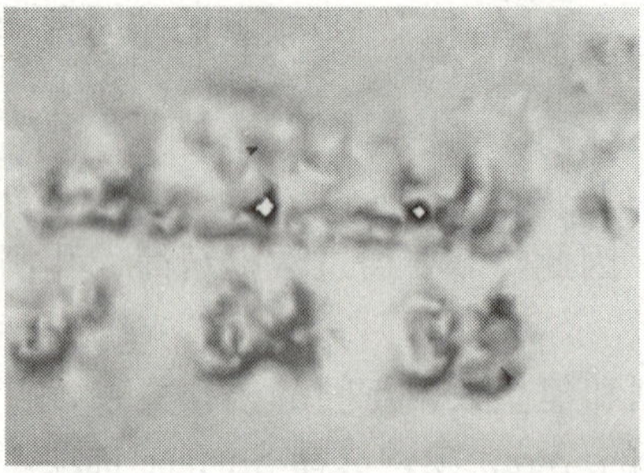

图8.15　鞋楦模型表面的孔洞

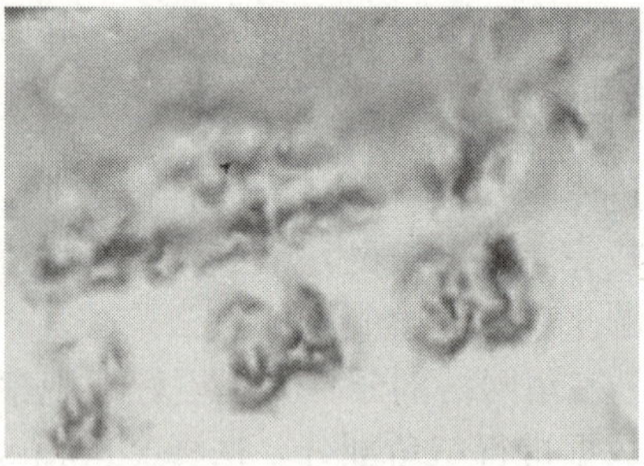

图8.16　补洞后的效果

（4）去除特征。为了更好地建立模型或者对模型进行改进，可以去除模型中的部分特征，本次处理去掉鞋楦模型内侧的字样。选择套索工具“Custom Region Mode”，选择特征及其周围区域，注意不要选择到边界部分。单击“Defeature”，软件根据曲率对选中的部分进行特征消除，如图8.17所示。

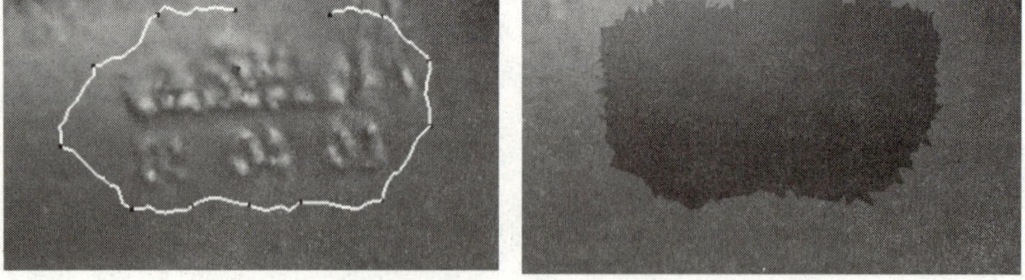

(a) 特征去除前　　(b) 特征去除后

图8.17　特征去除前后对比

（5）网格松弛。通过观察发现鞋楦模型表面凹凸不平，需要网格光顺处理。单击“Relax”，左右调整“Strength”到靠左边的第三或第四格，即 30％～40％ 的强度。把“Smoothness Level”调在中间位置，然后单击“Apply”开始光顺。松弛前后对比如图 8.18 所示。

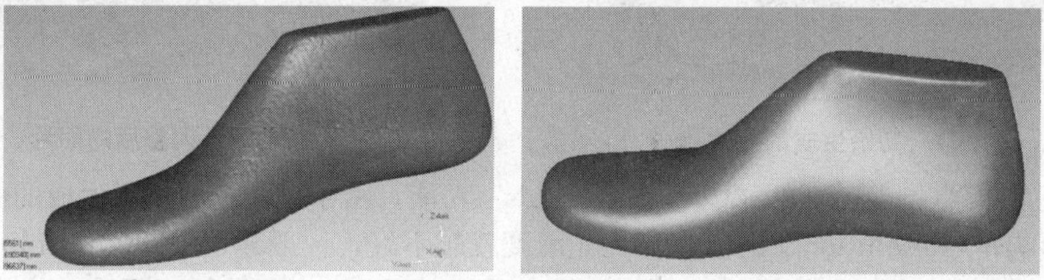

(a) 松弛前　　(b) 松弛后

图 8.18　松弛前后对比

2. 四边面片划分

为了得到曲面造型，在建立曲面之前要构建四边面片。首先要从“Polygon Phase”进入“Shape Phase”里。

从工具菜单中打开“Patches”中的“Detect Curvature”功能，在鞋楦的模型上会出现高曲率部分的轮廓线。开启“Auto Estimate”功能显示描述此模型的轮廓线。设定“Curvature Level”的值为 0.3，关闭“Simplify Contour Lines”，单击计算命令，得到如图 8.19 所示的结果。图中出现了两种颜色的线，分别为黑色网格线和鞋楦顶部的灰色椭圆轮廓线。灰色线表示为鞋楦的高曲率部分。黑色的线只作为轮廓线。

也可以人工建立高曲率边界线，在下拉菜单“Patches”中选择“Promote/Constrain”，点击左键，可以增加高曲率线条的数量，如图 8.20 中的灰色线条。需要注意的是，高曲率线作为边界线必须是封闭的。

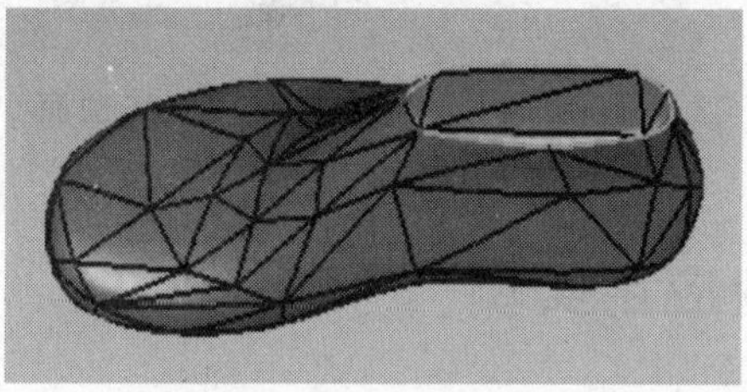

图 8.19　曲率检测

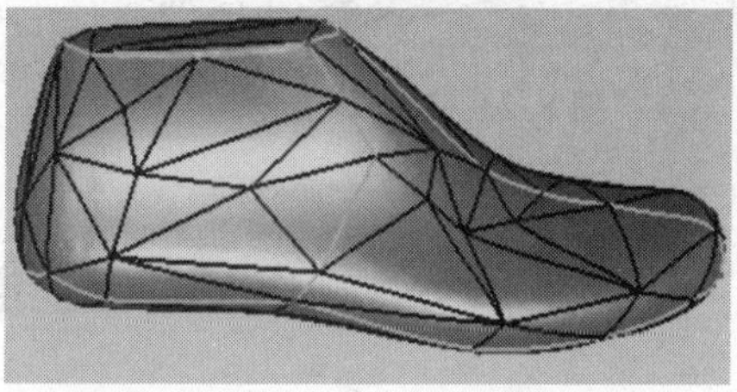

图 8.20　人工设定的高曲率轮廓线

建立四边面片是形成曲面的关键。在功能表“Patches”中选择“Construct Patches”功能．开启“Auto Estimate”，会自动的判断模型的面片数。但在此设计中自动形成的面片数较少，也可以自行设计面片个数。关闭“Auto Estimate”，在“Target Patch Count”处输入 100，表示生成 100 个面片，如图 8.21 所示。这里还需要对生成的面片重新划分，以得到更加规整的面片组合。因此使用了手动方法，对面片进行了调整。选择“Edit Patches”，“Relax Contour Lines”，“Relax Boundaries Linear”等功能，调整后的面片如图 8.22 所示。从图中可以看出，经过重新排列后的鞋楦面片排列很规则，这对于后面的网格生成和曲面重构都很重要。

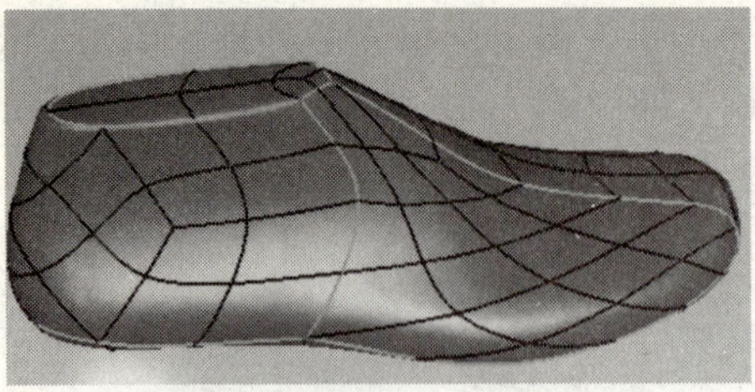

图 8.21 初始生成的面片

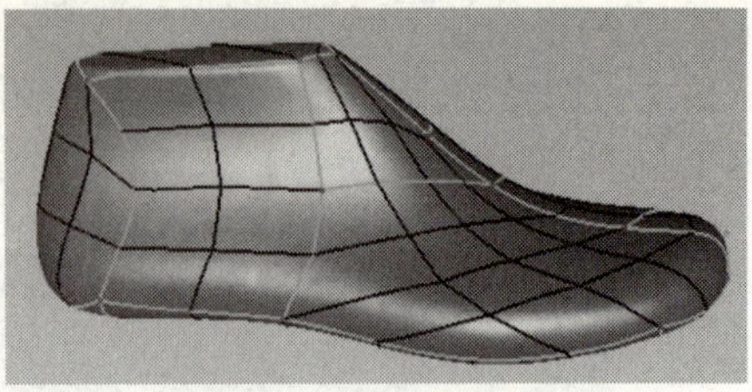

图 8.22 调整后的面片

选择菜单“Grids”下的“Construct Grids”功能。由于过多的网格对生成的曲面的光滑度有影响，“Resolution”的值越高，光滑度就越不好，一般建议设定“Resolution”的值在20～50之间，在此设定“Resolution”值为20，单击“OK”键，会自动生成UV网格线。NURBS曲面的控制点将会依据这些网格产生，如图8.23所示。此图显示的是布满UV网格线后的鞋楦模型，从此图中可以看出设定Resolution值为20是合理的，在鞋楦模型上UV网格线既不过密也不是很稀疏。由于下面的曲面的重构是依据此处的UV网格线生成的，所以设定这样的“Resolution”值是生成好的曲面的前提准备。

3. NURBS曲面重构

前面的所有操作均是生成NURBS曲面的基础。在菜单“NURBS”中选择“Fit Surfaces”，设定“Control Points”值为12，“Tension”值设为0.25，然后单击“OK”键。这个指令将自动地从这些网格构建出连续的NURBS曲面，如图8.24所示。此图显示的是生成NURBS曲面后的鞋楦模型，从此图中可以看出，鞋楦模型的表面光滑，而且效果很好。

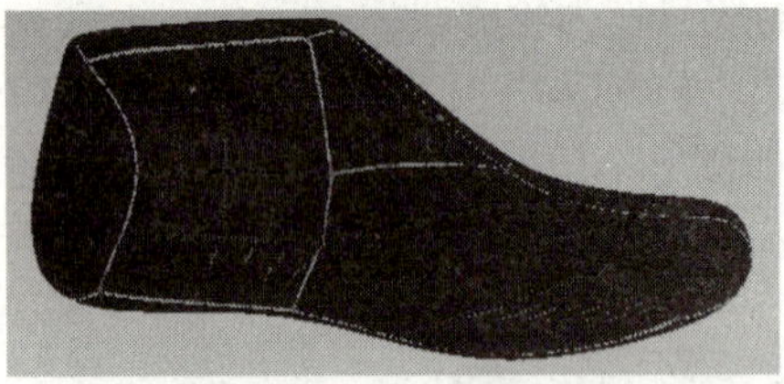

图 8.23 UV网格线

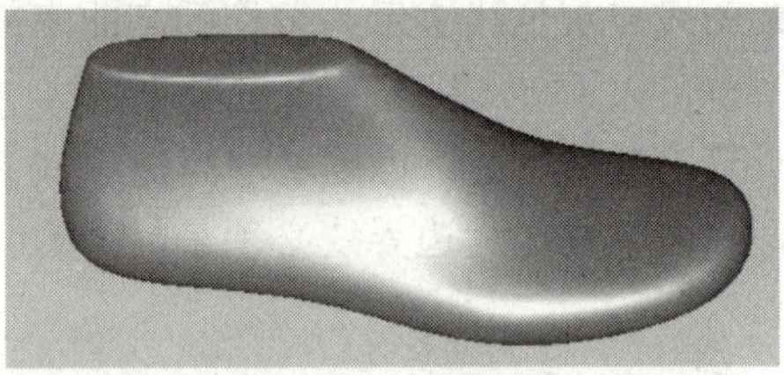

图 8.24 最终生成的NURBS曲面

8.5 三维造型应用实例

可用于三维实体造型的软件很多，Solidworks是其中应用最广泛的软件之一。SolidWorks软件是世界上第一个基于Windows开发的三维CAD系统，是为产品设计师和工程师提供的一套完整高效的计算机辅助设计软件。它功能强大，广泛应用于航空航天、汽车、食品、机械、国防、交通、模具、电子通信、医疗器械等行业。在此仅对应用Solidworks进行基于特征的三维实体造型方法及造型过程进行简单介绍。

8.5.1 Solidworks的组成模块及其功能简介

1. 草绘模块

草绘模块用于绘制和编辑二维平面草图。在Solidworks建模时，一般要先绘二维平面草图，因而，二维草图绘制在三维建模中具有非常重要的作用，是三维建模时的重要步骤。在使用零件模块建立三维特征时，如需要进行二维草图绘制，系统会自动切换至草绘模块。同时，在零件模块中绘制二维平面草图时，也可以直接读取在草绘模块下绘制并存储的文件。

2. 零件模块

零件模块用于创建三维模型。由于创建三维模型是使用 Solidworks 进行产品设计和开发的主要目的，因此零件模块也是参数化实体造型最基本和最核心的模块。

Solidworks 建模方法模仿真实的机械加工过程：首先创建挤出特征，这就相当于在机械加工之前生产毛坯；然后在基础特征之上创建放置特征，如创建圆孔、倒角、筋特征等，每添加一个放置特征就相当于一道机械加工工序。但与机械加工不同的是，在零件建模时，既可以去除材料，也可以根据需要增加材料。

使用 Solidworks 进行三维模型创建的过程，实际上就是使用零件模块依次创建各种类型特征的过程。这些特征之间可以彼此独立，也可以互相之间存在一定的参考关系，如特征之间存在父子关系。在设计中，特征之间相互联系不可避免，但应尽量减少特征之间复杂的参考关系，这样可以方便地对某一特征进行独立的编辑修改。

3. 零件装配模块

装配就是将多个零件按实际的生产流程组装成一个部件或完整的产品的过程。在组装过程中，用户可以添加新零件或是对已有的零件进行编辑修改。

使用 Solidworks 的零件装配模块可以轻松完成所有零件的装配工作。在装配过程中，按照装配要求，还可以临时修改零件的尺寸参数，并且，系统能使用爆炸图的方式来显示所有零件相互之间的位置关系，非常直观，图 8.25 所示为 Solidworks 爆炸图实例。

图 8.25　爆炸图实例

4. 曲面模块

曲面模块用于创建各种类型的曲面特征。使用曲面模块创建曲面特征的基本方法和步骤与使用零件模块创建三维实体特征非常相似。这里需要特别指出的是，曲面特征不具有厚度、质量、密度以及体积等物理属性。但是，通过对曲面特征进行适当的操作可以使用曲面来围成实体特征的表面，还可以把由曲面围成的模型转化为实体模型。

5. 工程图模块

使用零件模块和曲面模块创建三维模型后，接下来的工作就是在生产第一线将三维模型变成产品。这时，设计者必须将零件二维工程图送到加工现场，用于指导生产加工过程。图 8.26 所示为工程图实例。

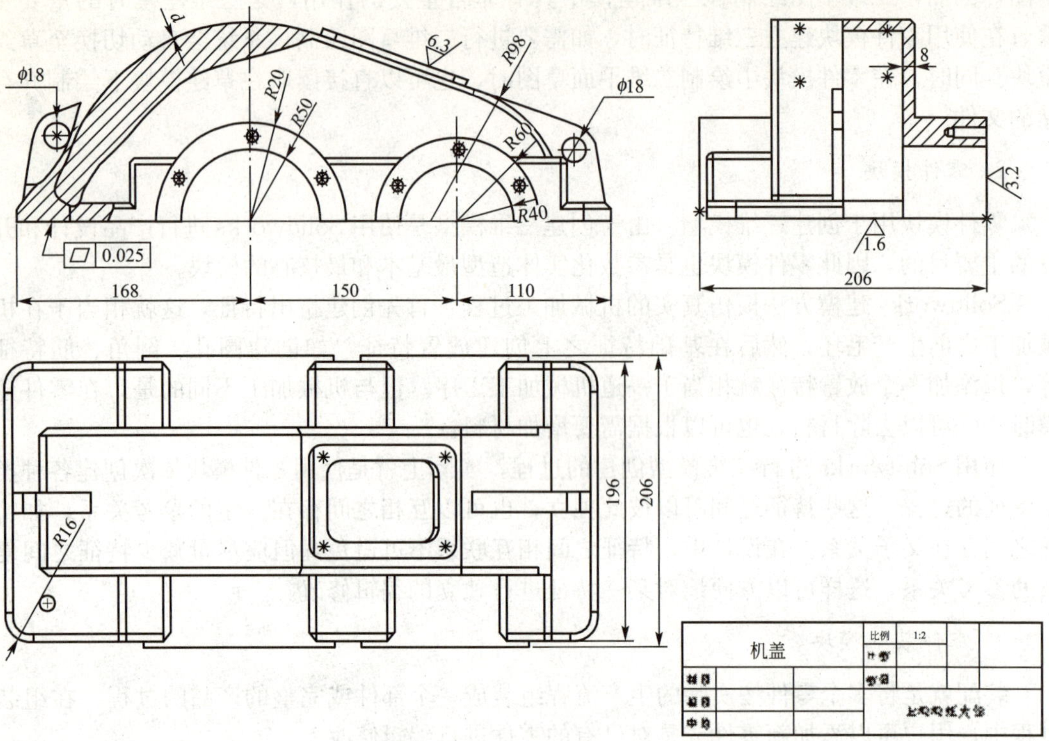

图 8.26　工程图实例

8.5.2　SolidWorks 中的特征

SolidWorks 提供了无与伦比的、基于特征的实体建模功能。通过拉伸、旋转、薄壁特征、高级抽壳、特征阵列以及打孔等操作来实现产品的设计。如图 8.27 所示为 SolidWorks 中的特征操作菜单特征。

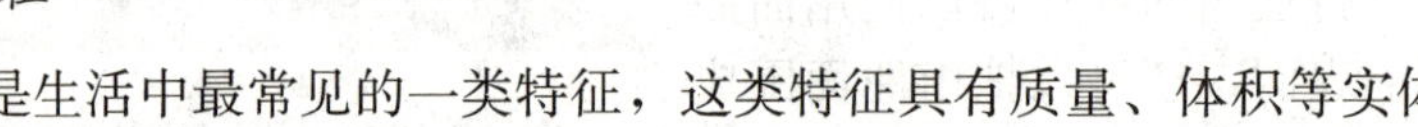

图 8.27　特征操作菜单

1. 实体特征

实体特征是生活中最常见的一类特征，这类特征具有质量、体积等实体属性。同时实体特征具有确定的形状和大小，具有厚度。对实体特征的几何描述比较简单，只需要用有限的尺寸参数就可以准确确定其形状。实体特征是在使用 SolidWorks 进行三维造型设计中的主要“产品”，也是造型设计中的最主要的操作对象。

由于实体特征的类型众多，特点各异，还可以进一步作如下分类。

1）基础实体特征

简而言之基础实体特征就像机械加工的原材料，是进行进一步加工的基础。在进行三维实体造型设计时，第一步工作常常都是从零开始，创建基础实体特征，然后使用各种方法在基础实体特征上，添加各类其他特征。

基础实体特征主要从几何角度来分类。按照创建方法的不同，基础实体特征可分为以下基本类型：①拉伸实体特征；②旋转实体特征；③扫描实体特征；④混合实体特征；⑤其他高级实体特征。

2）放置实体特征

放置实体特征的得名是因为大部分这类特征都必须在已有基础实体特征之上才能生成，即“放置”在基础实体特征之上的特征。一方面，因为大部分放置实体特征都属于切减材料性质的特征，如圆孔特征、倒圆角特征、倒角特征以及壳特征；另一方面，一些加材料性质的放置实体特征也必须依赖于基础实体特征，如筋特征，离开了基础实体特征的筋特征已经没有实际意义了。不过，仍有部分放置实体特征可以脱离基础实体特征而单独存在，如管道特征和部分扭曲特征。

放置实体特征的分类原则和基础实体特征有较大的区别，放置实体特征不再根据其生成的几何原理来进行分类，而是根据其具体形态来分，各种放置实体特征都具有确定的用途和形式。放置型实体特征分为以下类型：①圆孔特征；②圆角特征；③扭曲特征；④倒角特征；⑤管道特征；⑥壳特征；⑦筋特征。

在创建放置实体特征时，必须在基础实体特征上选取准确的放置位置。

2. 曲面特征

与实体特征相比，曲面特征是一类相对抽象的特征。曲面特征没有质量、体积和厚度等实体属性，对其准确的几何描述相对复杂。

曲面特征可以用作生成实体特征的材料。对特定曲面进行合理的设计和裁剪后，将其作为实体特征的表面，这是曲面特征的一个重要用途。

3. 基准特征

前面曾经说过，从零开始创建实体特征时，应该首先创建基础实体特征。但是实际上，在创建基础实体特征时并不是真正的从零开始，而是在基准特征之上开始创建各类基础实体特征。

所谓基准特征，就是基准点、基准轴、基准曲线、基准曲面以及坐标系等的统称。这种特征虽然也不是实体特征，没有质量、体积和厚度，但是在特征创建过程中却有着重要的用途。这些用途包括以下几个方面。

(1) 放置参照：用于正确确定实体特征的放置位置。

(2) 尺寸参照：标注实体尺寸的基准。

(3) 设计参照：对实体进行细节设计时，具体指定基准点处的参数，如可变尺寸的圆角设计。

(4) 轨迹线：生成扫描实体特征和管道特征可以选用基准曲线作为轨迹线。

(5) 特征操作对象：可以直接对基准特征进行特征操作，如可以直接对基准曲线进行样条折弯、环形折弯等扭曲操作。

不管是基础实体特征、放置实体特征、曲面特征还是基准特征，都可以对其实行特定操作，如删除、重定义、修改等，直到满足设计者的设计意图为止。使用 SolidWorks 进行实体造型的主要任务就是创建基础实体特征、放置实体特征以及曲面特征，进而进行更高级的大型综合实体特征的创建，其中包括生成工程图和模型的装配。与前两种特征不同，基准特征一般只用来进行辅助设计。

8.5.3 应用 SolidWorks 基于特征的三维实体造型实例

应用 SolidWorks 基于特征的三维实体造型按以下步骤进行。

(1) 选择前视基准面为绘制草图基准面，进入草图绘制环境，单击草图工具【样条曲线】和【直线】来直线绘制如图 8.28 所示的图形。

(2) 单击【特征】工具栏中的【旋转凸台】按钮，出现旋转凸台窗口，按图 8.29 选择，结果如图 8.30 所示。

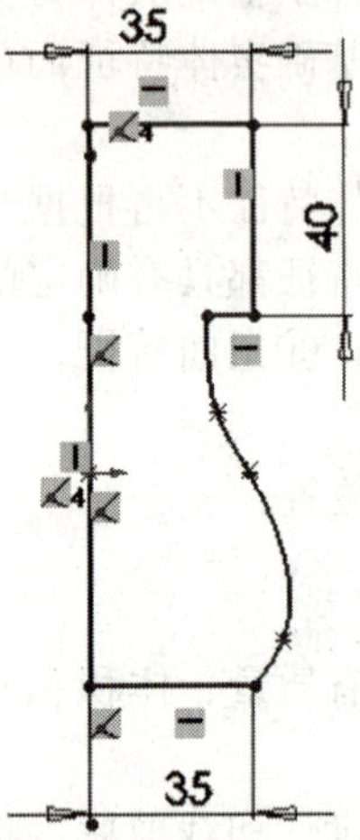

图 8.28 直线绘制

图 8.29 选择

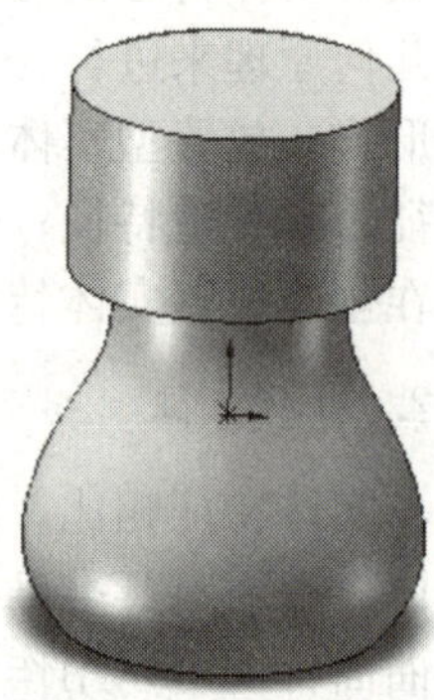

图 8.30 旋转凸台

(3) 在零件底面为绘图基准面，单击【圆】绘制如图 8.31 所示的圆。

(4) 单击特征工具栏中的【拉伸凸台】，按图 8.32 选择，结果如图 8.33 所示。

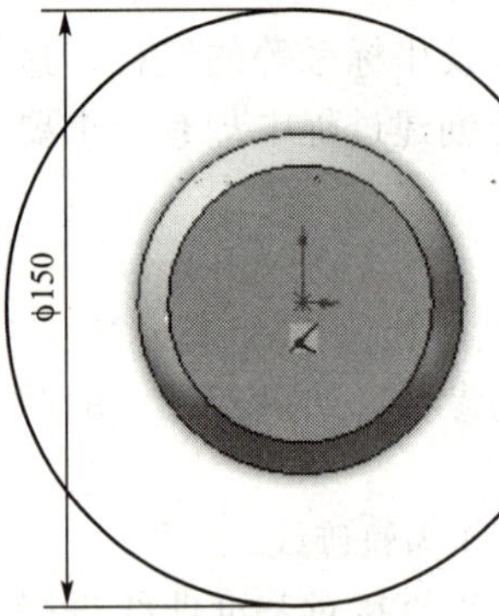

图 8.31 绘制圆

图 8.32 选择

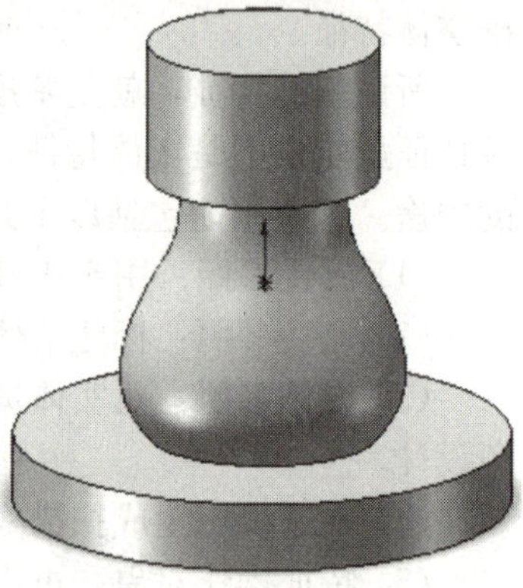

图 8.33 拉伸凸台

(5) 单击特征工具栏中的【圆角】，参数定义如图 8.34 选择，结果如图 8.35 所示。

(6) 选择零件顶面为草图绘制基准面，进入草图绘制环境，绘制如图 8.36 所示的圆。

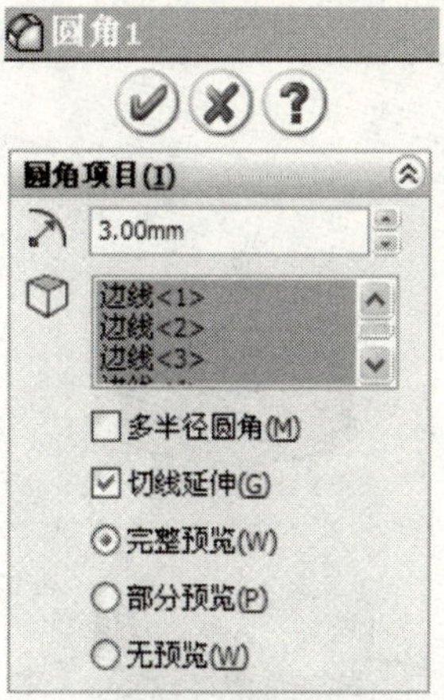

图 8.34　选择

图 8.35　绘制圆角

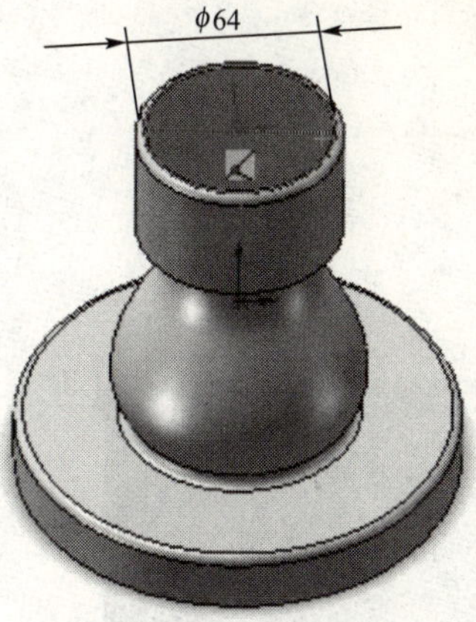

图 8.36　绘制圆

(7) 执行【插入】，【曲线】，【螺旋线】命令，参数定义如图 8.37 所示，结果如图 8.38 所示。

(8) 执行【插入】，【参考几何体】，【基准面】命令，出现【基准面】窗口，单击【垂直于曲线】，选择螺旋线和螺旋线一点作为参考实体，完成基准面的创建。参数设置如图 8.39 所示。

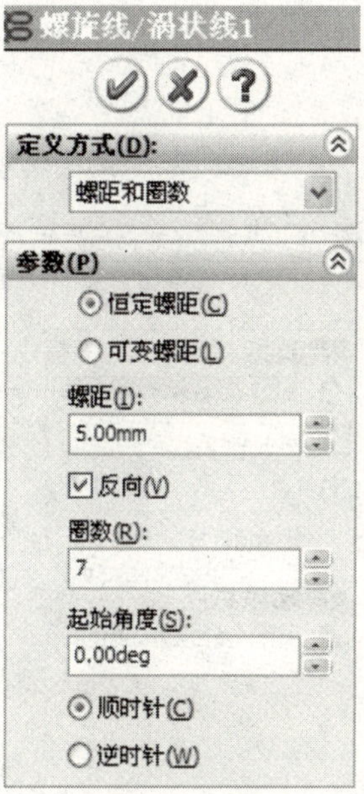

图 8.37　选择

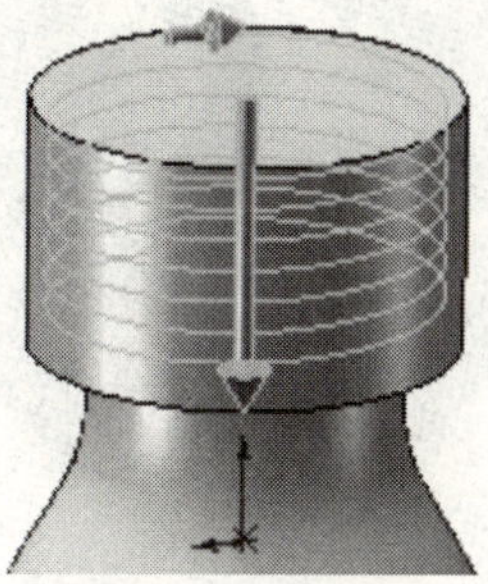
图 8.38　绘制螺旋线

图 8.39　选择

(9) 选择新建基准面为草图绘制基准面绘制一草图，如图 8.40 所示。

（10）单击特征工具栏中的【扫描切除】，出现【扫描切除】窗口，选择上一步绘制的草图作为扫描轮廓，选择螺旋线为扫描路径，完成扫描特征创建。参数定义如图 8.41 所示，结果如图 8.42 所示。

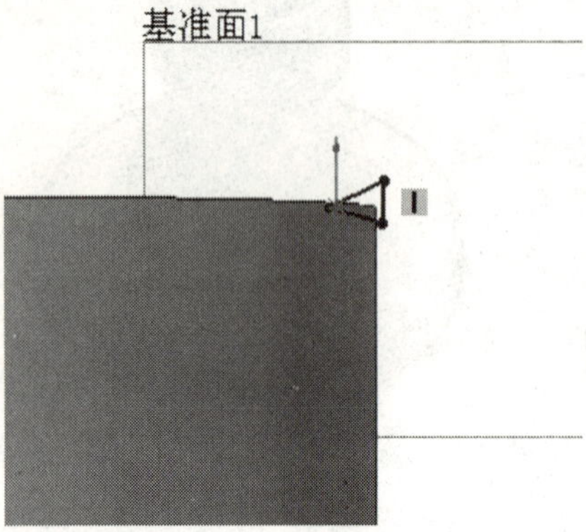

图 8.40　创建基准面

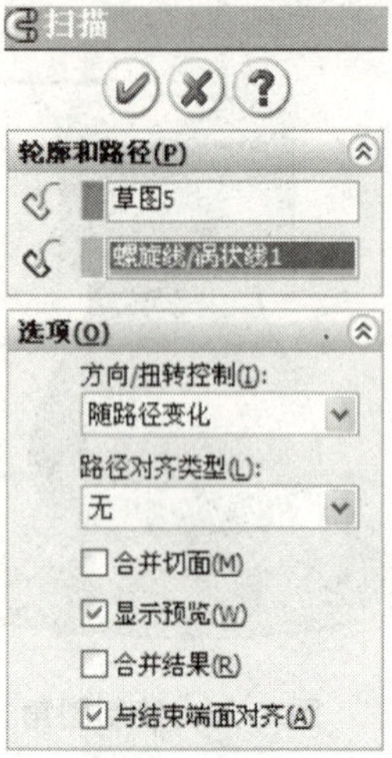

图 8.41　选择

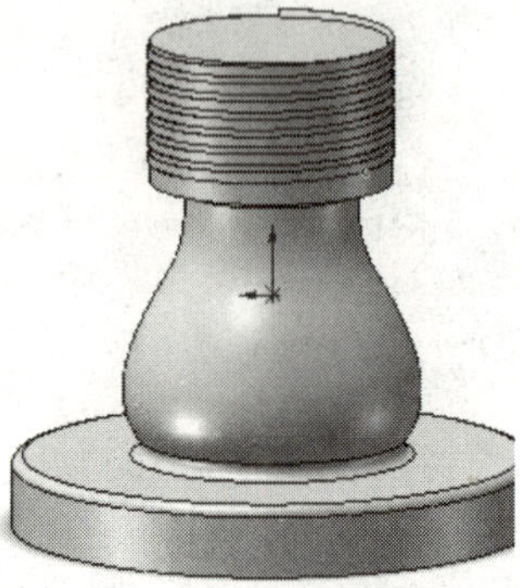

图 8.42　扫描特征创建

（11）执行【插入】，【特征】，【孔】，【向导】命令，出现【孔规格】窗口，参数设置如图所示，完成孔创建。参数定义如图 8.43 所示，结果如图 8.44 所示。

（12）单击特征工具栏中的【圆周阵列】，出现【圆周阵列】窗口，参数设计如图 8.45 所示，结果如图 8.46 所示，完成孔阵列。

图 8.43　选择

图 8.44　孔创建

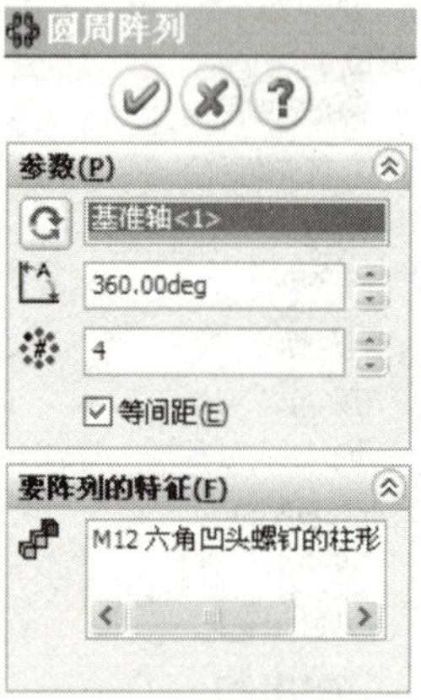

图 8.45　选择

（13）单击特征工具栏中的【拉伸切除】，出现【切除拉伸】窗口，参数设计如图 8.47 所示，结果如图 8.48 所示，完成拉伸切除。

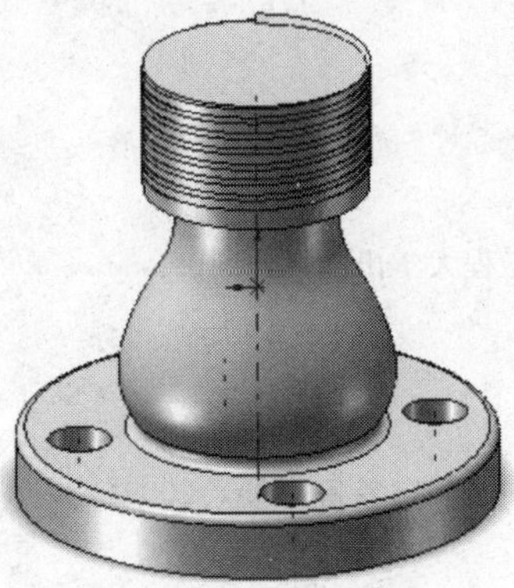

图 8.46　多孔绘制

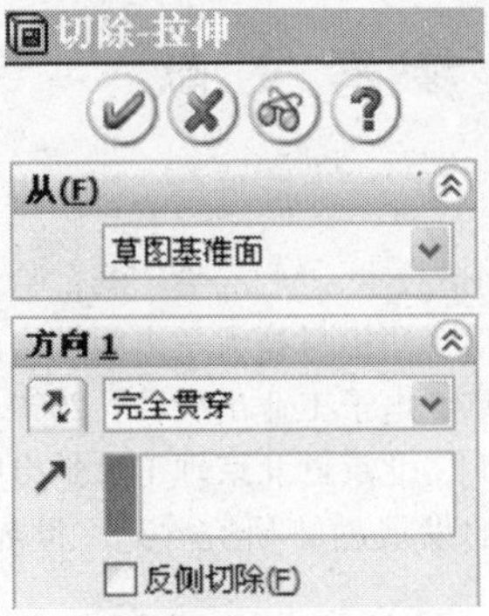

图 8.47　选择

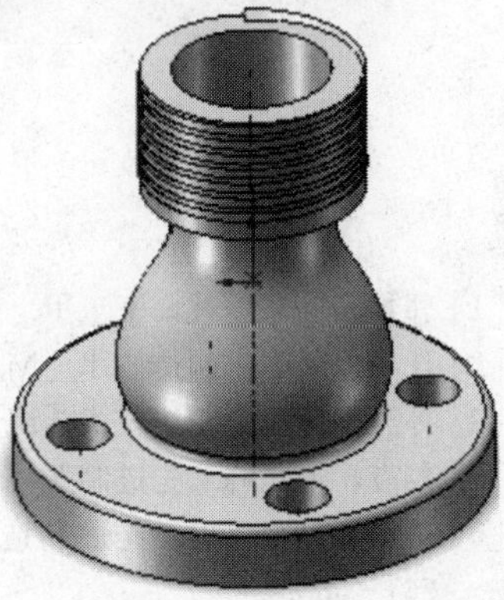

图 8.48　拉伸切除

参考文献

[1] 郭黎滨，张忠林，王玉甲. 先进制造技术 [M]. 哈尔滨：哈尔滨工程大学出版社，2009.
[2] 任小中. 先进制造技术 [M]. 武汉：华中科技大学出版社，2009.
[3] 孙燕华. 先进制造技术 [M]. 北京：电子工业出版社，2009.
[4] 黎霞，朱江峰. 先进制造技术 [M]. 北京：北京理工大学出版社，2009.
[5] 王俊峰，张所地. 先进制造技术的发展趋势研究 [J]. 世界制造技术与装备市场，2009(2)：564-568.
[6] 杨叔子. 制造、先进制造技术的发展及其趋势(上) [J]. 装备制造，2008(4)：52-56.
[7] 杨叔子. 制造、先进制造技术的发展及其趋势(下) [J]. 装备制造，2008(5)：38-41.
[8] 王庆明. 先进制造技术导论 [M]. 上海：华东理工大学出版社，2007.
[9] 何涛，杨竞，范云. 先进制造技术 [M]. 北京：北京大学出版社，2006.
[10] 宾鸿赞，王润孝. 先进制造技术 [M]. 北京：高等教育出版社，2006.
[11] 王润孝. 先进制造技术导论 [M]. 北京：科学出版社，2004.
[12] 陈兴洲，邱超. 硬切削技术在硬齿面齿轮加工中的应用 [J]. 机械制造，2010，48：40-41.
[13] 刘献礼，王艳鑫. 绿色切削技术的研究现状及发展 [J]. 航空制造技术，2009(13)：26-31.
[14] 王敏. 高速加工中干切削、硬切削刀具的应用技术分析 [J]. 工具技术，2009(7)：136-137.
[15] 刘占瑞，杜超. 干切削和微量润滑概述 [J]. 精密制造与自动化，2009(3)：13-17.
[16] 陈世平，李琳. 高速精密加工用热装式刀具夹头 [J]. 制造技术与机床，2008，2：139-141.
[17] 杨小毅. 高速铣削时刀具系统的振动与平衡 [J]. 金属加工，2008(5)：37-38.
[18] 严鲁涛，袁松梅，刘强. 绿色切削中的微量润滑技术 [J]. 制造技术与机床，2008(4)：91-93.
[19] 屈双军，周维辉，马英. YL25000A 烟气轮机主轴的"以车代磨"加工 [J]. 金属加工，2007(7)：82-84.
[20] 李忠科，张宇，张春飞. 高速硬切削技术及刀具的合理选择 [J]. 工具技术，2007(1)：89-91.
[21] 李凤银. 硬车削技术及其在柴油机气阀加工中的应用 [J]. 工具技术，2007(7)：47-49.
[22] 李冬茹. 现代高速切削与工具技术 [J]. 新技术新工艺，2006(1)：10-15.
[23] Alexander Bitzer，Benjamin Froehlich. 德国校企合作在中国推广高速切削新工艺 [J]. WMEM，2006(3)：105-106.
[24] 宋清华，唐委校. 高速干式切削加工技术及其应用 [J]. 工具技术，2005(6)：6-10.
[25] 王润孝. 先进制造技术导论 [M]. 北京：科学出版社，2004.
[26] 吴喜让，蔡广宇，李坤. 淬硬钢精车的表面质量和刀具设计 [J]. 汽车工艺与材料，2004(1)：40-43.
[27] 韩荣第，王杨，张文生. 现代机械加工新技术 [M]. 北京：电子工业出版社，2003.
[28] 袁哲俊，王先逵. 精密和超精密加技术 [M]. 北京：机械工业出版社，2003.
[29] 周延祐，李中行. 电主轴的基本参数与结构 [J]. 制造技术与机床. 2003(8)：74-76.
[30] 陈世平，石军. 高速切削加工用刀柄的发展现状 [J]. 新技术新工艺，2003(9)：21-23.
[31] 刘献礼，文东辉，侯世香. 硬态切削机理及技术研究综述 [J]. 中国机械工程，2002(11)：973-976.
[32] 张铁铭. 高速数控加工用工具系统的发展 [J]. 工具技术，2002(4)：39-44.
[33] 张书桥. 干式切削加工技术及其应用 [J]. 工具技术，2002，36.
[34] 邓定瀛，陈世平. 干式切削加工技术的现状与未来 [J]. 机械设计与制造工程，2002(4)：30-31.

[35] 黄祖尧. 精密高速滚珠丝杠副的发展及其应用 [J]. 制造技术与机床. 2002(5): 8-11.
[36] 张伯霖, 杨庆东, 陈长年. 高速切削技术及应用 [M]. 北京: 机械工业出版社, 2002.
[37] 陈世平. 高速切削加工技术及其发展前景 [J]. 机械设计与制造工程, 2001(5): 43-44.
[38] 张伯霖. 高速电主轴设计制造中若干问题的探讨 [J]. 制造技术与机床, 2001(7): 12-14.
[39] 夏红梅, 张伯霖. 直线电动机高速进给单元的关键技术 [J]. 制造技术与机床, 2001(7): 22-24.
[40] 陈丹民. 适合高速加工的工具系统 [J]. 工具技术, 2001(3): 45-47.
[41] 刘战强, 艾兴. 高速切削技术的发展与展望 [J]. 制造技术与机床, 2001(7): 5-7.
[42] 张伯霖. 新世纪的干切削技术 [J]. 制造技术与机床, 2001(10): 5-7.
[43] 马祖军, 代颖. 干切削加工及其措施 [J]. 制造技术与机床, 2001(1): 41-43.
[44] 唐永杰. 柴油机气阀干切削 PCBN 刀具 [J]. 机械工程师, 2001(11): 46-47.
[45] 盛晓敏, 宓海青. 超高速磨削技术 [M]. 北京: 机械工业出版社, 2010.
[46] 袁巨龙, 邓朝晖. 高效磨削技术与装备进展及展望 [J]. 航空制造技术, 2010(5): 66-70.
[47] 李长河, 丁玉成. 高效率磨削加工技术发展 [J]. 制造技术与机床, 2008(10): 50-54.
[48] 姚峻, 骆广进. 强力成形磨削概述及我国强力成形削的发展与应用(一) [J]. WMEM, 2011(1): 101-103.
[49] 陈建毅, 黄辉. 高速砂轮的研究现状 [J]. 超硬材料工程, 2008(12): 42-47.
[50] 张念淮, 李世显. 砂带磨削技术的新发展 [J]. 农业装备与车辆工程, 2009(10): 50-52.
[51] 修世超, 蔡光起. 数控快速点磨削技术及其应用研究 [J]. WMEM, 2008(5): 87-90.
[52] 王金宝, 王吉雨. 快速点磨削砂轮关键技术的研究 [J]. 制造技术与机床, 2008(7): 99-101.
[53] 李长河, 修世超. 超高速点磨削技术及其在汽车制造中的应用 [J]. 汽车与配件, 2007(12): 24-26.
[54] 蔡光起, 赵恒华. 高速高效磨削加工及其关键技术 [J]. 东北大学学报: 自然科学版, 2004(11): 42-45.
[55] 王润孝. 先进制造技术导论 [M]. 北京: 科学出版社, 2004.
[56] 陈艳. 缓进给高效磨削加工及其关键技术 [J]. 航空精密制造技术, 2003(5): 44-46.
[57] 李伯民, 赵波. 现代磨削技术 [M]. 北京: 机械工业出版社, 2003.
[58] 赵恒华, 冯宝富. 超高速磨削技术在机械制造领域中的应用 [J]. 制造技术与机床, 2003(6): 564-568.
[59] 杨继全, 朱玉芳. 先进制造技术 [M]. 北京: 化学工业出版社, 2004.
[60] 王隆太. 现代制造技术. 北京 [M]: 北京: 机械工业出版社, 1998.
[61] 刘晋春, 赵家齐, 赵万生. 特种加工 [M]. 北京: 机械工业出版社, 2004.
[62] 刘志峰, 刘光复. 绿色设计 [M]. 北京: 机械工业出版社, 1999.
[63] 朱晓春. 先进制造技术 [M]. 北京: 机械工业出版社, 2004.
[64] 孙大涌. 先进制造技术 [M]. 北京: 机械工业出版社, 2000.
[65] 姚福生. 先进制造技术 [M]. 北京: 清华大学出版社, 2002.
[66] 隋秀凛. 现代制造技术 [M]. 北京: 高等教育出版社, 2003.
[67] 唐一平. 先进制造技术(英文版) [M]. 北京: 科学出版社, 2003
[68] 张昆. CAD/CAM 在机载雷达制造中的应用 [D]. 西安: 西安电子科技大学, 2007.
[69] 张继红. 智能制逭技术与系统研究 [D]. 西安: 西安电子科技大学, 2005.
[70] 张强. 数控加工中心辅助编程系统的开发 [D]. 哈尔滨: 哈尔滨工程大学, 2003.
[71] 袁巨龙, 王志伟, 文东辉. 超精密加工现状综述 [J]. 机械工程学报, 2007, 43(1): 35-48.
[72] 陈树海. 超精密加工的关键技术及发展趋势 [J]. 汽车工艺与材料, 2008, 3: 57-59.
[73] 李春红, 李风, 张永俊. 超声加工技术的发展及其应用 [J]. 电加工与磨具, 2008, 5: 7-12.
[74] 陈青果, 刘超颖, 张君彩. 快速成形技术的应用及热点分析 [J]. 河北工业科技, 2008, 7:

191－192.
[75] 汪明波．粉末压制成形的研究［D］．长春：吉林大学，2007.
[76] 盛晓敏，邓朝晖．先进制造技术［M］．北京：机械工业出版社，2000.
[77] [德]安德亚斯．格布哈特．快速原型技术［M］．曹志清，译．北京：化学工业出版社，2005.
[78] 陈禹六．先进制造业运行模式［M］．北京：清华大学出版社．1998.
[79] 国家自然科学基金委员会．先进制造技术基础［M］．北京：高等教育出版社，2005.
[80] 罗阳．现代制造系统概论［M］．北京：邮电大学出版社，2004.
[81] 李瑾．典型液压元件 CAD _ CAPP _ CAM 一体化研究［D］．保定：华北电力大学，2006.
[82] 张兰芳．我国计算机集成制造系统 CIMS 的发展［J］．计算机与信息技术，2007，2：42.
[83] 王安敏，崔伟，王辛立．智能制造系统应用前景研究［D］．青岛：青岛科技大学，2007.
[84] 郑晓峰．加工中心数控化改造工程研究［D］．安徽：合肥工业大学，2005.
[85] 周文．发动机缸体高速加工工艺设计与研究［D］．秦皇岛：燕山大学，2005.
[86] 陆名彰，曾湘黔，胡忠举．超高速铣削及其在高硬度钢加工中的应用［J］．机械设计与制造，2006，10(10)：84－86.
[87] 张纹，蒋维波．特种加工技术的应用及发展趋［J］．农业装备技术，2006(6).
[88] 金冈优，付长德．最新的激光加工技术［J］．金属加工，2007，3：40－44.
[89] 张文峰，朱荻．电子束加工技术及其在表面工程中的应用［J］．新技术新工艺，2003，8：40－43.
[90] 王庆兵．精密铸造工艺在生产中的应用［J］．中国科技信息，2007，23.
[91] 王冰．快速成形技术发展新趋势［J］．科技论坛，2005，9：43.
[92] 周焱．徽细加工技术研究进展［J］．机械工程师，2006，11：29－31.
[93] Changxin Chen，Lijun Yan，Eric Siu－Wai Kong．Ultrasonic nanowelding of carbon nanotubes to metal electrodes［J］．Nanotechnology，2006，17：2192 － 2197.
[94] 荣烈润．基于微细特种加工的微细制造技术［J］．金属加工(冷加工)，2011，13：33－37.
[95] 张明君，殷国富，袁光辉．大长径比微细轴的车削工艺研究［J］．机械工程学报，2005，41：137－141.
[96] M Weck，S Fischer，M Vos．Fabrication of microcomponents using ultraprecision machine tools［J］．Nanotechnology，1997，8：145－148.
[97] 李伟．先进制造技术［M］．北京：机械工业出版社，2005.
[98] 王勤谟．敏捷制造与虚拟企业［J］．中国机械工程，1997，8(4〉：76－77.
[99] 赵汝嘉．先进制造系统导论［M］．北京：机械工业出版社，2002.
[100] 吉卫喜．现代制造技术与装备［M］．北京：高等教育出版社，2005.
[101] 张世昌．先进制造技术［M］．天津：天津大学出版社，2004.
[102] 蔡建国．现代制造技术导论［M］．上海：上海交通大学出版社，2000.
[103] 陆蔚华．商业服务机器人产品设计研究贝［D］．南京：南京航空航天大学，2007.
[104] 夏伯雄．数控机床的产生发展及其趋势［J］．精密制造与自动化，2008，1：6－9.
[105] 刘飞，张旭梅，但斌．制造自动化技术的回顾与展望(上)［J］．机械工艺师．1999，9：4－6.
[106] 王少衡．高速高精密主轴回转误差在线动态测试技术研究［D］．广州：广东工业大学，2006.
[107] 蔡光起，修世超．超高速磨削加工的关键技术及其装备开发［J］．产品与技术，2007．6(3)：95－99
[108] 袁哲俊．国内外精密加工技术最新进展［J］．工具技术，2008，42(10)：5－13.
[109] 郭力，李波，刘大任．超高速加工机床及刀具技术新发展［J］．精密制造与自动化，2001，3：18－20.
[110] 李满华，陆华才，符永宏．激光加工技术在机械工业中的应用［J］．农机化研究，2004(9).
[111] 张继成，唐永建，吴卫东．聚焦离子束系统在徽米/纳米加工技术中的应用［J］．材料导报，

2006(11).
[112] 夏鹏，王丞，马明亮. 快速成形技术应用现状及发展趋势 [J]. 九江学院学报，2008(3).
[113] 吴锋、侯平智. 面向服务架构的敏捷制造及关键技术 [J]. 中国制造业信息化，2009，38(3).
[114] 赵汝嘉. 先进制造系统导论 [M]. 北京：机械工业出版社，2002.
[115] 王敬新，郭志平，周文杰. 敏捷制造—企业信息数字化初探 [J]. 装备制造技术，2010(7)：122-123.
[116] 肖田元. 虚拟制造研究进展与展望 [J]. 系统仿真学报，2004，16(9)：1879-1883.
[117] 邵立，钟延修. 虚拟制造及其应用 [J]. 上海交通大学学报. 1999，33(7)：906-912.
[118] 肖田元，韩向利，王新龙. 虚拟制造的定义与关键技术 [J]. 清华大学学报. 1998，38(10)：26-33.
[119] 李玉忠，李岳川. 虚拟制造研究综述 [J]. 广东技术师范学院学报，2003，6：54-60.
[120] 赵中华，张水忠. 虚拟制造在模具设计与制造中的应用 [J]. 上海工程技术大学学报，2005，19(1)：5-8.
[121] 徐荣璋. 数字化工厂中的产品虚拟制造 [J]. 模具技术，2003，3：41-44.
[122] 袁清珂，王海燕. 并行工程及其关键技术 [J]. 机械科学与技术，1997，16(2)：328-332.
[123] 熊光楞，张玉云. 并行工程总体技术及实施方法研究 [J]. 计算机集成制造系统. 1996，3：3-8.
[124] 熊光楞，张和明，李伯虎. 并行工程在我国的研究与应用 [J]. 计算机集成制造系统，2000，6(2)：1-7.
[125] 于华，焦建斌. 航空工业中并行工程的应用实例 [J]. 航空工程与维修，1997.
[126] 王小新，于昕世，刘亚东. 基于并行工程思想的模具开发与制造过程 [J]. 模具技术，2001，5：10-12.
[127] 颜永年，单忠德. 快速成形与铸造技术 [M]. 北京：机械工业出版社，2004.
[128] 朱林泉，白培康，朱江淼. 快速成形与快速制造技术 [M]. 北京：国防工业出版社，2003.
[129] 张春燕. 精益生产在装备制造业中的应用研究 [D]. 石家庄：河北科技大学，2011.
[130] 陈心德. 构建精益企业实现精益生产 [J]. 上海工程技术大学学报，2005，19(2)：159-162.
[131] 孙林岩，汪建，曹德弼. 精益生产及其再先进制造中的地位和作用 [J]. 现代管理，2003，7：48-57.
[132] 王建罡. 精益生产在制造企业中的实施研究 [D]. 武汉：华中科技大学，2008.
[133] 李岐新. 精益生产——新的制造战略思想 [J]. 机电元件，1997：60-64.
[134] 郑建平，程蓉，伍晓宇. 基于SLS原理的快速成形机研制 [J]. 工具技术，2009，43(10)：58-60.
[135] 金杰，张安阳. 快速成形技术及其应用 [J]. 浙江工业大学学报，2005，33(5)：592-604.
[136] 赵萍，蒋华，周芝庭. 熔融沉积快速成形工艺的原理及过程 [J]. 机械制造与研究，2003：17-23.
[137] 宫海军. 彩色光固化立体造型的关键技术研究 [D]. 哈尔滨：哈尔滨工业大学，2006.
[138] 成思源. 逆向工程技术综合实践 [M]. 北京：电子工业出版社，2010.
[139] 姚英学. 计算机辅助设计与制造 [M]. 北京：高等教育出版社，2002.
[140] 郭永丰，白基成，张学仁. 电火花及线切割加工有问必答300例 [M]. 哈尔滨：哈尔滨工业大学出版社，2008.
[141] 李亮. 静压轴承油腔电火花铣削加工工艺研究 [D]. 哈尔滨：哈尔滨工业大学，2009.
[142] 李思一. 美国以先进制造技术确保优势 [J]. 高科技与产业化，2011，9：52-53.
[143] http：//www. china watch-clock. com/data/new_show O. asp? id=8535&page=1.
[144] 刘忠伟，先进制造技术 [M]. 北京：国防工业出版社，2007.

[145] Chichkov B. N，Momma C，Nolte S. Fentosecond，picosecond and nanoselond Laser ablation of solids [J]. Appl. Phys. A，1996，63：109-115.
[146] http：//www. in Laser. cn/news/20101123-2497. html.
[147] http：//www. dreamcy bot. com/news_view. asp? newsid=1052.
[148] http：//www. wolds. cn/html/2008/09/06083306321. htm.
[149] http：//www. ihep. cas. cn/igsz htm.
[150] http：//www. ynstc. gov. cn/kjxx/20110106003.
[151] http：/news. gaogong 123. com/asdisp_5de57aOb 8d 448baf-34 95730. html.
[152] http：//news. cnhubei. com/news/tpwx/lzyatp/200812/t528735. shtml.

北京大学出版社教材书目

✧ 欢迎访问教学服务网站 www.pup6.cn，免费查阅下载已出版教材的电子书(PDF 版)、电子课件和相关教学资源。

✧ 欢迎征订投稿。联系方式：010-62750667，童编辑，13426433315@163.com，pup_6@163.com, 欢迎联系。

序号	书　　名	标准书号	主　　编	定价	出版日期
1	机械设计	978-7-5038-4448-5	郑　江，许　瑛	33	2007.8
2	机械设计	978-7-301-15699-5	吕　宏	32	2009.9
3	机械设计	978-7-301-17599-6	门艳忠	40	2010.8
4	机械原理	978-7-301-11488-9	常治斌，张京辉	29	2008.6
5	机械原理	978-7-301-15425-0	王跃进	26	2010.7
6	机械原理	978-7-301-19088-3	郭宏亮，孙志宏	36	2011.6
7	机械原理	978-7-301-19429-4	杨松华	34	2011.8
8	机械设计基础	978-7-5038-4444-2	曲玉峰，关晓平	27	2008.1
9	机械设计课程设计	978-7-301-12357-7	许　瑛	35	2012.7
10	机械设计课程设计	978-7-301-18894-1	王　慧，吕　宏	30	2011.5
11	机电一体化课程设计指导书	978-7-301-19736-3	王金娥　罗生梅	35	2012.1
12	机械工程专业毕业设计指导书	978-7-301-18805-7	张黎骅，吕小荣	22	2012.5
13	机械创新设计	978-7-301-12403-1	丛晓霞	32	2010.7
14	机械系统设计	978-7-301-20847-2	孙月华	32	2012.7
15	机械设计基础实验及机构创新设计	978-7-301-20653-9	邹旻	28	2012.6
16	TRIZ 理论机械创新设计工程训练教程	978-7-301-18945-0	蒯苏苏，马履中	45	2011.6
17	TRIZ 理论及应用	978-7-301-19390-7	刘训涛，曹　贺 陈国晶	35	2011.8
18	创新的方法——TRIZ 理论概述	978-7-301-19453-9	沈萌红	28	2011.9
19	机械 CAD 基础	978-7-301-20023-0	徐云杰	34	2012.2
20	AutoCAD 工程制图	978-7-5038-4446-9	杨巧绒，张克义	20	2011.4
21	工程制图	978-7-5038-4442-6	戴立玲，杨世平	27	2012.2
22	工程制图	978-7-301-19428-7	孙晓娟，徐丽娟	30	2012.5
23	工程制图习题集	978-7-5038-4443-4	杨世平，戴立玲	20	2008.1
24	机械制图(机类)	978-7-301-12171-9	张绍群，孙晓娟	32	2009.1
25	机械制图习题集(机类)	978-7-301-12172-6	张绍群，王慧敏	29	2007.8
26	机械制图(第 2 版)	978-7-301-19332-7	孙晓娟，王慧敏	38	2011.8
27	机械制图习题集(第 2 版)	978-7-301-19370-7	孙晓娟，王慧敏	22	2011.8
28	机械制图与 AutoCAD 基础教程	978-7-301-13122-0	张爱梅	35	2011.7
29	机械制图与 AutoCAD 基础教程习题集	978-7-301-13120-6	鲁　杰，张爱梅	22	2010.9
30	AutoCAD 2008 工程绘图	978-7-301-14478-7	赵润平，宗荣珍	35	2009.1
31	AutoCAD 实例绘图教程	978-7-301-20764-2	李庆华，刘晓杰	32	2012.6
32	工程制图案例教程	978-7-301-15369-7	宗荣珍	28	2009.6
33	工程制图案例教程习题集	978-7-301-15285-0	宗荣珍	24	2009.6
34	理论力学	978-7-301-12170-2	盛冬发，闫小青	29	2012.5
35	材料力学	978-7-301-14462-6	陈忠安，王　静	30	2011.1
36	工程力学(上册)	978-7-301-11487-2	毕勤胜，李纪刚	29	2008.6
37	工程力学(下册)	978-7-301-11565-7	毕勤胜，李纪刚	28	2008.6

38	液压传动	978-7-5038-4441-8	王守城，容一鸣	27	2009.4
39	液压与气压传动	978-7-301-13129-4	王守城，容一鸣	32	2012.1
40	液压与液力传动	978-7-301-17579-8	周长城等	34	2010.8
41	液压传动与控制实用技术	978-7-301-15647-6	刘　忠	36	2009.8
42	金工实习(第 2 版)	978-7-301-16558-4	郭永环，姜银方	30	2012.5
43	机械制造基础实习教程	978-7-301-15848-7	邱　兵，杨明金	34	2010.2
44	公差与测量技术	978-7-301-15455-7	孔晓玲	25	2011.8
45	互换性与测量技术基础(第 2 版)	978-7-301-17567-5	王长春	28	2010.8
46	互换性与技术测量	978-7-301-20848-9	周哲波	35	2012.6
47	机械制造技术基础	978-7-301-14474-9	张　鹏，孙有亮	28	2011.6
48	先进制造技术基础	978-7-301-15499-1	冯宪章	30	2011.11
49	先进制造技术	978-7-301-20914-1	刘　璇，冯　凭	28	2012.8
50	机械精度设计与测量技术	978-7-301-13580-8	于　峰	25	2008.8
51	机械制造工艺学	978-7-301-13758-1	郭艳玲，李彦蓉	30	2008.8
52	机械制造工艺学	978-7-301-17403-6	陈红霞	38	2010.7
53	机械制造工艺学	978-7-301-19903-9	周哲波，姜志明	49	2012.1
54	机械制造基础(上)——工程材料及热加工工艺基础(第 2 版)	978-7-301-18474-5	侯书林，朱　海	40	2011.1
55	机械制造基础(下)——机械加工工艺基础(第 2 版)	978-7-301-18638-1	侯书林，朱　海	32	2012.5
56	金属材料及工艺	978-7-301-19522-2	于文强	44	2011.9
57	工程材料及其成形技术基础	978-7-301-13916-5	申荣华，丁　旭	45	2010.7
58	工程材料及其成形技术基础学习指导与习题详解	978-7-301-14972-0	申荣华	20	2009.3
59	机械工程材料及成形基础	978-7-301-15433-5	侯俊英，王兴源	30	2012.5
60	机械工程材料	978-7-5038-4452-3	戈晓岚，洪　琢	29	2011.6
61	机械工程材料	978-7-301-18522-3	张铁军	36	2012.5
62	工程材料与机械制造基础	978-7-301-15899-9	苏子林	32	2009.9
63	控制工程基础	978-7-301-12169-6	杨振中，韩致信	29	2007.8
64	机械工程控制基础	978-7-301-12354-6	韩致信	25	2008.1
65	机电工程专业英语(第 2 版)	978-7-301-16518-8	朱　林	24	2012.5
66	机床电气控制技术	978-7-5038-4433-7	张万奎	26	2007.9
67	机床数控技术(第 2 版)	978-7-301-16519-5	杜国臣，王士军	35	2011.6
68	自动化制造系统	978-7-301-21026-0	辛宗生，魏国丰	37	2012.8
69	数控机床与编程	978-7-301-15900-2	张洪江，侯书林	25	2011.8
70	数控加工技术	978-7-5038-4450-7	王　彪，张　兰	29	2011.7
71	数控加工与编程技术	978-7-301-18475-2	李体仁	34	2012.5
72	数控编程与加工实习教程	978-7-301-17387-9	张春雨，于　雷	37	2011.9
73	数控加工技术及实训	978-7-301-19508-6	姜永成，夏广岚	33	2011.9
74	数控编程与操作	978-7-301-20903-5	李英平	26	2012.8
75	现代数控机床调试及维护	978-7-301-18033-4	邓三鹏等	32	2010.11
76	金属切削原理与刀具	978-7-5038-4447-7	陈锡渠，彭晓南	29	2012.5
77	金属切削机床	978-7-301-13180-0	夏广岚，冯　凭	28	2012.7
78	典型零件工艺设计	978-7-301-21013-0	白海清	34	2012.8
79	精密与特种加工技术	978-7-301-12167-2	袁根福，祝锡晶	29	2011.12
80	逆向建模技术与产品创新设计	978-7-301-15670-4	张学昌	28	2009.9
81	CAD/CAM 技术基础	978-7-301-17742-6	刘　军	28	2012.5
82	CAD/CAM 技术案例教程	978-7-301-17732-7	汤修映	42	2010.9
83	Pro/ENGINEER Wildfire 2.0 实用教程	978-7-5038-4437-X	黄卫东，任国栋	32	2007.7
84	Pro/ENGINEER Wildfire 3.0 实例教程	978-7-301-12359-1	张选民	45	2008.2

85	Pro/ENGINEER Wildfire 3.0 曲面设计实例教程	978-7-301-13182-4	张选民	45	2008.2
86	Pro/ENGINEER Wildfire 5.0 实用教程	978-7-301-16841-7	黄卫东，郝用兴	43	2011.10
87	Pro/ENGINEER Wildfire 5.0 实例教程	978-7-301-20133-6	张选民，徐超辉	52	2012.2
88	SolidWorks 三维建模及实例教程	978-7-301-15149-5	上官林建	30	2009.5
89	UG NX6.0 计算机辅助设计与制造实用教程	978-7-301-14449-7	张黎骅，吕小荣	26	2011.11
90	Cimatron E9.0 产品设计与数控自动编程技术	978-7-301-17802-7	孙树峰	36	2010.9
91	Mastercam 数控加工案例教程	978-7-301-19315-0	刘　文，姜永梅	45	2011.8
92	应用创造学	978-7-301-17533-0	王成军，沈豫浙	26	2012.5
93	机电产品学	978-7-301-15579-0	张亮峰等	24	2009.8
94	品质工程学基础	978-7-301-16745-8	丁　燕	30	2011.5
95	设计心理学	978-7-301-11567-1	张成忠	48	2011.6
96	计算机辅助设计与制造	978-7-5038-4439-6	仲梁维，张国全	29	2007.9
97	产品造型计算机辅助设计	978-7-5038-4474-4	张慧姝，刘永翔	27	2006.8
98	产品设计原理	978-7-301-12355-3	刘美华	30	2008.2
99	产品设计表现技法	978-7-301-15434-2	张慧姝	42	2012.5
100	产品创意设计	978-7-301-17977-2	虞世鸣	38	2012.5
101	工业产品造型设计	978-7-301-18313-7	袁涛	39	2011.1
102	化工工艺学	978-7-301-15283-6	邓建强	42	2009.6
103	过程装备机械基础	978-7-301-15651-3	于新奇	38	2009.8
104	过程装备测试技术	978-7-301-17290-2	王毅	45	2010.6
105	过程控制装置及系统设计	978-7-301-17635-1	张早校	30	2010.8
106	质量管理与工程	978-7-301-15643-8	陈宝江	34	2009.8
107	质量管理统计技术	978-7-301-16465-5	周友苏，杨　飒	30	2010.1
108	人因工程	978-7-301-19291-7	马如宏	39	2011.8
109	工程系统概论——系统论在工程技术中的应用	978-7-301-17142-4	黄志坚	32	2010.6
110	测试技术基础(第 2 版)	978-7-301-16530-0	江征风	30	2010.1
111	测试技术实验教程	978-7-301-13489-4	封士彩	22	2008.8
112	测试技术学习指导与习题详解	978-7-301-14457-2	封士彩	34	2009.3
113	可编程控制器原理与应用(第 2 版)	978-7-301-16922-3	赵　燕，周新建	33	2010.3
114	工程光学	978-7-301-15629-2	王红敏	28	2012.5
115	精密机械设计	978-7-301-16947-6	田　明，冯进良等	38	2011.9
116	传感器原理及应用	978-7-301-16503-4	赵　燕	35	2010.2
117	测控技术与仪器专业导论	978-7-301-17200-1	陈毅静	29	2012.5
118	现代测试技术	978-7-301-19316-7	陈科山，王燕	43	2011.8
119	风力发电原理	978-7-301-19631-1	吴双群，赵丹平	33	2011.10
120	风力机空气动力学	978-7-301-19555-0	吴双群	32	2011.10
121	风力机设计理论及方法	978-7-301-20006-3	赵丹平	32	2012.1